Ullstein Sachbuch

DAS BUCH:

Immer wieder wird in der Öffentlichkeit die Behauptung laut, es gebe mit Sicherheit, zumindest mit großer Wahrscheinlichkeit, im Kosmos außerirdische intelligente Lebewesen, ja ganze Zivilisationen, die der unseren technisch überlegen seien. In seinem neuen Buch setzt sich Heinrich K. Erben mit diesem die Gemüter bewegenden Fragenkomplex auseinander, um das Pro und Contra solcher Vorstellungen abzuwägen. Er erzählt von den noch unschuldig phantastischen Träumen der Visionäre und Gelehrten in der Frühzeit der Naturforschung, er spürt der weltweiten Massenpsychose des irrationalen UFO-Mythos nach, er entlarvt das durchtriebene Fabulieren pseudowissenschaftlicher Bestseller und überprüft verwegene Spekulationen. Erbens Schlußbilanz erweist: Der Grad der statistischen Wahrscheinlichkeit, daß dieser so unvorstellbar komplexe Evolutionsverlauf – in der gleichen Abfolge und mit dem gleichen Ergebnis – im Weltall ein zweites Mal oder gar wiederholt stattgefunden habe, liegt in der Nähe von null.

DER AUTOR:

Heinrich K. Erben, geb. 1921 in Prag, Studium der Geowissenschaften, Biologie und Chemie in Berlin und Tübingen, Direktor des Instituts für Paläontologie der Universität Bonn, ord. Professor, ord. Mitglied dreier Akademien der Wissenschaften und der deutschen UNESCO-Kommission, Tätigkeiten an Universitäten in Mexiko, Afghanistan und den USA, zahlreiche Forschungsreisen nach Übersee. Herausgeber zweier Fachzeitschriften und diverser wissenschaftlicher Veröffentlichungen. Weitere Titel des Autors: *Die Entwicklung der Lebewesen. Spielregeln der Evolution* (1975), *Leben heißt Sterben* (1981, Ullstein Buch Nr. 34223).

Heinrich K. Erben

Intelligenzen im Kosmos?

Die Antwort der Evolutionsbiologie

Mit 15 Schwarzweißabbildungen
und 8 Farbtafeln

Ullstein Sachbuch

Ullstein Sachbuch
Ullstein Buch Nr. 34331
im Verlag Ullstein GmbH,
Frankfurt/M – Berlin

Ungekürzte Ausgabe

Umschlagentwurf:
Theodor Bayer-Eynck
Foto: Pictor International

Mit freundlicher Genehmigung
der R. Piper GmbH & Co. KG, München

Printed in Germany 1986
Druck und Verarbeitung:
Ebner Ulm
ISBN 3 548 34331 7

Mai 1986

Vom selben Autor
in der Reihe der
Ullstein Bücher:

Leben heißt Sterben (Nr. 34223)

CIP-Kurztitelaufnahme
der Deutschen Bibliothek

Erben, Heinrich K.:
Intelligenzen im Kosmos?: Die Antwort d.
Evolutionsbiologie / Heinrich K. Erben. –
Ungekürzte Ausg. – Frankfurt/M; Berlin:
Ullstein, 1986.
(Ullstein-Buch; Nr. 34331: Ullstein-
Sachbuch)
ISBN 3-548-34331-7
NE: GT

Inhalt

ZWEITER TEIL

DRITTER TEIL

Vorwort

Immer wieder wird in der Öffentlichkeit die Behauptung laut, es gebe mit Sicherheit – oder zumindest mit einer an Sicherheit grenzenden Wahrscheinlichkeit – im extraterrestrischen Raum unseres Universums intelligente Lebewesen, ja, gar solche mit beträchtlichen technischen Fähigkeiten.

Dieses heute recht aktuelle Thema hat sich mir gleichsam aufgedrängt, hat sich mehrmals sozusagen selber angeboten. Maßgeblich aber scheinen drei aufeinander folgende Schlüsselerlebnisse gewesen zu sein, von welchen ein jedes eine bestimmte Frage aufwarf und hinterließ.

Die erste Frage: Sind wir allein im Kosmos? So lautete 1970 der Titel eines von Johannes Schlemmer herausgegebenen Sammelbandes der Reihe »piper paperback«, der zufällig in meine Hände geriet[1]. Elf Wissenschaftler hatten sich geäußert, die Meinungen gingen beträchtlich auseinander. Doch trotz der unverhohlenen Skepsis mancher dieser Autoren hätte eine zusammenfassende Antwort auf die im Titel gestellte Frage aus einer unverbindlichen Gegenfrage des Klappentextes bestehen können: »Warum sollten irdisches Leben und irdische Intelligenz denn etwas Einmaliges sein?« Ja, warum eigentlich?

Die zweite Frage: Gibt es extraterrestrische Intelligenzen? – »Wie, Sie haben Tiahuanacu gesehen und wollen dennoch nicht glauben, daß es von prähistorischen außerirdischen Raumfahrern erbaut worden ist?« Dies fragte mich in Südamerika der Kulturreferent einer deutschen Botschaft verwundert, mit dem ich im September 1973 bei einem Empfang ins Plaudern gekommen war. Und er setzte vorwurfsvoll hinzu: »Ja, kennen Sie denn Dänikens Beweise nicht?« (Eben darum: ich kannte sie.)

Die dritte Frage: Gibt es überhaupt außerirdisches Leben? Nur noch auf diese Frage lief zum Schluß die Diskussion bei einem Rundgespräch über die Evolution der Planetenatmosphären und des Lebens hinaus, zu dem im Oktober 1979 eine deutsche wissenschaftliche Förderinstitution nach Schliersee eingeladen hatte. Und wenn es nicht auch bei dieser Gelegenheit zu der etwas naiven Endaussage »Ja, warum eigentlich nicht?« gekommen ist, so war dies wohl vorwiegend auf die skeptischen und bohrenden Einwände eines einzelnen unter den Teilnehmern zurückzuführen. Dieser Störenfried war ich. Und es muß wohl gerade damals gewesen sein, daß ich mir vornahm, mich mit dieser Fragestellung im Rahmen eines Buches auseinanderzusetzen.

Beim Recherchieren des Stoffes allerdings mußte ich eine Überraschung erleben: Ich hätte zuvor nicht gedacht, daß in den Bevölkerungskreisen unserer westlichen Kultur, die doch seinerzeit eine Phase der Aufklärung durchlaufen hatte, die Bereitschaft zu abergläubischen Vorstellungen und zu irrationalen Grundhaltungen wieder so horrend zugenommen hat, wie dies ganz unübersehbar heutzutage der Fall ist.

So ist also unversehens zu der sachlichen Erörterung des Stoffes noch ein weiteres Moment hinzugetreten: Dieses Buch hat während des Schreibens ganz spontan ein gewisses Eigenleben angenommen; es ist nicht nur informatives Sachbuch, sondern über manche seiner Strecken zugleich auch Plädoyer und Anklage geworden – eine Philippika gegen naive Leichtgläubigkeit, pseudowissenschaftliche Mystifikationen und unbedachte Verirrungen des Intellekts, andererseits aber auch eine energische Fürsprache und Werbung für die verstandesorientierte, nüchtern analysierende, kritische Vernunft.

Im übrigen habe ich mich, wo immer es angängig schien, um eine möglichst lockere, essayistisch narrative Darstellung bemüht. Das mag vielleicht einige Verwunderung erregen, da man doch bei uns im allgemeinen gewohnt zu sein scheint, Sachliches und Fachliches fast stets mit gewichtigem Ernst vorzutragen. Doch hoffe ich, daß es, wenn schon nicht der kollegiale Rezensent, so doch der unbefangene Leser begrüßen wird, wenn ein Sachbuch sich bemüht, auch ein wenig unterhaltend zu wirken. Dem Text sind zusätzlich erläuternde Anmerkungen und Literaturhinweise beigegeben. Bei diesen Quellenangaben habe ich die Primärliteratur nur dort zitiert, wo dies unumgänglich ist. In allen anderen Fällen ziehe ich es vor, auf die Sekundärliteratur zu verweisen, weil ich vermute, daß diese den Laien unter den Lesern eher zugänglich sein dürfte.

Einer nicht unbeträchtlichen Zahl von Kollegen aus verschiedenen wissenschaftlichen Disziplinen bin ich für Rat, Kritik und Diskussionen zu Dank verbunden, Herrn Prof. Dr. K. Fleischhauer (Bonn) sowie Herrn Prof. Dr. U. Oberem (Bonn) auch für die freundliche Überlassung von Bildmaterial. Meiner Frau danke ich für ihre aktive Unterstützung und mannigfache Hilfe, Frau Dorothea Rutzen für die Übertragung mehrerer Zeichnungen ins reine, dem Verlag – insbesondere Frau Renate Böhme – für die umsichtige Betreuung dieses Buches.

Wachtberg-Adendorf, November 1983 Heinrich K. Erben

ERSTER TEIL

Es verhält sich mit allen Charlatanerien ... wie mit allen apokryphischen aber currenten Münzsorten: allein das Gepräge macht ihren Werth, sie gelten nur bis zur nächsten Reduktion, thun aber bis dahin ihre Dienste, maassen man immer gutes reines Gold und bleibendes Capital dafür einwechseln kann.

August Friedr. Cranz (1737–1801),
ein Berliner Satiriker und Aufklärer

I. Sind wir allein im Kosmos?

Gibt es auch außerhalb der Erde, im weiten Universum, belebte Organismen? Haben irgendwo im extraterrestrischen Raum intelligente Wesen eine technische Zivilisation aufgebaut, welche der unseren vergleichbar oder sogar überlegen ist? Oder sind wir allein im Kosmos?

Mit diesen Fragen will ich mich auseinandersetzen, und ich werde damit beginnen, daß ich zunächst auf die von einer unschuldigen Phantasie getragenen Vorstellungen jener Visionäre, Träumer und Gelehrten eingehe, deren Spekulationen in der Frühzeit der Naturforschung noch frei umherschweifen konnten. Ungehindert durch jene unerbittlichen Barrieren, welche moderne naturwissenschaftliche Erkenntnisse der sich am Fiktiven ergötzenden Vorstellungskraft heute entgegensetzen, war es den Denkern und Forschern damals, in den Zeiten vor der Aufklärung, noch vergönnt, ihrer Einbildungskraft frei und unbegrenzt die Zügel schießen zu lassen.

Ich werde sodann nicht umhin können, auf den heute das Publikum bis zur weltweiten Massenpsychose verdummenden UFO-Mythos einzugehen, dessen Kern der irrationale Glaube an höchst potente Extraterrestrier ist. Ferner wird es sich nicht vermeiden lassen, auch jenes pseudowissenschaftliche Jägerlatein bloßzustellen, welches einem leichtgläubigen Publikum in aller Welt weismachen will, unsere Erde sei wiederholt von prähistorischen Astronauten außerirdischer Herkunft aufgesucht worden.

Einen beträchtlichen Teil der Darlegungen soll sodann die Erörterung der verschiedenen Hypothesen einnehmen, die hinsichtlich extraterrestrischen Lebens oder sogar kosmischer Intelligenzen in jüngerer Zeit aus der Sicht vereinzelter Wissenschaftler vorgebracht worden sind: sehr kühn, sehr waghalsig, gerade noch am diesseitigen Rand der von der Ratio diktierten »Legalität« angesiedelt (und in einigen Fällen sogar noch ein wenig darüber hinaus). Zugleich seien an dieser Stelle alle Argumente gewürdigt, die unter Berücksichtigung moderner naturwissenschaftlicher Erkenntnisse für die Annahme der Existenz extraterrestrischer Zivilisationen geltend gemacht worden sind.

Da klar wird, daß eine gesicherte und endgültige Antwort auf die Frage nach dem Bestehen derartiger kosmischer Intelligenzen nicht gegeben werden kann, handelt es sich nun darum, die Wahrscheinlichkeiten des *Pro* und des *Contra* abzuwägen. Diesem Bemühen ist der zweite Teil des Buches gewidmet:

Ich gehe davon aus, daß Bewußtsein und Intelligenz, nach allem was wir wissen, unauflöslich an das materielle Substrat gebunden sind, das wir als das zentrale Nervensystem beziehungsweise das Gehirn bezeichnen. (Spiritisten und Okkultisten sind allerdings anderer Meinung.) Dieses Gehirn ist das Produkt einer Evolution, die viele Millionen Jahre lang in Myriaden von kleinen Schritten ablief und dabei jene enorm komplexen Strukturen entstehen ließ, welche die unabdingbare Voraussetzung für jede Manifestation von Intelligenz darstellen. Wenn irgendwo im Universum tatsächlich intelligente Lebewesen existieren sollten, so müßten sie, wenn ihre geistige und technische Leistung der unseren gleichen oder ähneln soll, auf demselben evolutiven Weg entstanden sein wie die irdischen.

Diesen evolutiven Weg, seine einzelnen Etappen, die wichtigsten ihn untergliedernden Weichenstellungen sowie die besonders bedeutsamen unter den zahllosen »Entscheidungs«schritten zeichne ich auf – von der Entstehung des Lebens bis hin zu uns: bis hin zum irdischen, Intelligenz produzierenden Gehirnwesen. Und ich stelle abschließend der von manchen Radioastronomen abgeschätzten Wahrscheinlichkeit einer Existenz der extraterrestrischen Intelligenzia einen nicht minder »astronomische Ausmaße« erreichenden Grad der Unwahrscheinlichkeit gegenüber. Ich meine damit die Unwahrscheinlichkeit, daß der so unvorstellbar komplexe, spezifische Evolutionsverlauf, der zum menschlichen Vorderhirn und seiner technologischen Leistung geführt hat, auf diese Weise und mit diesem Ergebnis noch ein zweites Mal oder sogar wiederholt im Universum abgelaufen sein sollte.

Prüft man die internationale Diskussion, die von naturwissenschaftlicher Seite um die Frage nach den extraterrestrischen Intelligenzen geführt wird, so stellt man erstaunt fest, daß die meisten innerhalb des (allerdings nur kleinen) Kreises der Befürworter dieser Idee aus dem

Bereich der sogenannten »exakten«, also messenden Wissenschaften stammen. Den uneingeweihten Betrachter mag dies beeindrucken.

Nun ist allerdings Exaktheit nicht nur eine Frage des Messens, sondern auch und vor allem des Denkens. Das gilt besonders dort, wo es nicht nur auf zu Messendes und zu Wägendes ankommt, sondern zugleich auf den historischen Werdegang eines Prozesses und auf dessen Ergebnis. Wirklich exaktes Denken aber setzt eine intime Kenntnis der jeweiligen Materie voraus. Ein sachlich begründetes Urteil über die Möglichkeiten der Entstehung von extraterrestrischem Leben und seiner eventuellen Intelligenz wird also weder der Astronom oder Physiker noch der Chemiker oder Biochemiker abzugeben vermögen, sondern in erster Linie der mit dem ganzheitlichen Lebewesen sowie mit dem Gang der organismischen Evolution voll Vertraute. Das ist noch nicht einmal der Molekularbiologe – denn die von ihm untersuchten Moleküle sind zwar organisch, aber keineswegs lebendig –; das sind vielmehr der Botaniker, der Zoologe und der Paläobiologe. Nur sie vermögen die volle historische Entwicklung zu überblicken, welche die Organismen als die Träger des Lebens seit ihrer Entstehung auf der Erde durchliefen. Nur sie wissen, wie es zur Herausbildung jenes zentralen Nervensystems gekommen ist, dessen höchste Entwicklungsstufe Intelligenz zu produzieren vermag. Zu einem Urteil aufgefordert sind also in allererster Linie die Zoologen und Paläozoologen.

Manche Astrophysiker, so etwa Carl Sagan, meinen freilich, zuständig sei die sogenannte Exobiologie.

Vom Sein und Schein der Exobiologie

Die Exobiologie? Wenn Biologie, allgemein gesprochen, jene Gesamtwissenschaft ist, die sich mit den Organismen als den Trägern des Lebens befaßt, was mag dann wohl mit dem Ausdruck Exobiologie gemeint sein? Biophysik, Biokybernetik, Biochemie – es fällt auch dem Laien nicht schwer zu erraten, was sich hinter diesen Bezeichnungen verbirgt. Meeresbiologie: die Biologie der marinen Organismen; Paläobiologie: die Biologie der während der Erdgeschichte ausgestorbenen Lebewesen. Was aber soll das geheimnisvolle »Exo« bedeuten, da ihm doch ein »Endo« als Alternative gewiß nicht gegenüberstehen kann?

Die Lösung enthüllt Banales. Das wird klar, wenn wir bedenken, daß die griechische Vorsilbe »exo« ebensogut durch das lateinische Präfix »extra« ersetzt werden könnte. Dadurch soll aber nicht etwa eine extravagante Spielform der Biologie angezeigt werden, sondern lediglich die extraterrestrisch ausgerichtete Variante dieser Wissenschaft. Daß diesem Spezialgebiet dennoch ein merklicher, manchmal sogar etwas penetranter Hauch von Extravaganz anhaften kann, steht auf einem anderen Blatt.

Offenbar ist der Ausdruck Exobiologie erstmals 1961 von dem amerikanischen Biochemiker Joshua Lederberg[2] benützt worden. Seither sind in der Reichweite seiner Geltung und in seiner Bedeutung nicht unbeträchtliche Verschiebungen aufgetreten. Exobiologie – also eine extraterrestrisch orientierte Biologie –, damit kann demnach sehr Verschiedenes, recht Gegensätzliches gemeint sein: ernste sachbezogene Forschung oder reines Spiel einer lebhaften Phantasie, nüchtern experimentelles Bemühen oder fast pseudowissenschaftliches Fabulieren, nutzbringender Fortschritt der Erkenntnis oder Tribut an unterschwellige Neigungen zum Irrationalen.

Im weitesten Sinn handelt es sich um die Ansicht, es gebe jenseits der Grenzen unseres Planeten so oder so geartete nicht-irdische Lebewesen – eigentlich eine uralte, in die Zeiten vorgeschichtlicher Mythen zurückreichende Vorstellung. Wir wollen hier zwar die Betrachtung des visionär Verkündeten und die der dichterischen Eingebung vorläufig zurückstellen. Doch selbst wenn wir uns zunächst einmal nur auf die wissenschaftlichen und wissenschaftsnahen Bereiche konzentrieren, treffen wir Verhältnisse an, die erkennen lassen, wie facettenreich unser Thema ist. Exobiologie ist im Laufe eines einzigen Jahrzehnts tatsächlich zu einem bunt schillernden Begriff geworden, ein Tummelplatz für viele, ja allzu viele, so daß es nicht leichtfällt, die Spreu vom Weizen zu scheiden oder wenigstens eine einheitliche Gruppierung der im Rund der Arena beteiligten Artisten vorzunehmen.

Illusionisten und Forscher, *showmaster* und Naturwissenschaftler – ganze Welten liegen zwischen diesen zwei Extremen. Man sollte meinen, sie seien durch einen unüberbrückbaren Graben voneinander geschieden. Doch wird sich im Verlauf unserer weiteren Betrachtungen zeigen, daß es gerade auf dem Gebiet der Exobiologie zwischen den beiden Alternativen noch ein Drittes gibt. Ich meine hier die vermittelnde Zwischenform, also die Gruppe jener, die, zwischen dem sicheren Boden des faktisch Feststellbaren und den Sphären der ungezügelten Imagination hin- und herpendelnd, Spekulatives als so gut wie gewiß ausgeben: sie, die munteren Wanderer zwischen allen Welten, die behenden Artisten auf dem schwankenden, die Kluft überbrückenden Stahlseil: Ella hopp – und *anything goes*!

Exobiologie, das kann also, jetzt genauer besehen, dreierlei bedeuten: gediegene Forschung, gewagte Spekulation oder auch clevere, völlig undiskutable, aber geschäftstüchtige Illusionsvermittlung. Und es scheint zu den Charakterzügen eines in paradoxer Weise nostalgisch gestimmten und dennoch auch ruhelos neuigkeitslüsternen Zeitgeistes zu gehören, daß es gerade die sensationsträchtigen Spekulationen und die dreist pseudowissenschaftlichen Illusionen sind, die in diesem Zusammenhang im Mittelpunkt des Interesses der Öffentlichkeit stehen. Während aber die illusionistische und die spekulative Spielform der Exobiologie im Rampenlicht der Scheinwerfer den Applaus des Fernsehpublikums und die Verehrung gläubiger Lesergemeinden verzeichnen, wirkt die seriös forschende Variante bescheiden, still und kaum beachtet hinter den Kulissen.

Die forschende Exobiologie

Am 3. November 1957 hielt sich zum erstenmal ein irdisches Lebewesen außerhalb seiner Biosphäre auf: als der künstliche Erdsatellit *Sputnik II* in einer mittleren Höhe von 930 Kilometern die kleine Polarhündin Laika durch den Raum trug. Das Tier starb nach einer Woche. Doch schon im Jahre 1959 überlebten zwei Affen den Flug in einer amerikanischen Rakete, die eine Höhe von 480 Kilometern erreichte. Am 12. April 1961 überschritt der Sowjetrusse Jurij Gagarin als erster Astronaut an Bord des Raumschiffes *Wostok I* die Grenzen unserer Biosphäre; im selben Jahr folgte der Amerikaner Virgil Grissom. Am 29. Juli 1969 betraten zum erstenmal Menschen den Boden eines fremden Himmelskörpers; die amerikanischen Raumfahrer Neil Armstrong und Edwin Aldrin landeten im Verlauf des *Apollo 11*-Unternehmens auf dem Mond.

Mit diesen Meilensteinen der Raumfahrt zeigte sich nun, daß Lebewesen auch unter den speziellen, lebensfeindlichen Bedingungen des Weltraums existieren können; vorausgesetzt, sie sind durch ein künstliches Überlebenssystem *(life support system)* geschützt, welches die irdischen Umweltbedingungen aufrechterhält. Zugleich aber erwies sich auch die besondere Bedeutung einer seriösen exobiologischen Forschung, die schon vor dem ersten Raumflug in Simulationsexperimenten die Erfordernisse irdischer Lebewesen unter Weltraumbedingungen richtig eingeschätzt und berücksichtigt hatte. Inzwischen sind Raumfahrtmedizin und die mit ihr eng verwandte Exobiologie zu wichtigen Bestandteilen der modernen Weltraumforschung geworden.

Schon frühzeitig stand fest, daß das ursprüngliche *life support system* keineswegs sämtliche der außerirdischen Umweltfaktoren auszuschalten vermag. Neben der Schwerelosigkeit und dem Fehlen der typisch irdischen Tagesrhythmik zählt ja vor allem auch die kosmische Strahlung zu den wichtigsten Weltraumbedingungen. Schon die Kosmonauten der *Apollo 11*-Mission registrierten die Empfindung von Lichtblitzen – eine Erscheinung, die sich aus einer Wechselwirkung von schweren Ionen dieser Strahlung mit den Sehzellen der Netzhaut ergibt. Bereits 1967 hatte der vollautomatische *Biosatellit II* den Einfluß von Gammastrahlung auf biologische Grundprozesse untersucht; in den sogenannten *Biostack*-Experimenten der späteren *Apollo*-Unternehmen wurden dann erweiterte Problemstellungen behandelt. Unter anderem wurde es nun möglich, Störungen, die unter Weltraumbedingungen hinsichtlich grundlegender Zellfunktionen bei Bakterien, Insekten- und Krebseiern sowie Pflanzensamen eingetreten waren, vorbehaltlos auf den Durchtritt einzelner Teilchen der kosmischen Strahlung zurückzuführen. Über die Details des komplizierten Prozesses und über seine einzelnen Schritte vom physikalischen auslösenden Anfangsereignis bis zum biologischen Endzustand konnte allerdings noch keine Klarheit erzielt werden.

Damit haben wir nun bereits einige der wichtigsten Grundprobleme berührt, die Gegenstand der exobiologischen Forschung sind. Ihren Höhepunkt bilden natürlich solche Untersuchungen und Experimente, die in freifliegenden Weltraumlaboratorien nach Art des *Spacelab* oder an Bord von Landungskapseln durchgeführt werden müssen, weil irdische Simulationsversuche unzureichend oder gar unmöglich wären. Neben derartige gezielte Einzelprojekte muß die Beobachtung von Prozessen treten, die sich bei einer Langzeitexposition von Lebewesen unter den besonderen Bedingungen des Weltraums einstellen. Doch wird exobiologische Forschung auch in irdischen Laboratorien betrieben. Hier dient sie vor allem der sinnvollen Planung und der Vorbereitung der erwähnten Weltraumexperimente; ferner der Durchführung aller jener Bodenkontrollversuche, mit deren normalen Befunden man die von der irdischen Norm abweichenden und im Rahmen der *Spacelab*-Aktivitäten erzielten Resultate vergleichen muß.

Es liegt in der Natur der Sache, daß die Einzelprobleme, die sich der exobiologischen Forschung stellen, überaus vielgestaltig sind, daß ihre Gesamtheit also einer recht bunten Palette gleicht. Dennoch könnte man sie nach dem heutigen Stand der Dinge in zwei große Gruppen unterteilen, die sich voneinander beträchtlich unterscheiden.

In der ersten Gruppe würde es sich um Probleme handeln, die entstehen, wenn Lebensprozesse ungeschützt unter den besonderen Umweltbedingungen des Weltraums ablaufen. Die wichtigsten unter diesen Faktoren wurden bereits erwähnt: Es sind die Auswirkungen der kosmischen Strahlung, das Entfallen der irdischen Tagesperiodik, der Fortfall der Schwerkraft.

Leider ist es nicht möglich, im Laborversuch unter irdischen Bedingungen die Effekte der harten Komponente der kosmischen Strahlung zu simulieren. Um so wichtiger erscheint es, die Auswirkungen dieser Strahlung auf grundlegende physiologische Prozesse im Weltraumexperiment zu untersuchen. Welche Folgen z. B. haben sie für das Erbgut, die Zelldifferentiation, die Keimbildung und die weitere Embryogenese oder für das Wachstum der Lebewesen?

Entfällt die Tagesrhythmik, so wirkt sich – in erster Linie bei pflanzlichen Organismen, aber auch bei tierischen – das Fehlen der Hell/Dunkel-Periodik aus: Das Funktionieren der »inneren Uhr« wird nachhaltig gestört, schließlich völlig unterbunden.

Welche Auswirkungen hat dies für die Stoffwechselvorgänge, für das Wachstum, für die hormonale Steuerung dieser und weiterer physiologischer Prozesse?

Ist die Schwerkraft langfristig aufgehoben, so hat dies Konsequenzen für den Stoffwechsel und führt zu degenerativen Erscheinungen. Wie kommt es zu der beobachteten Abnahme des Körpergewichts, der negativen Wasserbilanz, dem Schwund an Muskelmasse, dem Kalziumverlust der Knochensubstanz, um nur einige von ihnen zu nennen? Fortfall der mechanischen Belastung, gewiß; doch welche sind die Einzelfaktoren der bewirkenden Mechanismen? – Für lebende Organismen ist es wichtig, sich im Schwerefeld der Erde angemessen orientieren und das jeweilige Gleichgewicht im Raum wahren zu können. Wie verhalten sie sich, wenn die Gravitation aufgehoben ist? Wie kann es dazu kommen, daß selbst in einer solchen Ausnahmesituation eine Spinne ein normales Netz baut, daß im Verlauf der Weltraumexperimente (1973) geborene Fische normal zu schwimmen vermögen? Und wie wirkt sich das Fehlen der Schwerkraft bei den weiter oben erwähnten physiologischen Grundprozessen aus?

Alle diese Untersuchungen können wichtige Erkenntnisse über die Mechanismen vermitteln, welche den Lebensprozessen zugrunde liegen und welche diese Vorgänge steuern. Schließlich sind in den meisten Fällen der naturwissenschaftlichen Forschung entscheidende Beobachtungen vor allem dann zu erwarten, wenn man einen Vergleich von Normalbefunden mit solchen durchführt, die gleichsam »mit Webfehlern behaftet« sind, die von der Norm abweichen. Aus Fehlentwicklungen, die sich beim Einwirken der einzelnen Faktoren der extraterrestrischen Umweltbedingungen einstellen, können wir also wertvolle Rückschlüsse für die normal auf der Erde ablaufenden biologischen Prozesse gewinnen.

Doch nicht nur für die Grundlagenforschung werden die betreffenden Ergebnisse von nicht zu unterschätzender Bedeutung sein. Es dürfte einleuchten, daß sie sich auch in praktischer Hinsicht auswirken werden: einmal, weil sie auch in der erdbezogenen Biomedizin genutzt werden können, und zum anderen, weil sie eine der wesentlichsten Voraussetzungen für den Erfolg der Raumfahrt mit bemannten Flugkörpern darstellen.

Die zweite große Gruppe von exobiologischen Forschungsprojekten umfaßt alle jene, die sich (a) mit dem Problem der Entstehung des Lebens befassen oder die sich (b) um die Klärung der Frage nach einer Existenz extraterrestrischen Lebens bemühen[3]. Ganz am Rande der ernsthaften Diskussion, sozusagen im Niemandsland zwischen reiner Wissenschaft und amüsantem Gedankenspiel, ist dann (c) ein recht eigenwilliger Bereich angesiedelt: der wissenschaftlich verbrämte Glaube an technologisch hochentwickelte Zivilisationen im Kosmos. Ihm soll später ein eigenes Kapitel gewidmet sein.

Die unter (a) erwähnte Frage nach der Entstehung des Lebens ist seit wenigen Jahrzehnten zu einem hochaktuellen, international vielbeachteten Problem geworden. Paläontologischen Untersuchungen ist es gelungen, durch die Entdeckung fossil erhaltener Mikroorganismen in überaus alten Gesteinskomplexen nachzuweisen, daß Lebewesen schon in weitaus früheren Abschnitten unserer Erdgeschichte existierten, als bisher angenommen wurde. Ferner haben die Ergebnisse einiger aufsehenerregender biochemischer Experimente die Begründung von Modellen ermöglicht, welche den Ablauf der ersten Schritte der Biogenese unter den Umweltbedingungen der ursprünglichen Erdoberfläche und der primitiven Erdatmosphäre erklären.

Die ursprüngliche Erdatmosphäre war offensichtlich noch nicht dazu geeignet, das im Entstehen begriffene Leben gegen die ultraviolette Strahlung abzuschirmen, die damals wie heute aus dem Weltraum kam. Wir müssen also im Weltraumlabor untersuchen, wie präbiotische Prozesse (organisch-chemische, den Weg zur Entstehung des Lebens bezeichnende Vorgänge) im vollen Spektrum der Sonnenstrahlung und unter den weiteren Bedingungen des Kosmos ablaufen. Im Weltraumexperiment zu untersuchen wären die spontane Synthese, die Beeinträchtigung und die Vernichtung präbiotischer Substanzen sowie die Strategien, mit deren Hilfe sich primitive Organismen unter Weltraumbedingungen ihre Vitalität zu bewahren suchen.

Auch die unter (b) zusammengefaßten weiteren Forschungsprojekte erfordern vorläufig noch keinen ausführlicheren Kommentar; sie sollen später eingehender diskutiert werden. Im allgemeinen handelt es sich bei ihnen darum, mit geeigneten Mitteln (Radioastronomie) festzustellen, ob und welche organisch-chemischen, für die Entstehung des Lebens unerläßlichen Bausteine im Weltall auftreten. Als weitere Möglichkeit ist der Versuch zu nennen, die Frage nach einer eventuellen Existenz von Leben als solchem im Weltraum zu beantworten, u. a. aufgrund der Untersuchung von Meteoriten. Dabei geht es darum festzustellen, ob Meteoriten organische Verbindungen, ganze präbiotische Komplexe oder gar echte Mikroorganismen enthalten. Und schließlich müssen auch jene technisch raffinierten Experimente erwähnt werden, mit deren Hilfe bei unbemannten Landeunternehmen, z. B. bei der bereits erfolgten Landung auf dem Mars, festgestellt wird, ob es auf dem jeweiligen Himmelskörper Spuren von Leben gibt.

Träumende Gelehrte von dazumal

So nüchtern und sachlich ist es in der abendländischen Wissenschaft wahrlich nicht immer zugegangen. Den Gelehrten des 17. und des frühen 18. Jahrhunderts – Naturalisten wie auch Philosophen – war es noch erlaubt, Geist und Phantasie weit schweifen zu lassen, ohne in das beengende, Grenzen setzende und disziplinierende Korsett der erkannten Fakten und Zusammenhänge gezwängt zu sein. Und da es mit der praktischen Möglichkeit, phantasiereiche Behauptungen nachzuprüfen, so schlecht bestellt war, blühte die Vorstellungskraft gerade dort, wo es um (beim damaligen Stand der Erkenntnis) Unwiderlegbares ging.

»Der Philosoph ist ein Mensch, der nicht glauben will, was er sieht, weil er zu sehr damit beschäftigt ist, über das nachzudenken, was er nicht sieht.« Der ironische Aphorismus wird dem Neffen Corneilles zugeschrieben, dem 1657 zu Rouen geborenen, vielseitigen Bernard Le Bovier de Fontenelle. Dieser entsprach, wenn sein mokanter Ausspruch Geltung beanspruchen darf, allerdings selbst dem Prototyp eines solchen Philosophen; denn in seinen 1686 erschienenen *Entretiens sur la pluralité des mondes* beschäftigt er sich nachdenklich mit Unsichtbarem, nämlich mit den Bewohnern fremder Gestirne[4]. Ihre Existenz erschien ihm als eine Selbstverständlichkeit, und man könnte sie, so meinte Fontenelle, zwar nicht besser, aber auch sicherlich nicht schlechter beweisen als die reale Existenz so mancher historischer Persönlichkeiten, wie etwa Alexanders des Großen. »Es kömt nunmehr lediglich auf Sie an zu erwägen, ob Sie deren [der Planetenbewohner] Daseyn für etwas blos Wahrscheinliches annehmen wollen ...«

Gleichwohl ging Fontenelle in seinen weiteren Mondschein-Gesprächen, in denen er dieses Thema mit der fiktiven Marquise von G. diskutierte, über diese noch recht vorsichtige Formulierung weit hinaus. Nicht mehr um Wahrscheinlichkeiten ging es ihm dort, wo er »Beweise« anführte: »die vollkommene Ähnlichkeit der Planeten mit der Erde, die bewohnt ist; die Unmöglichkeit, sich einen anderen Zweck ihrer Erschaffung vorzustellen; die Fruchtbarkeit und Pracht der Natur ...« und nicht zuletzt der Widersinn, der entstünde, wollte man annehmen, der ganze grandiose Kosmos sei lediglich für eine einzige Menschheit geschaffen: die irdische. Und wer's immer noch nicht glauben will, gleicht eben einem Banausen – nein doch, so undelikat kann sich ein Kavalier des französischen Barock ja keineswegs ausgedrückt haben. Tatsächlich argumentierte Fontenelle weitaus eleganter und anmutiger, indem er warnte: »... nicht den mindesten Zweifel sind Sie zu ersinnen im Stande, wenn Sie nicht die Augen und Sehart des gemeinen Haufens ... ergreifen«. Und früher oder später sollte dieser Wink mit dem Zaunpfahl die Marquise dann wohl doch überzeugt haben.

Bei seinen Mondschein-Dialogen hat sich Fontenelle auch zur vermutlichen Wesensart, zur körperlichen und charakterlichen Beschaffenheit unserer kosmischen Nachbarn und zu den von ihnen bewohnten Gestirnen geäußert. Zuständiger ist da freilich der Astronom; vorausgesetzt, er gehört nicht zu jenen zweifelhaften Vertretern seiner Innung, an die Johannes Kepler gedacht hatte, als er warnte: »Demnach die erfahrnus bezeüget, das die schöne Gottesgab und edele Kunst von des Himmels lauff und würckung nichts mehr in verachtung gebracht, dan das man ihr zuvil zugelegt, und durch unzimlich aberglaubisches berhüemen die Gelehrte von ihr abwendig gemacht.«[5] Zwar war das auf die Astrologie gemünzt (bei der sich Kepler dennoch gelegentlich und nicht ungern auch selbst bediente), aber selbst wenn wir diese zwielichtige Kunst gänzlich beiseite lassen, bleibt einzugestehen, daß es innerhalb der Astronomie immer wieder einzelne Vertreter gegeben hat, die der Gefahr zum Opfer fielen, ihrer Wissenschaft »zuviel zuzulegen«.

Selbst dem würdigen und hochverdienten Mathematicus, Physiker und Astronomen Christiaan Huygens unterlief eine derartige Verirrung in das Reich der nicht-verifizierbaren Imagination. Huygens, der Begründer der Wellenlehre des Lichts, der Entdecker des Orionnebels und der Saturnringe, der Erfinder der Pendeluhr, der erste wirklich wissenschaftliche Autor auf dem Gebiet der Wahrscheinlichkeitsrechnung – derselbe Huygens kam ins Träumen, sobald er begann, sich die Vielfalt und Belebtheit ferner Astralwelten vorzustellen.

Der Titel seines diesbezüglichen Hauptwerkes[6] kündigt *conjecturae* an, also Vermutungen, Mutmaßungen. Aber wie weit spannt sich doch deren Bogen, wie lebhaft und bis ins einzelne erdenähnlich stellt sich der niederländische Astronom doch die Situation des Lebens auf den weit entfernten Gestirnen vor! Alles natürlich in Analogie zu unserem Heimatplaneten, denn, so Huygens, die übrigen Planeten ähneln alle der Erde. Und so erscheint ihm der Ausruf gerechtfertigt: »So viele

Sonnen, so viele Erden, und eine jede von ihnen mit einer Fülle von Kräutern, Bäumen, Lebewesen, Meeren und Bergen geziert!«[7] Und alle von ihnen selbstverständlich von ihren irdischen Ebenbildern ein wenig verschieden, denn schließlich sind ja auch die Umweltbedingungen der einzelnen Planeten nicht alle gleich; das betrifft vor allem den jeweiligen Abstand von der Sonne. Andererseits konnte das Abweichen aber auch nicht allzu beträchtlich sein, denn ähnliche Funktionen und Bedürfnisse, das wußte schon Christiaan Huygens, bedingen und bewirken eben nun einmal ähnliche Formen und Strukturen des Lebens.

Was jedoch die den Menschen entsprechenden Wesen im Universum betrifft – der niederländische Astronom beschrieb sie ausführlich: diese *»saturnicoli«* oder *»iovicoli«* und andere –, so teilten sie offenbar alle unsere Vorzüge und Schwächen: Sie empfanden z. B. die gleiche Vorliebe für Geselligkeit und Musik wie wir, und sie konnten, da sie ebenfalls das Schießpulver erfunden hatten, gewiß nicht minder klug sein als wir. Doch was astronomische und mathematische Kenntnisse und Fähigkeiten betrifft, so schien es ausgemacht, daß sie uns offenbar bei weitem übertrafen.

Ganz ähnlich bewertete der Schweizer Philosoph, Physiker und Astronom Johann Heinrich Lambert die Bewohner der Kometen. Sie genossen seine unbegrenzte Hochachtung, weil ihnen ja die Möglichkeit des Fluges durchs All, der Weltraumfahrt und der unmittelbaren Beobachtung vor Ort gegeben ist. Und in Anbetracht der enormen von ihnen zurückzulegenden Entfernungen müßten sie uns auch in anderer Hinsicht überlegen sein: »Ihnen müßten Jahrhunderte, wie uns einzelne Stunden vorbey gehen, und die Unsterblichkeit müßte ihr Erbteil seyn, weil sich die Zeit nach ihren Verrichtungen ausmißt, wie es auf unserer Erde Insecten gibt, deren ganzes Leben sich innert dem Verlaufe weniger Stunden anfängt und endigt, weil ihre Geschäfte nicht längere Zeit erfordern.«[8]

Über die Kometen hinausgehend, meint Lambert 1761 in seinen »Cosmologischen Briefen« sogar: »Ich trage keine Bedenken, jedes Sonnensystem so sehr mit bewohnbaren Weltkörpern anzufüllen, als die vortreffliche Ordnung, die in ihrem Lauf eingeführt ist, nur immer leyden möchte.« Aber diese Gestirne sind nicht nur bewohnbar, sie sind seiner Überzeugung nach auch tatsächlich besiedelt: »So weit das Weltgebäude reicht, ist es bewohnt.«

Den Nachweis des Zutreffens dieser Behauptung bleibt der Astronom allerdings schuldig. Wenn er auch die Erwartung hegt, daß (ebenso wie die kommenden Verbesserungen des Mikroskops eine Überfülle von unbekannten kleinsten Organismen sichtbar machen werden) die Vervollkommnung der astronomischen Fernrohre künftig eine Vielzahl kosmischer Lebewesen zutage fördern wird, so bleibt dies doch nur der Ausdruck einer vagen Hoffnung.

Doch ist ein schlüssiger Beweis im Falle von Selbstverständlichkeiten überhaupt erforderlich? Für Lambert stand völlig außer Zweifel, daß von Anfang an »die Hauptabsicht der Schöpfung der Welt ihre Bewohnbarkeit« war; anders ausgedrückt: Die Erschaffung unserer Welt wäre sinnlos gewesen, wenn diese nicht auf den Menschen hin geplant und geschaffen worden wäre. Genauso aber würde das Universum jeden Sinns und Zwecks ermangeln, wäre es nicht von vornherein mit der Absicht geschaffen worden, weitere Welten mit weiteren Bewohnern zu beherbergen. Angesichts einer so einleuchtenden Erkenntnis aber schien eine objektive, nachprüfbare Beweisführung gar nicht erforderlich, ja sogar überflüssig.

Visionäre und Geisterseher

Was die sachlich vorgehende exobiologische Forschung, was trotz großem apparativem Aufwand die nüchtern urteilende Wissenschaft im 20. Jahrhundert nicht erlangen konnte, das glaubten schon in weit zurückliegenden Zeiten überragende Visionäre auf ihre Weise gewonnen zu haben: die Gewißheit nämlich, außer der unseren gebe es im unendlichen Universum eine Vielzahl weiterer bewohnter Welten. Intuitive Einsicht, visionäre Schau, aber schließlich auch platt spiritistische Autosuggestion gelangten, jeweils für sich, zu der unerschütterlichen Überzeugung, daß es im Weltall mit uns vergleichbare oder sogar über uns stehende Wesen gebe.

Der bekannte Marburger Religions- und Kirchenhistoriker Ernst Benz führte diese an der Schwelle vom Mittelalter zur Neuzeit im europäischen Geistesleben aufkommende Vorstellung auf den »Kopernikanischen Schock« zurück[9]. In der Tat müssen der Zusammenbruch des Ptolemäischen Weltbildes und die Erkenntnisse des Kopernikus bei den Gebildeten der damaligen Zeit eine tiefe geistige Erschütterung hervorgerufen haben; aber gewiß auch den Wunsch, diese zu überwinden.

Die Erde hatte jetzt ihre Bedeutung als feststehender Mittelpunkt verloren; sie kreiste nun freischwebend im leeren Raum, ein kleiner Stern, verloren unter vielen anderen! Der Mensch war nicht mehr das Zentrum des Kosmos, und der Kosmos war nur noch die Staffage, die Kulisse für ihn, den abgedankten Hauptdarsteller, auf den ursprünglich die gesamte Schöpfung, die gesamte diesseitige Sinngebung abzuzielen schien.

Wie war jetzt doch »jeder so allein in der weiten Leichengruft des All« (Jean Paul)!

Zwar nicht im Volk, wohl aber in den Kreisen der Denker und Gelehrten mußte nun das Gefühl entstehen, Gott ferner gerückt zu sein, in der beängstigenden Weite des Universums weniger bedeutsam, vielleicht auch nicht mehr so uneingeschränkt in den großen christlichen Heilsplan einbezogen zu sein, wie dies zuvor selbstverständlich schien. Ernst Benz meint wohl nicht zu Unrecht, die darauffolgende neue Vorstellung von der Pluralität und dem Besiedeltsein der kosmischen Welten sei nichts anderes als eine Reaktion auf diesen Schock, sei ein Versuch, der Gefahr eines Abgleitens in Trostlosigkeit oder zynischen Nihilismus zu entgehen.

Das neue Weltbild war geeignet, ein neues Vertrauen, ein neues Selbstbewußtsein, ein neues Gefühl der Sicherheit zu vermitteln: Der irdische Christus war nun zum Erlöser nicht nur unserer Welt, sondern des ganzen Kosmos geworden; die Heilsverheißung galt nun nicht nur den irdischen Nachkommen Adams, sondern der gesamten »Kosmischen Bruderschaft«, als deren Mitglied man sich jetzt wieder geborgen fühlen konnte.

Ernst Benz dürfte die Zusammenhänge richtig erfaßt haben. Es bleibt aber zu bedenken, daß schon vor dem Astronomen Kopernikus ein hoher kirchlicher Würdenträger, zugleich wohl einer der bedeutendsten Denker der Frührenaissance, sich rein spekulativ bewogen sah, die Eigenbewegung der Erde und die Unendlichkeit des Universums anzunehmen.

In Kues an der Mosel fällt ein selbst heute noch stattlich anmutendes, wuchtiges Gebäude auf, dessen Dachzinnen und gotische Stilelemente es als Relikt aus dem späten 14. Jahrhundert ausweisen. In diesem Hause wurde im Jahre 1401 Nikolaus Chrypffs, der den Krebs im

Wappen führte, geboren; derselbe, der als Nikolaus Cusanus später zum päpstlichen Legaten und Kardinal, zum einflußreichen und mächtigen Kirchenpolitiker, vor allem aber zum neue Wege weisenden Denker und Philosophen werden sollte.

Nikolaus Cusanus hatte sich von der mittelalterlichen Scholastik gelöst, er schloß sich dem Neuplatonismus und der Mystik an. Ein überragender Geist, in dem sich umfassendes Wissen, großzügiges Denken, staatsmännische Weisheit und tiefe religiöse Gläubigkeit paarten. Und wenn er *(»de docta ignorantia«)* auch zu der Auffassung gelangte, daß, bezogen auf das Absolute, auf Gott, all unser Wissen nur ein gelehrtes Nicht-Wissen darstellt, so hat er das letztere doch stets hochgeschätzt, hat er sich doch immer von ihm leiten lassen.

Nach seiner Überzeugung hatte Gott die Welt und das gesamte All nicht etwa planlos geschaffen, sondern in seiner Weisheit nach streng mathematischen Grundsätzen. Darum sei es bei dem Versuch, das Universum zu ergründen, notwendig, die gleichen Prinzipien heranzuziehen.

Es ist kennzeichnend für den Kusaner, daß er bei seinen mathematischen und anderen Überlegungen so oft den Grenzbetrachtungen und der Hinwendung zum Begriff des Unendlichen den Vorzug gegeben hat. Der so ungriechisch anmutende Drang, über Klarheit und Maß gewährleistende Grenzen hinweg zur Unendlichkeit vorzustoßen, dieser mystisch-faustische Drang des Cusanus läßt seine Sicht manchmal zur visionären Schau werden, vor allem beim Erahnen der Vielzahl von im unermeßlichen Kosmos kreisenden Welten.

Aufgegriffen und ausgebaut hat diese Lehre von der Pluralität der Welten ein Nachfolger, dessen Leben so gänzlich anders und sehr viel unglücklicher verlief als das des nicht minder gedankenkühnen, aber diplomatischeren deutschen Kardinals: Filippo Bruno, der Dominikaner Fra Giordano, mußte wegen seiner Überzeugungstreue gegenüber ketzerischem Gedankengut zeitlebens unstet und auf der Flucht durch Europa streifen – Genf, Lyon, Toulouse die Stationen, aus Paris vertrieben, dann Oxford und London, in Marburg mit Vorlesungsverbot belegt, schließlich Wittenberg, Prag, Frankfurt als weitere Etappen auf dem Schicksalsweg. Der venezianische Aristokrat Giovanni Mocenigo lädt ihn nach Venedig ein, verrät ihn an die Inquisition. Nach Rom ausgeliefert, widersetzt sich Giordano Bruno im Kerker sieben Jahre lang standhaft der Forderung, seine Philosophie zu widerrufen. Am

17. Februar des Jahres 1600 endet sein Leben in den Flammen des Scheiterhaufens auf dem *Campo di Fiore*.

Ein Naturbegeisterter, ein Pantheist, mit dichterischem Überschwang Visionäres verkündend, hat Giordano Bruno das System des Kopernikus beträchtlich erweitert. Während der Frauenburger Domherr und Astronom nur unser engstes Sternensystem von Erde und Mond in Bewegung um die Sonne sah, war für Bruno das gesamte Universum von Bahnen durchzogen. Mehr noch: Es war ein unermeßliches, nach Raum und Zeit unendliches System, das er mit Gott gleichsetzte und das für ihn daher als ganzes unveränderlich, ohne Anfang und ohne Ende: das ewig Seiende war.

Und eben dieses Universum, so sah es Giordano Bruno, enthält zahllose Welten, die alle ihre Bewohner haben, »... denn es ist nicht möglich, daß der Verstand sich einbilde, daß sie unbesiedelt seien und nicht ähnlich oder sogar höher entwickelte Einwohner beherbergen als unsere Erde, da ebenso wie uns doch auch ihnen eine Sonne ihre befruchtenden Strahlen übermittelt ...«[10].

Trotz der ihm drohenden Gefahr hatte sich Fra Giordano um seiner Überzeugung willen von seinem Orden, ja sogar von seiner Kirche getrennt. Ein später zum Teil ähnlich Empfindender ging einen anderen, noch eigenwilligeren Weg: Emanuel Swedberg *alias* Emanuel von Swedenborg aus Stockholm gründete, basierend auf den Offenbarungen des Johannes, seine eigene »Neue Kirche« oder, richtiger gesagt, Sekte. Als kundiger Naturforscher und Gelehrter bekleidete er zunächst das Amt eines königlich schwedischen Assessors im Stockholmer Bergwerkskollegium, sammelte weitere metallurgische, mineralogische, bautechnische Erfahrungen in den Bergwerken Sachsens, Böhmens und Österreichs, widmete sich allgemein dem Studium der Natur – und wurde später dennoch zum mystischen Geisterbeschwörer und Hellseher.

Ein Nekromant, der mit den Geistern der Abgeschiedenen Umgang pflegte, der die Geister von Aristoteles und Newton beschwor, der mit den Geistern eines Luther, eines Paulus Gespräche führte[11], der mit den Geistwesen der fernsten Gestirne verkehrte. Swedenborg, von dem sein Zeitgenosse F. C. Oetinger meinte, er sei nun bei den Höfen bekannter als in den gelehrten Akademien, wurde zu jenem »Geisterseher«, dessen himmlische Visionen und hymnische Divinationen Immanuel Kant zu einer recht kaustischen, ironischen Kritik veranlaßten:

»Der scharfsichtige Hudibras hätte uns allein das Rätsel auflösen können, denn nach seiner Meinung: wenn ein hypochondrischer Wind in den Eingeweiden tobet, so kommt es darauf an, welche Richtung er nimmt, geht er abwärts, so wird daraus ein F-, steigt er aber aufwärts, so ist es eine Erscheinung oder eine heilige Eingebung.«[12] Woraus einerseits zu ersehen ist, daß dem großen Denker von Königsberg nichts Menschliches fremd war, und andererseits, daß er sehr auf Abstand bedacht war, denn »die Philosophie setzt sich in Verdacht, welche sich in so schlechter Gesellschaft betreffen läßt«.

Swedenborg berief sich auf eine Christus-Erscheinung, die ihn während seines Londoner Aufenthaltes mit der neuen Verkündigung betraut habe, und er wurde zum Visionär und Verkünder eines zwar im Christlichen wurzelnden, aber metaphysisch weit übersteigerten, ja bereits eindeutig spiritistischen Glaubens- und Gedankensystems. Seine Verbindungen zu den Geistern hielt man tatsächlich für außergewöhnlich: »Daher hat letztlich die Theologische Fakultät (o es gibt hier so gut fromme Narren als in Deutschland) eine förmliche Ambaßade an ihn geschickt um ihn fragen zu lassen ob Socrates und Marc Aurel im Himmel oder in der Hölle wären.«[13] Und natürlich war es Swedenborg bei seinen überirdischen Beziehungen ein leichtes, die Frage der Hohen Fakultät der ehrwürdigen Universität zu Leiden ohne Zögern und natürlich strikt wahrheitsgemäß zu beantworten. (Leider ist nicht überliefert, ob und auf welche Weise die Fakultät die Richtigkeit der Auskunft überprüft hat.)

Im Mittelpunkt der Swedenborgschen Lehre stand Brunos Idee einer Pluralität der Welten und einer Existenz kosmischer Planetenbewohner. »Wer glaubt – wie denn jeder glauben muß –, daß das Göttliche das Weltall zu keinem anderen Zweck erschaffen hat, als daß ein Menschengeschlecht entstehe und aus diesem ein Himmel – denn das Menschengeschlecht ist die Pflanzschule des Himmels –, der muß auch glauben, daß überall Menschen sind, wo nur immer ein Erdball ist...«[14]

Das gesamte Weltall mit seinen Milliarden von Sternen schildert Swedenborg als das Heim von ebenso unzähligen Planetenbewohnern, Geistern und Engeln, und diesen gesamten unendlichen Makrokosmos erkennt der Visionär vornehmlich als jene Stätte, an welcher die Geister früherer Menschen ihrer Läuterung, Vervollkommnung und Höherentwicklung entgegenstreben. Dabei erscheint dem Kosmologen, Mystiker, Sektenstifter und Geisterseher Swedenborg das gesamte Universum als ein in seinen Dimensionen unermeßlich großes Lebewesen. Es stellt einen kosmischen Riesenorganismus in Menschenform dar, dessen Glieder und Organe – und dies wird mit anatomischer Liebe zum Detail beschrieben – von den einzelnen kosmischen Geistergemeinden verkörpert werden. (Man sieht: Der Schritt von hier zu Teilhard de Chardins Vision des kollektiven Noosphären-Hirns[15] oder zu Carsten Breschs nicht weniger mysteriösem Super-»MONON«[16], dem »riesigen intellektuellen Organismus«, der »zusammenfließenden Gesamtheit der Muster aller Welten«, ist nicht allzu groß.)

Swedenborg hatte viele Nachfolger und Nachahmer, und sie kamen aus sehr verschiedenen Lagern. Viele Pietisten und Theosophen, die aus den Erweckungsbewegungen kamen, nahmen gewisse Teile seines Gedankenguts auf, erweiterten es oder wandelten es ab. Doch in allen Fällen blieb die Vorstellung von den Bewohnern jenseitiger Sternenwelten – menschenähnlichen Wesen, Geistern oder Seelen von Verstorbenen, Engeln – ein wesentlicher Bestandteil dieser esoterischen Lehren. Diejenigen aber, die sich von ihrer christlich-religiösen Basis zu weit entfernten, wurden schließlich zum unverhüllten Aberglauben, zum reinen Spiritismus.

Offenbar unausrottbar – denn gegen Torheit kämpfen bekanntlich selbst die Götter vergebens – hat der Hang zum Okkulten sich bis in unsere Zeiten erhalten, unbeirrt von allen neuen Erkenntnissen und Fortschritten der Medizin, der Naturwissenschaften, der Technik. Selbst Gebildete oder gar Gelehrte sind gegen den *morbus irrationalis* keineswegs immun: Bei ihren Weltraumfahrten haben die modernen Kosmonauten übereinstimmend festgestellt, daß der Äther weder von pausbäckigen Posaunenengelchen noch von gespenstischen Astralleibern bewohnt wird. Da es also um diesen Freiraum für Mythen, Mystik und Geister schlecht bestellt ist, konzentriert sich jetzt so mancher Unentwegte im Singular nur noch auf »den abstrakten Geist«. Der weht nicht nur, wo er will, sondern ist auch so erfreulich unsichtbar, daß man parapsychologisch offen oder versteckt seine Allgegenwart im Kosmos selbst dann behaupten kann, wenn er von Astronauten nicht erspäht wird: *Absence of evidence is not evidence of absence* – so einfach ist das!

Wissenschaftlich ungeschulte, einfache Sterbliche haben es weniger leicht, aus diesem neuartigen Dilemma eines leeren, geist- und geisterlosen Universums herauszukommen. Aber mit ihrer Erfindungsgabe sind sie schnell auf ihre eigenen Auswege verfallen: Sie heißen UFO-Psychose und Astrogötter-Manie.

II. Der Tanz um goldene Kälber

Eine alte Volksweisheit meint, die Hinwendung zum Numinosen, zum Übernatürlichen, sei beim Menschen jeweils dann am stärksten, wenn er sich in großer Not befindet oder wenn es ihm zu gut geht. Kaum war das Volk Israels aus der drückenden ägyptischen Gefangenschaft befreit, kaum war es im Roten Meer vor den Heerscharen des Pharao errettet worden, kaum war sein Darben in der Wüste durch das so mirakulös vom Himmel fallende Manna und das aus dem Felsen Horeb sprudelnde Wunderwasser beendet worden, kaum also ging es dem auserwählten Volke wieder gut, wendete es sich dem finstersten Aberglauben zu: »Sie haben sich ein gegossenes Kalb gemacht und haben's angebetet und ihm geopfert ...«[1] Dieser alttestamentarische Tanz um das Goldene Kalb dürfte den typischen Fall einer Wohlstandshybris darstellen.

Ein wenig anders scheint jene Situation der westlichen Zivilisationsgesellschaften zu sein, die sich seit etwa der Mitte unseres Jahrhunderts entwickelt hat. Zwar entstammte auch die »psychedelische Subkultur«, die – zunächst auf dem Wege eines extremen Nonkonformismus, dann auf dem des Drogengebrauchs – zum Teil im Aberglauben landete, dem müden und gelangweilten Überdruß, den viele Jugendliche einer luxuriös lebenden Wohlstandsgesellschaft empfanden. Zugleich aber entsprang eine andere, parallel verlaufende Tendenz offenbar der Not. Als solche nämlich ist die psychische Verunsicherung zu bewerten, die sich einerseits aus der Entfremdung des in der Masse anonym gewordenen Einzelmenschen ergab, aber andererseits auch aus den unterbewußten Ängsten weiter Bevölkerungsteile. Wie ein Alpdruck lag über den Mutlosen die Bedrohung durch den Kalten Krieg oder gar durch ein atomares Inferno. Daher suchte der in der Katastrophenfurcht nach oben gewendete Blick die Vision einer Erlösung durch die aus dem All herabsteigenden modernen Übermenschen, die extraterrestrischen *supermen*. Und so tanzen noch heute viele aus dem Kreise dieser undankbaren Erben der Aufklärung hingebungsvoll um zwei Altäre, die zur Auswahl stehen: Das goldene Kalb der einen nennt sich neue Mystik, das neue *Tao* (S. 49); das der anderen, weniger anspruchsvollen hat die Form der Fliegenden Untertasse.

Ein moderner Mythos

In Scharen waren sie zusammengeströmt, die *cariocas*, über 50000 Wundergläubige und Schaulustige aus dem Bundesstaat Rio de Janeiro, vertrauend auf die Verheißung des »Ersten Sprechers der Jupiterianer«, eines jungen Mannes namens Edilcio Barbosa. In dem kleinen Ort Casimiro de Abreu, so hatte er – einer dpa-Meldung zufolge[2] – verkündet, würde zum festgesetzten Termin, pünktlich um 5.20 Uhr, mit ihrem Raumschiff eine Delegation der Jupiter-Bewohner landen, Männer mit blauen und Frauen mit gelben Augen. Und sie würden, hochherzig und großmütig, wie sie nun einmal sind, der Erde vier zuvor Entführte zurückerstatten: einen Holländer, einen Kanadier, einen Argentinier und einen *brasileiro*.

Dem Ansturm der UFO-Gläubigen war die kleine Ortschaft nicht gewachsen. Trotz des Einsatzes von fast 300 Polizisten entstand ein Verkehrschaos, und das einzige Hotel am Ort war mit seinen 21 Betten hoffnungslos überfordert. Die Massen mußten die Nacht im Freien verbringen, doch wer die lauen tropischen Nächte von Rio kennt, wird ein Nächtigen unter raschelnden Palmen und sternenfunkelndem südlichem Firmament gewiß nicht für unerfreulich halten.

Unerfreulich sollte allerdings die morgendliche Enttäuschung werden. Mit dem sich ankündigenden Sonnenaufgang nahm die Erwartung zu, steigerte sie sich zur mühsam unterdrückten Erregung. Schon entrollte das Empfangskomitee ein Spruchband mit der freundlichen Inschrift »Willkommen, Freunde aus dem Unbekannten«. (Aber selbstverständlich werden die Jupiterianer unsere Sprache verstehen, *senhor*, wie könnte man daran zweifeln?!) Schon suchten einhunderttausend Augen begierig den sich rötenden Morgenhimmel ab. Die Spannung stieg, wurde unerträglich – nichts! Man wartete – nichts! Man murrte, man wurde unruhig – immer noch nichts! Und auch weiterhin nichts. Zu guter Letzt mußte die Polizei den famosen Botschafter der Jupiterianer davor beschützen, von der enttäuschten und aufgebrachten Menge verprügelt zu werden.

Gelandet sind unsere Brüder *ex mundi universitate* in Casimiro de Abreu bis heute nicht. Und wohl nur aus diesem Grunde wurde der für den ganzen Rummel Verantwortliche von den Vorsitzenden anderer ufologischer Gruppen schließlich scharf kritisiert und gescholten, denn er habe mit seiner Aktion das Ansehen der ernsthaften UFO-Forschung geschädigt.

Diese »ernsthafte« UFO-Forschung oder Ufologie ist eine weit verbreitete Manie geworden, welche von einer Unzahl von Vereinigungen, Gesellschaften und Verbänden (in Frankreich allein fünfunddreißig an Zahl[3]) getragen wird und die in einer ganzen Reihe von Fällen sogar den Charakter des Sektierertums und einer Pseudoreligion angenommen hat. Geheimnisvolle Erscheinungen am Himmel, das waren schon seit uralten Zeiten für die abergläubischen Erdenbürger aller Kulturen Zeichen der Warnung vor allerlei Unglück, bald selbst bedrohlich, bald Rettung verheißend, immer aber den Verängstigten zuvor Schlimmes ankündigend. Jetzt, im Zeitalter der Technik, der Luftfahrt, nehmen solche Zeichen des Himmels die Gestalt »fliegender Untertassen«, die Form von UFOs *(Unidentified Flying Objects)* an, und die Zahl jener, die glaubten, sie gesichtet zu haben – oder die dies auch nur vorgaben –, geht in die Zehntausende.

Am Anfang des Wegs zu dieser nun schon weltweit verbreiteten Massenpsychose stand der englische Schriftsteller H. G. Wells 1898 mit seinem phantastischen Roman *»The War of the Worlds«*, der feindliche Marsbewohner auf der Erde landen ließ. Den nächsten, vierzig Jahre später erfolgenden Schritt stellte sodann die überaus realistische Bearbeitung dieses Stoffes in der Form eines Hörspiels dar, das vom CBS New York im Oktober 1938 gesendet wurde. So echt wirkte dabei die raffiniert lebensnahe, von Orson Welles stammende Regie, daß es in der Weltstadt zu Szenen der Massenpanik und Hysterie kam.

Der eigentliche Durchbruch erfolgte allerdings erst nach neun weiteren Jahren, genauer gesagt 1947, als der amerikanische Geschäftsmann und Privatflieger Ken Arnold behauptete, in der Nähe des Mount Rainier neun glühenden extraterrestrischen Flugkörpern begegnet zu sein, die sich fortbewegten »wie Untertassen, die nach flachem Wurf über eine glatte Wasserfläche hüpfen«.

Nun gab es kein Halten mehr, die Nachahmungsserie setzte ein. So wie später die erste Selbstverbrennung, die erste Flugzeugentführung, die erste kriminelle Geiselnahme, die erste Botschaftsbesetzung jeweils zur Initialzündung für eine weltweite Kettenreaktion des Nacheiferns wurden, so wie später Hippies und Yippies, Rocker und Punks, Fixer und die harmlosen Jogger den Nachahmungstrieb stimulierten, so lockte auch dieser erste, durch die Medien sensationell aufgemachte Fall eine nicht mehr abreißende Kette von Nachfolgern an.

Was sich als weitere Entwicklung nun einstellte, war vielfach so grotesk, daß man sich unwillkürlich an Juvenals Ausruf erinnert fühlt, manchmal falle es wirklich schwer, *keine* Satire zu schreiben: Der pensionierte, einer offiziellen Untersuchung widersprechende Major als Bestseller-Autor[4] – – – der sich regelmäßig um das Amt des Präsidenten der Vereinigten Staaten bewerbende Gründer der *Amalgamated Flying Saucer Clubs of America, Inc.*[5] – – – die von der Jupiterbevölkerung allerlei Botschaften entgegennehmende Ex-Stewardess, die sich für eine weltweite Anpassung der menschlichen Sexualpraktiken an den offenbar weitaus attraktiveren kosmischen Standard einsetzt[5] – – – der »Nuklearexperte«, der aus »komplexer Nuklear-Mathematik und einer trickreichen Erweiterung der Aristotelischen Logik« ein sogenanntes psychotronisches Modell schafft, welches die Materialisation von Ideen erklärt, so z. B. die der (phallischen) Kampfraketen und der Fliegenden Untertassen (als weiblichem Symbol)[6] – – – und alle die anderen, die als profilbewußte Exzentriker, als Blindgläubige oder sogar als Spiritisten – nicht selten aber auch als geschäftstüchtige Schlitzohren – die Ufologen-Kongresse bevölkern. Nicht zu vergessen auch jener Besitzer eines Erfrischungsstandes auf dem Zufahrtsweg zum Mount Palomar-Observatorium, den die Presse zum Astronomie-Professor hochstilisiert hatte. Zusammen mit einem schreibgewandten Schriftsteller verfaßte er ein weithin bekanntes Buch[5,7], worin er höchst anschaulich von seinen telepathischen, aufschlußreichen Kontakten mit einem Venusbewohner berichtete, den er angeblich in der Mohave-Wüste getroffen hatte. Seine Fotografien des dazugehörigen Raumschiffs allerdings wurden von einem kritischen Journalisten schließlich als simple, ungeschickte Fälschung entlarvt!

Schon der weltkluge Georg Christoph Lichtenberg hat es gewußt: »Wir leben in einer Welt, worin ein Narr viele Narren, aber ein weiser Mann nur wenige Weise macht.«[8] Das scheint auch heute noch zu gelten. Alles, was sich seit den Zeiten des geistreichen Aphoristen und Göttinger Professors in diesem Zusammenhang geändert haben dürfte, mag sein, daß das berühmte Brett vor der Stirn im Zeitalter der Technik nun nicht mehr aus schlichtem Holz, sondern aus Kunststoff mit Chromverkleidung besteht. Noch ein weiteres Moment fällt auf, nämlich die weltweite, wirklich internationale Verbreitung der ufologischen Welle. Hatte Jonathan Swift nicht unrecht[9], als er mit insularer Überheblichkeit das deutsche Volk als das dümmste von allen bezeichnete? Beweist die UfO-Psychose nicht überzeugend, daß gegen die Mikrobe der menschlichen Dummheit[10] letztlich ausnahmslos alle Völker dieser Erde anfällig sind, und zwar alle in gleicher Weise?

Besonders erstaunlich mag erscheinen, daß die UFO-Gläubigkeit selbst bei solchen Zeitgenossen anzutreffen ist, die es eigentlich besser wissen müßten, nämlich bei den sonst so nüchternen Kosmonauten. Während einer ganzen Reihe von Unternehmungen hatten sie auffallende Objekte gesichtet und fotografiert (z. B. im Verlauf der Raumflüge *Gemini 4, 7, 11* und *12*, bei *Mercury 7* und vor allem bei *Apollo 11* und *12*), und so ergab sich für Unentwegte auch hier immer wieder ein Anlaß, extraterrestrische Flugkörper zu wittern. Doch in allen Fällen lösten sich die Rätsel, konnten die problematischen Erscheinungen identifiziert werden: als Bruchstücke von losgelöstem Isolationsmaterial der eigenen Kapsel, als Fragmente abgestoßener Raketenstufen, als ein sowjetisches Raumlabor *(Proton 3)*, als fehlerhaft aufgeblähter Ballon, als irreführende Glanzlichter und Reflexe. Daher geben auch, wie in der französischen wissenschaftlichen Zeitschrift *La Recherche* berichtet wird, alle amerikanischen Astronauten an, niemals eine Fliegende Untertasse oder Vergleichbares gesehen zu haben[11]. Und doch sollen mindestens einige von ihnen – so z. B. E. Mitchell, G. Cooper und E. Cernan – angegeben haben, daß sie von der Existenz kosmischer Zivilisationen und deren Weltraumfahrten fest überzeugt sind!

Nun verhält es sich keineswegs so, als werde das UFO-Problem von seiten der Regierungen oder auch von kompetenter wissenschaftlicher Seite nicht beachtet. Das amerikanische Verteidigungsministerium hat 1952 entsprechende Untersuchungen einer Kommission in Auftrag gegeben (Blaubuch), die amerikanische Air Force vergab später, 1966 bis 1968, einen entsprechenden Forschungs- und Prüfungsauftrag an die Universität von Colorado (dabei kam der keineswegs in allen Punkten unumstrittene Condon-Report zustande[12]), in Frankreich gibt es die seriöse *Groupe d'études des phénomènes aérospatiaux non identifiés*[13] usw. Doch soweit sich aus den bisher erarbeiteten Unterlagen ergibt, sind bei allen gemeldeten und untersuchten Beobachtungen durchaus normale irdische Phänomene teils als tatsächliche Ursachen festgestellt, teils als theoretische Möglichkeiten für eine Deutung gegeben. Zwar bleibt verständlicherweise ein Rest von nicht erklärten oder aufgrund von unklaren Unterlagen nicht erklärbaren Einzelfällen übrig. Weitaus bedeutsamer erscheint jedoch die Tatsache, daß in keinem einzigen der zahlreichen bisher gemeldeten echten oder vorgeblichen Beobachtungen zweifelsfrei und unwiderleglich festgestellt werden konnte, es habe sich tatsächlich um ein außerirdisches Raumschiff und um extraterrestrische Wesen gehandelt.

Trotzdem und ungeachtet der Tatsache, daß sich durch die Ergebnisse der modernen Weltraumforschung unsere Nachbarplaneten als für menschliche oder vergleichbare Wesen unbewohnbar erwiesen, gedeiht der UFO-Glaube auch weiterhin, treibt er unvermindert die skurrilsten Blüten. Da gibt es z. B. im anglophonen Sprachraum (doch in anderen Regionen sieht es offenbar auch nicht viel besser aus) eine nicht eben kleine Gruppe von Mitmenschen, die sich als Erleuchtete verstehen, wobei sie ihrem geistigen und geistlichen Führer kritiklos abnehmen: – er sei von einem auf dem Saturn ansässigen »Interplanetarischen Parlament« als irdischer Verbindungsmann auserwählt worden; – aus seinem medialen Munde spreche der heute wohlbehalten auf der Venus wohnende »Meister Jesus«; – er werde durch den Sprecher des bereits erwähnten kosmischen Völkerbundes angeleitet, durch den mächtigen, gleichfalls vom Planeten Venus stammenden »Meister Aetherius« – und dergleichen Verschrobenes und abenteuerlich Phantastisches mehr[14].

Bernard de Fontenelle meinte 1686 in seinen *Entretiens*: »... ein gewisser kastilischer König, ein großer Mathematiker, wahrscheinlich aber nicht sehr fromm, soll gesagt haben: Er hätte Gott manchen guten Rath geben wollen, wenn er ihn bey Schöpfung der Welt darum befragt hätte ...«[15] Wie schade, daß Alfons X., genannt der Weise (1221 bis 1284), diese von ihm ins Auge gefaßte Chance nicht erhielt! Der beste unter seinen Ratschlägen wäre zweifelsohne gewesen, bei der Konstruktion des Adamschen Denkapparates müsse der ratiobezogenen Hirnrinde eine stärkere Unabhängigkeit vom Zwischenhirn eingeräumt werden, das sich, tief an der zerebralen Basis versteckt, so oft als ein dem Irrationalen höriger Kleintyrann erweist. Und irrational, das ist er in der Tat, der neue Mythos.

Wallungen der Massenpsyche?

Wenn man unter der Bezeichnung »Mythos« einen Ideenkomplex verstehen kann, der eine Gruppe von gleichgestimmten Personen mittels seines emotionalen Potentials und seines Anschauungsgehalts zusammenzuhalten und zu motivieren vermag, dann bedeutet die ufologische Vorstellung von extraterrestrischen Zivilisationen in allen jenen Fällen tatsächlich einen neuen Mythos, in denen sich sektenähnliche, programmorientierte Zusammenschlüsse gebildet haben. In allen anderen Fällen würde man eher von einer Art unverbindlichem Aberglauben sprechen können, Bodensatz aus der trüben untersten Schicht pseudoreligiöser Sphären. Insgesamt wird man Ernst Benz' Charakerisierung als »neue Religion« und C. G. Jungs Einstufung als »moderner Mythos« etwa im Sinne dieser beiden Auffassungen zu verstehen haben.

Ernst Benz wertete – wie bereits auf S. 27 erwähnt – das Ufologie-Phänomen als verspätete Folge des Kopernikanischen Schocks. In der Tat hatte ja auch schon Bernard de Fontenelles Marquise von G. die Lehre des Kopernikus als »Kalumnie gegen das menschliche Geschlecht« bezeichnet und sich empört: »Man hätte des Kopernik's System nie annehmen sollen, weil's so erniedrigend für uns ist!«[16]

So werden zwar noch im 18. Jahrhundert manche empfunden haben. Im 20. aber sollte die Menschheit sich wohl doch bereits mit dem Gedanken ausgesöhnt haben, daß die Erde, unser Wohnort im Weltall, kein feststehendes Zentrum darstellt. Man hat sich jetzt wohl daran gewöhnt, daß sich das ganze Universum nicht um uns – und zwar nur um uns allein! – dreht, daß wir vielmehr nicht mehr sind als Mitfahrer auf dem großen kosmischen Ellipsen-Karussell, welches sich unverändert weiterdrehen würde, auch wenn es uns nicht gäbe.

Der postkopernikanische Schock, als Mensch nicht mehr den maßgeblichen Mittelpunkt des Universums darzustellen, dürfte wohl überwunden sein, doch müssen wir bedenken, daß ihm zwei weitere, nicht minder gravierende Erschütterungen nachfolgten: Mit Charles Darwins Erkenntnis der Evolution verloren wir die Fiktion unserer privilegierten, exklusiven Spitzenstellung über und neben allen Lebewesen; im Reich der Natur brach unsere *splendid isolation* zusammen. Und anschließend zwang uns Sigmund Freuds Psychoanalyse zu dem deprimierenden Eingeständnis, daß unser so oft verherrlichter freier Wille doch nicht so souverän, so völlig frei und unabhängig von dunklen inneren Zwängen ist, wie zuvor verkündet worden war. Zwei schwere Rückschläge also für des Menschen Selbstbewußtsein und Selbstachtung. Möglicherweise war es die daraus resultierende innere Unsicherheit, die die Menschheit erneut nach dem *Deus ex machina* Ausschau halten ließ, und zwar dort, woher die Götter schon immer gekommen waren: vom Himmel, aus dem Weltraum.

Anders deutete Sigmund Freuds bedeutender Schüler, der Schweizer Psychoanalytiker Carl Gustav Jung, die Ursachen für die einsetzende Hochkonjunktur der UFO-Gläubigkeit[17]. Ausgehend von dem Umstand, daß extraterrestrische Raumschiffe trotz der unzähligen Meldungen niemals als reale Objekte nachgewiesen werden konnten, also materiell offensichtlich nicht existieren, während sie gleichwohl in der geistigen Vorstellung durchaus honoriger und im allgemeinen vernünftiger Personen erscheinen, meinte Jung, es müsse sich wohl um eine Art von Massenpsychose handeln[18]. Wie bei etwa religiös motivierten halluzinatorischen Erscheinungen sei hier offenbar eine aus den Tiefenschichten der menschlichen Seele, aus einem kollektiven Unterbewußtsein stammende Bereitschaft entstanden, bestimmte sozusagen übernatürliche »Gesichte« wahrzunehmen. Im Falle der UFO-Erscheinungen handele es sich, so C. G. Jung, vermutlich um die Projektion kreatürlicher Ängste, deren Überwindung mit Hilfe einer Sinnestäuschung versucht wird, einer plastischen Verdichtung der archetypischen Idee des mächtigen Beschützers und Erlösers, der den Gefährdeten in einer supertechnischen, untertassenähnlichen Weltraumarche errettet. Daß an solchen Ängsten zur Zeit des Auftauchens dieses Massenphänomens durchaus kein Mangel bestand, wurde bereits dargelegt (S. 34).

Wie auch immer man zu den Gedanken der weiteren Ausführungen C. G. Jungs stehen mag, für seine tiefenpsychologische Analyse scheint jedenfalls vieles zu sprechen. Massenängste – vor allem solche, die in Zeiten eines geistigen Umbruchs und temporärer Desorientierung einsetzen – können durchaus kollektiven Charakter tragen. Wie Katalysatoren für die sodann zumeist ausbrechenden Anfälle von

»Massenwahn« wirken dabei die sich prophetisch oder pseudo-messianisch gebärdenden Verführer, bei welchen es sich zumeist um exaltierte Schwarmgeister, mindestens aber um konstitutionell Psycholabile handelt. Erfolg ist ihnen im allgemeinen nur in Situationen schwerer sozialer oder politischer Konflikte, in Zeiten der allgemeinen Verwirrung und der geistigen Verunsicherung beschieden. »In ruhigen und spießigen Zeiten gibt es sie vermutlich in gleicher Zahl. Dann aber beschäftigen sich vorwiegend Psychiater, Sozialarbeiter, Richter und Beichtväter mit ihnen. In unruhigen Zeiten beherrschen sie uns, in ruhigen begutachten wir sie«, meint der erfahrene Psychiater[19].

Wahnähnliche Massenphänomene sind, die Erfahrung erweist es, in der Tat durch temporäre Desorientierung bedingt. Diese ist geeignet, das unter dem Gesichtspunkt der Zweckmäßigkeit entstandene Register der »vernünftigen« (= angemessenen) Reaktionsweisen so durcheinanderzubringen, daß ein funktionell falsches Übersprungverhalten[20] oder eine völlig abwegige, irrationale Verhaltensweise die Folge ist. Jedem Verhaltensforscher ist bekannt, wie höhere Lebewesen reagieren, wenn ererbte oder angelernte Verhaltenskomplexe – besonders aber die ersteren – versagen. Das ist vor allem dann der Fall, wenn etwa Verhaltensweisen, die dem betreffenden Individuum, aller bisherigen Erfahrung zufolge, eigentlich den erstrebten Erfolg eintragen müßten, im abgewandelten Experiment nun plötzlich nicht mehr das erwartete Ergebnis oder sogar das entgegengesetzte erzielen (beispielsweise, wenn Leistung nicht mehr Belohnung, sondern wiederholt eine Bestrafung zur Folge hat). Eine tiefgreifende Verunsicherung, Ratlosigkeit, ein auf der unerwarteten Desorientierung beruhender Zusammenbruch des normalen, »vernünftigen« (= angemessenen) Verhaltensspektrums – im Extremfall sogar hysterische Tobsuchtsanfälle – sind die Folge.

Dem ist die menschliche Situation in Perioden plötzlichen Zerfalls der geistigen Ordnung, einer unerwartet einsetzenden Umwälzung auf kulturellem Gebiet oder auf dem ideologisch fundierter Traditionen und ethischer Wertsetzung durchaus vergleichbar. Nach der drastischen Wende von der mittelalterlichen, extrem jenseitsbezogenen Mystik und der blutleer theoretisierenden Scholastik zur ebenso extrem weltlichen, auf den Menschen sowie die Natur ausgerichteten Renaissance wurden über Nacht die Normen des Gestern zum Gespött der Humanisten des damaligen Heute[21]. Und auch in dieser uns als Beispiel dienenden Situation kamen das Krisenhafte und die desorientierte

Verunsicherung auf irrationale Weise zum Ausdruck: Apokalyptische Visionen[22], Endzeiterwartung und Untergangsprognosen[23], abstruses Sektierertum waren die Symptome.

In unserer gegenwärtigen Lage scheinen Parallelen zu bestehen: Die geistige Anpassung an unsere sich überstürzt verändernde Situation war nicht mit der gleichen Beschleunigung erreicht worden, mit der sich das unbarmherzig kalte, extrem nüchterne, vorwiegend technisch und wissenschaftlich geprägte Weltbild der Gegenwart entwickelte. Zu den bedenklichen Folgen dieser Diskrepanz gehören neben einem über das Optimum weit hinausschießenden biologischen[24] und in Teilen der Welt auch materiellen Wohlstand eine beängstigende Vermassung. Ferner ist ein brüskes Abreißen der Traditionen eingetreten sowie eine allgemeine Relativierung vieler der herkömmlichen Normen und Werte. Diese Relativierung vor allem ist es, die das Gefühl des Desorientiertseins zur Folge hat. Wie in einem rückgekoppelten Prozeß ist sodann die Heraufkunft von »acht Todsünden der zivilisierten Menschheit«[25] teils als Ursache, teils als Auswirkung dieser Desorientierung des modernen Menschen zu betrachten, den auch schon die Sartresche Philosophie verunsichert hatte, als sie ihm seine ständig vom Scheitern bedrohte, wankende Existenzgrundlage vor Augen führte: »Frustration« wurde zum weinerlichen Lieblingswort der Schwächeren unter den Ratlosen.

Eine Situation also, die für das Entstehen von Massenpsychosen wie der Ufologie, aber auch zu anderen, geradezu prädestiniert war. Um so erstaunlicher der Fehlgriff eines Psychotherapeuten, der im Zusammenhang mit der damaligen Jugend zwar deren »Ernüchterung des Denkens« bedauerte, aber beruhigt konstatierte, daß »Menschen mit derartiger Haltung viel weniger geneigt sind, für surrogathafte Ideologien ... leidenschaftlich auf die Barrikaden zu steigen« – und der damit zu dem Schluß gelangte, »daß Massenphänomene, besonders Massensuggestionen, uns kaum noch entscheidend überraschen könnten«[26]. Das wurde 1964 geschrieben. Doch schon im selben Jahr setzten in Berkeley mit ihren *go-ins* die Studentenunruhen ein, griffen 1966 auf Rom und Barcelona, 1967 auf West-Berlin über und erreichten 1968 Kopenhagen, Belgrad, Warschau, Tokio und Mexico City. Im selben Jahr 1968 kam es dann nicht nur zur Gründung der Londoner Anti-Universität, sondern vor allem auch zur Mai-Revolte unter den Pariser Studenten.

Eine weltweite Massenpsychose reinster Ausprägung! Ihr intelligentester und daher auch zum Teil kritischer Sympathisant, Theodore Roszak, hat ihre Entstehung beschrieben[27] und aufgezeigt, in welcher Weise ihre Wurzeln in der »Bewegung der Gescheiterten«, der bohemehaften *beatniks* zu suchen sind, aber auch in der utopisch-freudianisch-marxistischen Sozialphilosophie Herbert Marcuses. Fast von allem Anfang an aber war es eine extrem irrationale, ja sogar eine ausgeprägt anti-rationale Grundkomponente, von der sich die aufbrechenden Massen der Jugendlichen damals tragen ließen. »Was unsere Jugend angeht«, meinte 1968 Theodore Roszak, »so ähneln die heutigen Zustände dem kultischen Treibhaus der hellenistischen Epoche, in der viele Arten von Mysterien, Schwindel und Ritualen sich in eigentümlicher Unterscheidungslosigkeit miteinander vermischten.« Und in der Tat, bei ihrer »Verherrlichung alles dessen, was neu, fremdartig und laut ist«, gingen die nonkonformen Desorientierten ihnen allen auf den Leim, den Extravaganten, den Exzentrikern: so etwa den *mantra*singenden Pseudo-Hindus Allen Ginsberg und Richard Alpert (*alias* Guru Ram Dass), dem narzißtischen Hohenpriester der psychedelischen, also halluzinogenen Drogen- und LSD-Religion Timothy Leary, dem den Zen-Buddhismus propagierenden Alan Watts, den so überlegen lächelnden Predigern der exotischen Mystik des Tao und allen weiteren selbsternannten Gurus, Swamis, Sufis, dem gesamten übrigen fernöstlich verbrämten Nostradamus-Verschnitt.

Die Weltprobleme hat auch diese Subkultur (oder, wie Roszak zu Recht sagt: Anti-Kultur) nicht lösen können. Wohl aber haben sich ihre metaphysischen Wallungen in kurzer Zeit nicht nur horizontal, also weltweit, sondern auch vertikal, im gar nicht so langen Marsch quer durch die Generationen, fortgesetzt und ausgebreitet.

Das Aufkommen zahlreicher sich spezialisierender Sekten, spiritistischer Zirkel, okkultistischer Gruppen sowie meditativer und mystischer Vereinigungen in aller Welt ist die eine Reaktion auf die Beunruhigung, die verängstigte Erregung fast aller Altersklassen der gegenwärtigen, modernen Menschheit. Die andere Reaktion besteht in jenem archaischen Phänomen, das nicht nur dem Psychologen, sondern auch dem Völkerkundler gut bekannt ist. Es ist das Rezept: Man nehme einen lebenden Bock, belade ihn mit aller Schuld für die Missetaten der eigenen Gesellschaft und jage ihn dann in die Wüste: »... daß also der Bock alle ihre Missetat auf sich in eine Wildnis trage ...«[28] Die modernen Irrationalen aber haben gleich zwei derartige Sündenböcke ausgewählt: Der eine ist die jetzt diffamierte Technik, die von einer Schar besessener »Alternativer« mit Steinwürfen unreflektiert in die Wüste getrieben wird, ungeachtet aller unausweichlichen Konsequenzen. Als zweiter Sündenbock aber wird – zur heimlichen Freude und Befriedigung all jener, die eine akademisch oder ideologisch verankerte Metaphysik der realistischen Physik vorziehen – die Naturwissenschaft abgestempelt. Und auch in diesem Fall geschieht dies ohne Rücksicht auf die Folgen: metaphysische Wallungen als Antriebe von Ausbrüchen des Emotionalen.

Die meta-physikalische Gretchenfrage

Besonders erstaunlich mag sein, wie oft von dieser primär metaphysisch orientierten Seite gerade jene Disziplin als Leumundszeuge zitiert und herangezogen wird, die gelegentlich, aber nicht ganz zutreffend für die typischste unter allen Naturwissenschaften gehalten wurde. Gemeint ist dasjenige Fach, das sich neben der Chemie und der Mathematik als exakte, weil messende Disziplin auffaßt: die Physik. Zwar wird kein Sachkundiger umhin können, Konrad Lorenz zuzustimmen, der sich verwahrt: »Die gebräuchliche Bezeichnung von Physik und Chemie als ›exakte Naturwissenschaften‹ ist eine Verleumdung aller anderen«, und der fortfährt: »Bekannte Aussprüche, wie etwa der, daß jede Naturforschung (nur) so weit Wissenschaft sei, als sie Mathematik enthalte, oder daß Wissenschaft (nur) darin bestehe, ›zu messen, was meßbar ist‹, sind erkenntnistheoretisch wie menschlich der größte Unsinn, der je von den Lippen derer kam, die es besser hätten wissen können.«[25] Dennoch sind die von Lorenz kritisierten Auffassungen weit verbreitet, selbst unter Naturwissenschaftlern, und es erscheint beinahe unmöglich, derart tief verwurzelte, wenn auch unrichtige Klischees zu überwinden.

Gerade der so exakten Physik zufolge aber soll es im Inneren des Atoms, also an der Basis allen Naturgeschehens, durchaus inexakt zugehen. Die Elementarteilchen, so will es die sogenannte Unschärferelation, sollen sich keineswegs streng gesetzmäßig (determiniert), sondern nur gemäß einer statistischen Wahrscheinlichkeit verhalten[29]. Sie sollen einer vollständigen Messung, nämlich der gleichzeitigen exakten

Bestimmung von Ort und Impuls, grundsätzlich nicht zugänglich sein, weil sie allein schon durch die Beobachtung beeinflußt und gestört werden. Und sie sollen weder materielles Teilchen noch immaterielle Welle sein, sondern je nach Aspekt zugleich beides und mithin doch keines von beiden: Gegensätze, die »komplementär« sind (»denn eben, wo Begriffe fehlen, da stellt ein Wort zur rechten Zeit sich ein«, sagt bezeichnenderweise Mephistopheles). – Gegensätze auch, die jeweils nicht richtig und nicht falsch, sondern ein mit der klassischen zweiwertigen Logik nicht faßbares Drittes sind. – Gegensätze mithin, die, so meinte es die sogenannte Kopenhagener Interpretation[29], jenseits dieser Logik stehen, die diese klassische Logik sozusagen dialektisch aufheben. Kein Wunder, daß sich mit dieser Situation die Kernphysiker vor die alte Gretchenfrage manövriert sehen: »Nun sag', wie hast du's mit der Metaphysik?«

Fassen wir zusammen, so scheint sich zu ergeben, daß – wie der Kernphysiker E. Segrè es formuliert – die Kopenhagener Interpretation im wesentlichen »auf dem Begriff der Wahrscheinlichkeit fußt, auch wenn die Wahrscheinlichkeit gelegentlich eins oder – anders ausgedrückt – Gewißheit sein kann«[30]. Wahrscheinlichkeit und Gewißheit identisch? Wiederum: nicht nur semantische, sondern auch logische Unschärfe.

Aber: »Verachten Sie nur das Distinkte, Präzise und Logische, das human zusammenhängende Wort! Verachten Sie es zu Ehren irgendeines Hokuspokus von Andeutung und Gefühlsscharlatanerie – und der Teufel hat Sie schon unbedingt«, warnt in Thomas Manns »Zauberberg« der rationale Humanist Settembrini vor den Grenzbereichen zum Irrationalen. Nun kann man zwar gewiß nicht behaupten, aufgrund ihrer die rationale Logik und Begriffschärfe transzendierenden philosophischen Interpretation der Quantenmechanik habe der Teufel die Träger des »Kopenhagener Korpsgeistes«[30] schon am Wickel gehabt. Und doch: »*Magische* Matrizen« überschreibt Emilio Segrè das betreffende Kapitel.

In der Tat konnte keiner der »Kopenhagener« eine kleine Schwäche und manchmal sogar eine ausgeprägte Vorliebe für das Irrationale gänzlich verleugnen: Über der Tür des Niels Bohr gehörenden Sommerhauses, so wird erzählt[30], war ein Hufeisen befestigt. Erstaunt fragte einer der Besucher den Hausherrn, ob er denn so abergläubisch sei, anzunehmen, daß Hufeisen tatsächlich Glück bringen? Bohrs Antwort erscheint wie ein typisches Beispiel seiner alle Gegensätze aufhebenden Komplementärlogik: »Nein, daran glaube ich nicht. Aber man hat mir erzählt, daß sie auch dann Glück bringen, wenn man nicht daran glaubt.« Auf der gleichen Ebene lag Niels Bohrs Verhältnis zu Kierkegaards beinahe mystisch verinnerlichter Religionsphilosophie, lag Wolfgang Paulis Hang zum Psychologisieren, der ihn Beziehungen zu dem Psychoanalytiker C. G. Jung anknüpfen ließ, lag ferner Werner Heisenbergs Quantenphilosophie[31], welche die Objektivität der Wirklichkeit zu relativieren vermeinte[32]. Hier öffnete sich bereits ein Spalt in jenem Tor, durch welches der Pfad zum Irrationalen führt.

Mehr sogar: Die »Kopenhagener« haben diesem Irrationalen ihre Reverenz erwiesen, als Heisenberg »eine gewisse Beziehung zwischen philosophischen Ideen der fernöstlichen Philosophie und der philosophischen Substanz der Quantentheorie« hervorhob[33]. Und sie haben mit diesem Irrationalen sozusagen geliebäugelt, als Niels Bohr für sein Wappenemblem das Symbol der fernöstlichen Mystik, das Zeichen des vereinigten *Yang* und *Yin* erwählte[34] (Abb. 1).

Einen offen bekennenden Schritt vollzog sodann Pascual Jordan mit seinem Versuch, in einer Art von »Quantentheologie« die Heisenbergsche Unschärferelation als Beweis für das Zutreffen der religiösen Glaubenslehre auszuwerten[35]. Zweifellos war dies ein Unterfangen, von dem Kardinal Ratzinger zu Recht meint, es sei »sicher eine unzulässige Vermischung zweier methodischer Ebenen, wenn man schlicht sagen wollte, in der hier entdeckten Indeterminationsspanne lasse sich ja ein Einwirken Gottes unterbringen«[36].

Vollständig auf den Weg hin zum Irrationalen begab sich sodann Carl Friedrich von Weizsäcker, als er von seiner Erleuchtung und seiner visionären Levitationsempfindung berichtete, die er am Grabe eines hinduistischen Mystikers erlebt oder zumindest verspürt hatte. Nachzulesen in jenem umfassenden Werk[37], in dem sich der philosophierende Physiker für eine »Erlösung Europas aus dem religiösen Nihilismus der Wissenschaften durch Meditation« (Georg Wolff im »Spiegel«) eingesetzt hat: Physik und Metaphysik Hand in Hand, verschränkt wie die mystischen *Yin* und *Yang*!

Abb. 1: Das helle *Yang* und das dunkle *Yin*, die beiden den Kosmos regierenden Urgewalten, bilden das *Tai-dji*, das Symbol des fernöstlichen Universums. Das Zeichen ist von den acht Trigrammen des »Buches der Wandlungen« umgeben.

Das Ende der Aufklärung?

Ein *non plus ultra*? Keineswegs, denn einige andere, Überkonsequente gehen heute noch weiter, scheinen den Pfad vollständig, bis zu seinem abstrusen Ende zurückzulegen. Und sie scheinen wohl nicht allzu selten zu sein, »denn es ist«, wie der Historiker Pierre Thuillier meint, »heute recht banal geworden, daß ›eminente‹ Physiker (sogar Nobelpreisträger) sich der metaphysischen oder parapsychologischen Spekulation widmen«[38].

Natürlich enthält dieser Ausspruch eine leichte Übertreibung, denn die Mehrzahl der Physiker würde die Aufforderung, ihre Wissenschaft mit okkultistischen Vorstellungen zu vermengen, gewiß entrüstet von sich weisen.

Doch was ist davon zu halten, wenn – wie im November 1979 bei einem Rundgespräch im französischen Cordoue geschehen – ein Nobelpreisträger die spiritistische Vorstellung des Astralleibes in seine wissenschaftlichen Erwägungen einbezieht? Wenn ein weiterer Physikprofessor dabei die Psychokinese als ein wissenschaftlich überzeugendes Phänomen bezeichnet? Wenn andere meinen, die Beziehungen von Geist und Materie wissenschaftlich, also empirisch, erfassen zu können oder eine Annäherung zwischen gewissen Zügen der Quantenmechanik und der Parapsychologie feststellen zu dürfen[38]?

Was soll man dazu sagen, wenn der französische Physiker Jean E. Charon allen Ernstes als Sitz und Träger des Geistes die Elektronen identifiziert[39]? Und wenn sich eine Rezension des Buches zu der

Behauptung veranlaßt fühlt, es liege hier keineswegs eine Renaissance des Irrationalen vor, vielmehr sei eben »die Poesie« in gewisser Hinsicht »exakter und vernünftiger als die Naturwissenschaft«[40]?

Und wie soll man es wohl verstehen, wenn ein in Wien voll etablierter Physiker die Auffassung vertritt, weil es der Wissenschaft nicht auf »Wahrheit«, sondern nur auf Widerspruchsfreiheit, also auf Logik ankomme, diese Logik aber überwunden sei, müsse jetzt das »Ende des naturwissenschaftlichen Zeitalters« eingeläutet werden[41]? Die Außenwelt, so meint er, sei nichts anderes als »die intersubjektive Halluzination unserer Gesellschaft«, wobei unser Schulunterricht, die Quelle dieser Wahnvorstellung, »eine sehr orthodoxe Erscheinungsform der Massenhypnose« sei.

Irrational? Nicht weniger irrational als des kalifornischen Physikprofessors Fritjof Capra Quantenmystik, welche – zwar nicht formell, wohl aber *de facto* – eine Fusion der Kopenhagener philosophischen Interpretation der Quantenmechanik mit fernöstlichen metaphysischen Systemen vornimmt[42]. Die Kopenhagener Entthronung der Logik, die Relativierung alles Gegebenen, das an die Hegelsche Dialektik anklingende »Aufheben« von Gegensätzlichem, Widersprüchlichem – sie alle bedingen eine geistige Situation, welche in der Tat gewisse Parallelen in der fernöstlichen Mystik findet, sei es in der des Taoismus, sei es in der des Zen-Buddhismus oder des Hinduismus. Und selbst noch im Sufismus des Ibn Arabi, ja sogar noch bei den angeblichen Lehren des schamanenhaften, dem Indianer-Stamm der Yaqui angehörenden Medizinmannes Don Juan[43] sieht Capra Übereinstimmungen mit jenem Weltbild, das er verallgemeinernd der modernen Physik zuschreibt.

Das *Tao* des Lao-tse, also »der Weg«, das Weltgesetz, die Urkraft, das höchste Prinzip, ist die untrennbare Einheit der beiden bereits mehrfach erwähnten elementaren Gegensätze *Yang* und *Yin*, die in ihm nicht mehr als konträr, sondern als komplementär aufzufassen sind. Dieses in seiner inneren Widersprüchlichkeit mystische, vor dem westlichen Denken jeder Logik entbehrende *Tao*, als Konzeption vor fast zweieinhalbtausend Jahren erdacht, es soll dem Paradigma der modernen Kernphysik, es soll deren Weltbild gleichen? Shiva, der tanzend den Weltuntergang herbeiführt, der zugleich aber unter dem Phallus-Emblem *(Linga)* auch der große Zeugende ist, Shiva, das Symbol der Dialektik von Vergehen und Entstehen (auch sie als *comple-*

mentaria gedacht), stellt er tatsächlich die Personifikation der Heisenbergschen Unschärferelation dar? Die tiefsinnig sich gerierende Meditationstechnik der Zen-Sekte, eignet sie sich als wissenschaftlich erkenntnistheoretische Grundlage?

»Wir werden«, so Capra, »oft Aussagen antreffen, bei welchen es fast unmöglich ist zu sagen, ob sie von Physikern oder östlichen Mystikern gemacht wurden.« Und wenn man bedenkt, daß nach einer extremen Abstraktion der Begriffe mit Hilfe der übriggebliebenen Worthülsen ebenso wie mit Metaphern beinahe alles Beliebige konstruiert und alles Mögliche und Unmögliche ausgesagt werden kann *(anything goes)*, so wird Capras Beobachtung wohl kaum Verwunderung erregen.

Ein weiteres Moment ergibt sich aus einer unkritischen Rezeption von Ausdrücken, die durch ihre Vieldeutigkeit bedeutungslos werden, ohne ihren Anspruch, ernst genommen zu werden, aufgegeben zu haben. Erinnern wir uns zusammen mit W. Hochkeppel[53] einer Stelle bei Rudolf Carnap: »Nehmen wir beispielsweise an, jemand bilde das neue Wort ›babig‹ und behaupte, es gäbe Dinge, die babig sind und solche, die nicht babig sind. Um die Bedeutung dieses Wortes zu erfahren, werden wir ihn nach dem Kriterium fragen: Wie ist im konkreten Fall festzustellen, ob ein bestimmtes Ding babig ist oder nicht? Nun wollen wir zunächst einmal annehmen, der Gefragte bleibe die Antwort schuldig; er sagt, es gebe keine empirischen Kennzeichen für die Babigkeit. In diesem Fall werden wir die Verwendung des Wortes nicht für zulässig halten ... Vielleicht wird er uns aber versichern, daß er mit dem Wort ›babig‹ doch etwas meine. Daraus erfahren wir jedoch nur das psychologische Faktum, daß er irgendwelche Vorstellungen und Gefühle mit dem Wort verbindet. Aber eine Bedeutung bekommt das Wort hierdurch nicht ...«

Verlassen wir nun Carnaps weitere, neopositivistisch ausgerichteten Gedankengänge und kehren wir zum Doppelgestirn Unschärferelation ↔ fernöstliche Mystik zurück. Betrachten wir jetzt im *Tao-te-king*, dem »Buch vom Weltgesetz«, einige sehr tiefsinnig erscheinende Aussagen, die sich auf die so angepriesene, von Logik freie Aufhebung der Gegensätze und Widersprüche beziehen, so liest sich das etwa so: »Aus dem Sein und dem Nichtsein ist alles entstanden ...« – babig? »Aus dem Unmöglichen und dem Möglichen erwächst die Erfüllung ...« – babig? Was aber die bekannten Zen-Sprüche, die *koan*, betrifft, deren paradoxe Natur nur den Uneingeweihten frappiert, welchem entgeht, daß sie *»profoundly meaningful«* sind, so seien nur zwei kleine ebenfalls authentische Proben vorgeführt: »Du kannst das Geräusch des Klatschens beider Hände erzeugen. Was aber, Novize, ist das Geräusch des Klatschens einer Hand?« – babig? »Bevor du begonnen hast, Zen zu lernen, sind Berge Berge und Flüsse Flüsse. Während du Zen lernst, sind Berge keine Berge und Flüsse keine Flüsse. Aber sobald du die Erleuchtung erzielt hast, sind Berge wieder Berge und Flüsse wieder Flüsse« – babig? Jedenfalls garantiert frei von störender westlicher Logik. Und natürlich nicht etwa konträr (denn »konträr« ist abgeschafft), sondern in sich zwar fundamental widersprüchlich, aber eben komplementär. Nur, bitte schön, was ist das eigentlich: im Kopenhagener Sinn »komplementär«? Babig?

Immerhin, folgen wir G.-K. Kaltenbrunner, so hätten wir eigentlich Grund uns zu freuen, denn auch hier würde es sich ja so verhalten, daß »ein frischer Wind ... durch die Philosophie ... weht ..., Physik und Metaphysik unbekümmert verbindend, ein akademische Pedanten irritierender Protest gegen ... erkenntnistheoretische Furchtsamkeit«[40]. Allerdings befinden sich die akademischen Pedanten erkenntnistheoretisch mit Immanuel Kant und Jacques Monod in bester Gesellschaft: »Die Natur ist objektiv, und wahre Erkenntnis kann nur aus der systematischen Gegenüberstellung von Logik und Erfahrung stammen.«[44] So ist es also nach wie vor doch die Trinität aus Objektivität (= intersubjektivem Urteil), Logik und Erfahrung, die von der fernöstlichen Mystik bewußt desavouiert, von der westlichen aufgeklärt-wissenschaftlichen Geisteshaltung aber als indispensabel gefordert wird.

Leider aber nicht mehr von ausschließlich allen ihren Vertretern, denn auch auf diesem Gebiet scheint sich – vorläufig noch sporadisch – die zeittypische Verunsicherung unserer geistigen Existenz auszuwirken. »Wenn die äußeren Sicherungen und Stabilisierungen, die in den festen Traditionen liegen, entfallen und mit abgebaut werden, dann wird unser Verhalten entformt, affektbestimmt, triebhaft, unberechenbar, unzuverlässig«[45] – kurz gesagt, auf eine kulturreduzierte, naturgebundene Weise unvernünftig. Das muß unbezweifelt bleiben, und so möchte ich, wenn auch mit einer kleinen Abwandlung, dem so unbequemen, weil unbestechlich urteilenden Philosophen Arnold Gehlen auch weiterhin folgen, wenn er meint: »Wenn die Gaukler, Dilettanten, die leichtfüßigen Intellektuellen sich vordrängen, wenn der Wind allgemeiner Hanswursterei sich erhebt, dann ... lockern sich auch ... die strengen, professionellen« Normen und Postulate: Die Objektivität wird disqualifiziert, die Logik degradiert, die Erfahrung relativiert. »Dann erblickt unter dem Schaum das erfahrene Auge schon das Medusenhaupt, der Mensch wird natürlich [= irrational] und alles wird möglich.«[45]

Alles wird möglich, alles ist erlaubt – *anything goes.* Arnold Gehlen hat es vorausgeahnt, dieses Motto der späteren, von ihrem Begründer selbst so genannten Anarchistischen Erkenntnistheorie Paul Feyerabends[46]. Anarchistisch, weil sie für den Prozeß der wissenschaftlichen Erkenntnis jegliche Methode als »Zwang« zurückweist – *anything goes*[47] – und weil sie die tragenden Säulen der wissenschaftlichen Vernunft, die erwähnte Trinität, zu liquidieren versucht:

Objektivität? – Feyerabend hält sie für eine Chimäre: »... ›Objektivität‹ ist das Ergebnis einer erkenntnistheoretischen Kurzsichtigkeit.«[48] Im Klartext »... die Illusion, nicht die Wahrheit macht uns frei!«[48]

Rationale Logik? – Laut Feyerabend zwar abzulehnen, aber sehr schwer auszumerzen. Immerhin seien entsprechende Versuche nicht ganz aussichtslos, denn wenn auch »zwei oder drei irrationale Schwalben noch keinen irrationalen Sommer machen«, so »entfernen sie doch Regeln und Maßstäbe, die in rationalistischen Gebetsbüchern an prominenter Stelle auftreten«[48]. Wohlgemerkt, Gebetsbücher des bei Feyerabend als Ratiofaschismus (welch ein Wieselwort!) verunglimpften Primats der Vernunft vor Mythos und Mystik.

Erfahrung? – Sie kommt bei dieser Art von Epistemologie noch am glimpflichsten weg. Sie wird akzeptiert – allerdings nicht die Empirie der Wissenschaftler, sondern die wie auch immer geartete Erfahrung von wie auch immer gearteten »Bürgerinitiativen«. Und diesen solle das alleinige Recht auf alle wissenschaftrelevanten Entscheidungen übertragen werden.

Was die wissenschaftliche Vernunft betrifft, so steht die Anarchistische Erkenntnistheorie wie Hamlets Totengräber auf den Spaten gestützt bereit, die alten Mythen wieder auszugraben, um Platz zu schaffen und ihr, der aufgeklärten Ratio, das Grab zu bereiten. Denn neuerdings, so behauptet diese Theorie, »schließt sich die Vernunft allen jenen Gespenstern an wie Pflicht, Moral, Wahrheit und ihren konkreten Vorgängern, den Göttern, die einst zur Einschüchterung der Menschen und zur Beschränkung ihrer freien und glücklichen Entwicklung dienten: sie stirbt ab ...«[46]. Dafür aber finden Parapsychologie, Psychokinese, Astrologie usw. das betonte Wohlwollen des Autors.

Hans Küng hat Feyerabend ein *enfant terrible* genannt[49], und natürlich hatte er recht. Außerdem konnte er dem Dadaisten, als der sich Feyerabend selbst bezeichnet, keine größere Freude bereiten, als ihm auf diese Weise zu bescheinigen, mit welch bemerkenswertem Talent er die selbstgewählte Rolle des exzentrischen Bürgerschrecks spielt. Doch handelt es sich nicht um mehr? Ist diese Lehre wirklich so harmlos? Zu welchen weiteren Schlüssen führt sie? – – – Zu diesen:

(a) Wer es nicht darauf abgesehen hat, »... seine niedrigen Instinkte zu befriedigen, nämlich die Sucht nach geistiger Sicherheit in Form von Klarheit, Präzision, ›Objektivität‹, ›Wahrheit‹, der wird einsehen, daß es nur einen Grundsatz gibt, der sich unter allen Umständen und in allen Stadien der menschlichen Entwicklung vertreten läßt. Es ist der Grundsatz: *Anything goes*«[46], alles ist erlaubt.

(b) »Daher müssen wir unsere Einstellung gegenüber Mythos, Religion, Magie, Hexenglauben und allen jenen Ideen überprüfen, die die Rationalisten auf immer von der Erdoberfläche verbannt sehen möchten ...«[46] »Den Alternativen muß es erlaubt sein, sich zu vollständigen Subkulturen herauszubilden, die nicht mehr auf Wissenschaft und Rationalismus beruhen.«[46] »Wenn die Steuerzahler in Kalifornien wünschen, daß ihre Landesuniversitäten Woodoo, Volksmedizin, Astrologie, Regentanzzeremonien lehren, dann müssen diese Gegenstände eben in den Lehrplan eingegliedert werden ... Das heißt natürlich Aufgabe der akademischen Freiheit, die heute nicht mehr ist als ein kostspieliger Witz.«[48]

Bürgerinitiativen statt wissenschaftlicher Erkenntnistheorie, Beseitigung der akademischen Freiheit – – – aufgeputschte, ahnungslose Bürgergruppen, waren nicht sie es, die den *citoyen* und Chemiker Lavoisier (und nicht nur ihn) auf die Guillotine schickten? Alle Macht den Massen – die chinesische Wissenschaft und Kultur haben sich bis auf den heutigen Tag noch nicht völlig von den Folgen jener Greuel erholt, die von emotionalisierten, antiintellektuellen »Bürgerinitiativen« verübt worden sind – und zwar in jener sogenannten Kulturrevolution, deren Wiederkehr der chinesische Intellektuelle, wie ich wiederholt erfahren konnte, noch heute fürchtet.

Die absolute, die geistes-anarchistische Freiheit: »Macht diese Freiheit die Menschen zu Bestien – nun, das ist ihre Sache, an der sie keine irdischen Götter hindern sollen, am allerwenigsten professionelle Weltverbesserer ... Ein unvoreingenommener Mensch fragt sich, wen man wohl mehr verachten muß, den stolzen Diktator, der seine Gegner einfach umbringt, oder den zuckermäuligen Rationalisten, der sich in ihr Vertrauen einschleicht und ihre Seele tötet. Und er wird sich weiter fragen, ob einige der sogenannten Großen der Menschheit wie Platon, Christus, Kant, Marx, Luther nicht zu den größten Verbrechern der Geschichte gezählt werden sollten ...«[48] – – – Nur ein *enfant terrible*? Mag sein. Seine dadaistische Erkenntnistheorie amüsant und harmlos? Gewiß: So amüsant wie das Virus der *Encephalitis epidemica,* so harmlos wie die Überdosis eines Halluzinogens.

Es erscheint bedrückend, wenn man, rückblickend nach Jahren der weiteren Entwicklung, eigene prognostische Befürchtungen nachträglich bestätigt finden muß. So auch hier: 1975 vermutete ich für die Zukunft »eine Beeinträchtigung des für unverfälschte Wissenschaft ja existenznotwendigen Objektivitätspostulats«[50], und ich rechnete damit, daß sich in unseren westlichen Geistesbereichen künftig Gedankenkonstruktionen einstellen werden, »bei welchen das Objektivitätspostulat eine weniger gravierende Rolle spielt oder gar abgelehnt wird«[50]. Das hat sich leider viel schneller bestätigt, als ich damals annahm. Doch ich habe mich in einem Detail geirrt:

Nicht die bis zur Ideologie prononcierte sozialkritische Variante der Soziologie ist zur Protagonistin der Fort-von-der-Objektivität-Bewegung geworden (wie sehr haben wir doch die Frankfurter Schule und ihren »Positivismusstreit«[51] überschätzt!). Es zeigt sich vielmehr, daß diese Rolle unerwartet von einer irrationalen Hinwendung zum Mystizismus und, trotz K. R. Poppers kritischem Rationalismus, von einer Perversion jener meta-physikalischen Metaphysik übernommen worden ist, die ursprünglich von der Kopenhagener Schule eingeleitet worden war. Und auf diese fast schon neognostisch[52] zu nennenden Verirrungen trifft zu, was W. Hochkeppel beklagt: »Was unter dem Namen Metaphysik auch noch in unserer Zeit an beliebigen, unhaltbaren und unkontrollierbaren Thesen Blüten treibt – und was unter Verschweigung dieses Namens getrieben wird –, kann jedem, der sich auf Philosophie einlassen will, den Geschmack verderben.« Gegen derartige ausgefallene Spielformen der Metaphysik aber hegt der Autor Bedenken, denn: »Metaphysik bedeutet dann: es gibt keine Grenzen, keine Maßstäbe und schon gar keine Verantwortung.«[53]

Metaphysik, jener Teil der Philosophie, der die letzten Grundlagen und Zusammenhänge unseres Seins zu klären bestrebt ist, mag uns tatsächlich als eine Naturanlage, als ein »Lieblingskind unserer Vernunft« (Immanuel Kant), angeboren sein. Sie kann, wenn sie will, darauf verzichten, sich der übrigen Teile dieser normalen menschlichen Vernunft zu bedienen. Metaphysik kann es sich jedoch nicht leisten, Vernunft (einschließlich des Verstands) radikal und absolut als »Gespenst« in Frage zu stellen, weil sie als Überbau sich damit selbst die tragende Existenzgrundlage entziehen würde.

Daß dennoch in weiten nicht-intellektuellen Kreisen und daß auch in unserem abendländischen Geistesleben von der irrational abergläubischen Pseudoreligion bis zum antirationalen philosophischen System der »Hure Objektivität« (Joachim Illies nach Martin Luther) und der »Vernunft als abstraktem Gespenst« (Feyerabend) eine Absage erteilt wird, dürfte auf unsere zeittypische geistige Desorientierung (S. 42) zurückzuführen sein. Zugleich aber könnte sich, allen Symptomen zufolge, vielleicht das endgültige Verklingen der Aufklärung abzeichnen, deren Errungenschaften, bedenkt man es recht, sich trotz Pietismus, trotz Sturm und Drang, trotz Romantik und deutschem Idealismus bis in unsere Tage herübergerettet hatten.

Zeichen der Zeit: Massenmeditation und Psychokinese sollen Raumschiff aufhalten! Das Brooklyn-Institut für Psychoenergetik ruft eine Million Amerikaner auf, sich am 25. Mai 1979 geistig auf die 83 Tonnen schwere Raumfähre Skylab zu konzentrieren und so mit der geballten »geistigen Energie« deren Absturz auf die Erde zu verhindern[54] – – – *sancta simplicitas!*

Zeichen der Zeit: Die Regierung des US-Staates Kalifornien hat gegen den Protest der Archäologen, Ethnographen und Anthropologen beschlossen, eine zu Forschungszwecken dienende museale Sammlung von über 800 prähistorischen Skelettresten einer Beerdigung zuzuführen. Damit soll es den Geistern der vor etwa 3000 Jahren Verstorbenen ermöglicht werden, auf das Spuken zu verzichten und zur Ruhe zu kommen. Stellungnahmen im Kulturteil einer deutschen Tageszeitung: »Der Vorgang hat etwas finster Großartiges ... Gebt ihnen den Frieden!«[55] – – – *sancta simplicitas!*

Zeichen der Zeit: Theologen haben die scholastische *disputatio*, wie viele Engel wohl auf einer Nadelspitze Platz hätten, endgültig aufgegeben. 1979 diskutieren Theologen allerdings die Frage, ob die Last der Erbsünde auch extraterrestrischen, menschenähnlichen Wesen auferlegt sei[56] – – – *sanctissima simplicitas!*

Wie sang doch Johannes Nestroy mit köstlicher Selbstironie? »I laß mir mein' Aberglaub'n – Durch ka Aufklärung net raub'n!« – – – Aufklärung?? Ende, Schluß, Feyerabend!

III. Märchenerzähler und Illusionisten

Ob Visionäre oder Sektierer, ob Spiritisten oder simple Ufo-»Forscher«, ob in biologischen Dingen naive Wissenschaftler – ihnen allen ist, wenn es um die das Universum bevölkernden intelligenten Extraterrestrier geht, eines gemeinsam, nämlich die Gabe einer wohlentwickelten Phantasie. Diese aber ist letztlich allen dichterisch Begabten zu eigen, und so wird verständlich, daß in die Darlegungen auch dieser Personengruppen oft ein beträchtliches Maß von dem einfließt, was man ansonsten als dichterische Freiheit apostrophiert. Schein und Wirklichkeit, Fiktion und Realität werden hier zu Antagonisten, wobei letztlich die Fiktion den Zuschlag erhält. Das gilt aber auch für die authentischen Literaten, Dichter und Schriftsteller, und es ist nicht verwunderlich, daß auch sie sich von diesem Sujet der kosmischen Subhominiden und anderen astralen Lebewesen so häufig angezogen fühlen. Auch sie haben diesen Stoff in künstlerischer Freiheit gestaltet – und das jedenfalls mit mehr Berechtigung.

Sieht man sich in der Literatur, die auf diesem Gebiet verkappt oder auch ganz rückhaltlos Fiktives ausgestaltet, ein wenig um, so könnte man mehrere und unterschiedliche Typen unterscheiden:

Da wäre zunächst einmal die Schar jener Autoren zu nennen, die den Eindruck erwecken, ein Sachbuch vorzulegen, die mit bemerkenswerter Unverfrorenheit vorgeben, aus der historischen Wirklichkeit wissenschaftlich Relevantes zu schöpfen, und die sich bei kritischer Betrachtung doch als reine Fabulierer entpuppen. Als Paradebeispiel können die in diesem Kapitel mehrfach angesprochenen »Erinnerungen an die Zukunft« Erich von Dänikens gelten[1].

Als weiterer Typus (wir erwähnten ihn bereits) wäre derjenige zu nennen, bei dem von Wissenschaftlern (auffallend häufig von Astrophysikern) verfaßte Bücher zwischen *science* und *fiction* schwanken und mit bemerkenswerter dichterischer Freiheit sowie mit dem »Warum-eigentlich-nicht«-Argument operieren. Das Paradigma liefert in diesem Fall etwa G. Feinbergs und R. Shapiros *»Life beyond earth«*[2]. Mit dieser Gruppe werden sich unser viertes und fünftes Kapitel auseinandersetzen.

Schließlich der dritte Kreis: Er umfaßt die echten Dichter und Literaten, die weder zu den vorgeblichen noch zu den tatsächlichen Sachbuchautoren gehören und die offen zu erkennen geben, daß sie nicht die Wirklichkeit beschreiben, sondern schöpferisch ihre eigene Vorstellungskraft walten lassen.

Manche tun dies mit einem leichten Schmunzeln; sie muten dem Leser keinesfalls ernsthaft zu, zu glauben, daß es tatsächlich Lebewesen auf den fernen Planeten gibt – – – aber es wäre doch wirklich nett, wenn ... nicht wahr? Und so ist es wahrscheinlich auch bei Christian Morgenstern gemeint, wenn er deklamiert: *»Lunovis in planitie stat ...«*, oder, für den Nicht-Lateiner: »Das Mondschaf steht auf weiter Flur ...«[3]

Drastischer, derber und gewiß weniger hintergründig geht es dort zu, wo die »wunderbaren Reisen zu Wasser und zu Lande und lustigen Abenteuer« den Freiherrn von Münchhausen in himmlische Gefilde führen[4]. Sonderbarerweise gibt es gleich zwei verschiedene Versionen von des Lügenbarons Reise zum Mond und von seinem Zusammentreffen mit den exotischen Extraterrestriern. Dabei stammt die mit phantastischem Beiwerk weitaus stärker verbrämte Version – wen wundert das – aus der Feder eines Geologie-Professors, nämlich des wegen Unterschlagungen aus Kassel nach London geflohenen Rudolf Erich Raspe. Dieser war es, der des niedersächsischen Barons Lügengeschichten um einige eigene erweiterte und in englischer Sprache *(»narratives«)* veröffentlichte. Die deutsche Übersetzung besorgte Gottfried August Bürger – auch er nicht gerade ein Ausbund an penibel korrekter Lebensführung, und auch er mag sein eigenes literarisches Scherflein mit beigetragen haben.

So ist es durchaus fraglich, ob es wirklich Karl Friedrich Hieronymus von Münchhausen war, dessen Segelschiff im Sturm von der Wasseroberfläche abhob und schnurstracks auf den Mond verschlagen wurde. Jedenfalls traf der Weltraumreisende dort keinerlei Astronautengötter an, wohl aber anderes, nicht weniger Erstaunliches. Im Gegensatz etwa zu den Bewohnern des Sirius, des Hundssterns, die ihre

Augen beim Einschlafen mit der Zunge bedecken, weil sie keine Augenlider haben, sind die Lunatiker weit besser dran, denn: »Ihren Kopf haben sie unter dem rechten Arm, und wenn sie auf eine Reise oder an eine Arbeit gehen, bei der sie sich heftig bewegen müssen, so lassen sie ihn gemeiniglich zu Hause ... Auch pflegen die Vornehmen unter den Mondbewohnern, wenn sie gern wissen möchten, was unter dem gemeinen Volke vorgeht, nicht unter dasselbe sich zu begeben. Sie bleiben zu Hause, das heißt der Körper bleibt zu Hause und schickt nur den Kopf aus, der inkognito gegenwärtig sein kann und dann nach Gefallen seines Herrn mit der eingezogenen Kundschaft zurückkehrt.«[4]

Ist diese erste Version mit Sicherheit erlogen, so klingt die zweite, zumal sie angeblich vom Baron selbst stammen soll, wesentlich glaubwürdiger – oder doch zumindest nicht viel unglaubwürdiger als der Inhalt der meisten exobiologischen »Sachbücher« unserer Zeit. Münchhausens Barke wird von einem fliegenden Vogel Strauß gezogen; mittels eines in das Segel pustenden Blasebalgs hilft der treue Leibdiener Johann nach. Auf dem Mond, freilich, ist diesmal von Kopflosigkeit nicht die Spur. Wohl aber ergibt sich hier jetzt eine gewisse Reminiszenz an Liliput: »Wir kamen eben auf die nördliche Spitze, wo es so kleine Menschen gibt, wie bei uns Kinder von drei Jahren. Sie waren dermaßen elend und armselig, daß ich sie recht mit Mitleid betrachtete.« Im übrigen erschien Münchhausen der Mond als »eine der lumpigsten Erden«, mit eben diesen Leuten, die »keinen Schuß Pulver wert sind«, so daß er sich schleunigst auf den Mars absetzte – um dort allerdings vom Regen in die Traufe zu geraten. Auch dort meinte er, »die Menschen taugten nichts auf diesem Erdenklumpen«. Diesmal aber aus anderen Gründen, weil nämlich der abscheuliche Geruch ihrer Ausdünstungen die freiherrliche Nase beleidigte: »Die Menschen waren zwar nur so groß wie wir – aber die Zwiebeln und andere Gewächse waren wohl zehnmal so groß als bei uns.«[4] So nimmt also die Natur dort ihren besonderen Lauf, *naturalia* sind dann keine *turpia*, Natürliches kann nicht häßlich sein.

Wesentlich ausführlicher, gleichfalls nicht ohne satirische Elemente und gewiß nicht weniger phantasiereich hatte sich schon weit früher, im 17. Jahrhundert, Savinien Cyrano de Bergerac des Stoffes angenommen[5]. Vorsichtiger war Jules Verne[6], der seine Weltraumfahrer – zwei Amerikaner und der obligate Franzose – mit ihrer in den Kosmos geschossenen Hohlgranate erst gar nicht auf dem Mond aufsetzen läßt, ging es ihm doch mehr um den Ausdruck seiner Bewunderung für den Fortschritt der Technik als etwa um die Beschreibung grotesker kosmischer Phantasiegeschöpfe. Diese allerdings scheute der englische Schriftsteller H. G. Wells durchaus nicht, als er jenen Prototyp der *story* von der Invasion der Marsbewohner schuf[7], der später so oft nachgeahmt worden ist: Octopusartige, an Kraken erinnernde Wesen sind es, die bei Wells aufgrund ihrer technischen Überlegenheit trotz intensivster Gegenwehr und größter Opfer von den englischen Truppenteilen nicht zurückgeschlagen werden können (bis schließlich irdische Bakterien zum Retter der Menschheit werden).

H. G. Wells, neben Jules Verne ein Altmeister der *science-fiction*, wie viele Nachfolger hat er doch gerade im Themenbereich »extraterrestrische Invasoren« gefunden! Eine unübersehbare Fülle von Geschichten, Romanen, Hörspielen, Filmen, Fernseh-*grusicals*, Groschenheften und *comic strips* überschwemmt den Markt und bietet sich denen an, die auszogen, das Fürchten zu lernen. Wie harmlos muten hingegen die extraterrestrischen Phantasiegeschöpfe an, welche sich der amerikanische *science-fiction-writer* Gene Bylinski einfallen läßt: die Architektenameise, der Chamäleonvogel, das Intelligenzreptil, das fliegende Medusoid und andere[8]. Und was für langweilige Gesellen stellen neben den fiktiven kosmischen Horrorgestalten doch die biederen, sich nur nach ihrem Geruchssinn orientierenden »Olfaktorianer« dar oder die Facettenaugen besitzenden, Affenhörnchen-ähnlichen »Apistarianer« und andere planetarische Monster, die sich das Wissenschaftler-Ehepaar Jonas ausdachte, als es seinen Abstieg in die Niederungen der *science-fiction*-Welt begann[9]!

Immerhin, alle diese Autoren sind redlich; sie alle geben unverhüllt zu erkennen, daß sie dem Leser Phantasie, Fiktion, Imaginäres vermitteln. Keines dieser Produkte des Büchermarktes versucht den Schein zu erwecken, es enthalte wissenschaftlich vertretbare Tatsachen.

Pegasus ohne Kandare

Solche Aufrichtigkeit bringt die authentische *science-fiction*-Literatur auf, sie hat es nicht nötig zu mogeln. Daneben gibt es heute, wie bereits angedeutet, auch eine ganze Reihe von Büchern, deren wahre Natur zwar der der *science-fiction* nahekommt, die aber trotzdem versuchen, sich wie objektiv gefaßte Sachbücher zu gebärden, und die sogar so weit gehen, daß sie listig den charakteristischen Stil streng wissenschaftlicher Darlegungen kopieren. Was jedoch den sachlichen Inhalt betrifft, so hält er einer ernsthaften Prüfung durch Fachkundige kaum jemals stand: Wildwuchs der Sachbuch-Welle, der dem Medusenhaupt entsprungene Pegasus im zügellosen Amoklauf.

Ein wesentliches Merkmal dieses Literaturzweiges ist der Umstand, daß in diesen Büchern behauptet wird, in vorgeschichtlicher Zeit sei unsere Erde mehrfach von extraterrestrischen intelligenten Wesen besucht worden. Ebenso typisch ist ferner der Versuch, als angebliche Beweise für diese Behauptung alle möglichen mehrdeutigen Stellen aus der Mythologie, aus uralten Legenden, aus den heiligen Schriften des Altertums heranzuziehen sowie in den Bereichen der Vor- und Frühgeschichte gerade solche Fälle im Sinne der vorgebrachten These auszudeuten, die noch problematisch erscheinen könnten.

Einen vorläufigen Höhepunkt dieser Tendenz stellen die Bücher des Schweizer Schriftstellers Erich von Däniken dar; er geht so weit, daß er die Götter und Helden der alten Mythen als prähistorische kosmische Raumfahrer identifiziert. Doch dabei bleibt es nicht. Er, der sein *Image* als nonkonformistischer Privatforscher betont, geht noch einen Schritt weiter, indem er uns, das Menschengeschlecht, von diesen Astronautengöttern abstammen läßt.

In einem leider viel zu wenig beachteten Buch[10] hat der Naturwissenschaftler und Wissenschaftspublizist E.-H. Schmitz dargelegt, wie sehr doch ein wesentlicher Teil der von Däniken erstmals 1968 vorgebrachten Argumente bereits von Vorgängern veröffentlicht worden war, ohne daß diese im Text ausreichend gewürdigt worden wären: Schon 1915 war bei Charles Hoy Fort und 1953 bei Leslie und Adamski[11] die Vorstellung aufgetaucht, in vorgeschichtlichen Zeiten seien kosmische Besucher auf der Erde gelandet. Bereits Leslie hat die später so oft bemühten himmlischen Feuerräder des Propheten Hesekiel als Raumschiffe interpretiert, und er verwies auf die Riesenblöcke der ägyptischen Pyramiden, die ohne die Aktivitäten von Extraterrestriern nicht zu transportieren gewesen seien. Wanderer zwischen den planetarischen Welten hatte etwa 1958 (sodann auch 1959 und 1962) der russische Autor Modest Agrest[12] angenommen, und ihm folgte eine ganze Reihe anderer Autoren. Bereits 1962 hatte A. Kasanzew[12] den Fries des Sonnentores von Tiahuanacu mit extraterrestrischen Astronauten in Verbindung gebracht, hatten Pauwels und Bergier [13] die gigantischen Scharrbilder von Nazca in Peru auf die Landung von prähistorischen Weltraumschiffen bezogen. Und eine Reihe von weiteren archäologisch ausgerichteten Argumenten von Dänikens – so etwa die Hinweise auf die Zyklopenmauern von Sacsayhuaman und Machu Picchu, auf die Kolossalstatuen von Bahmian – fanden sich schon 1965 bei Robert Charroux [14].

So waren also manche der wichtigsten, sich auf archäologische und frühgeschichtliche sowie mythologische Problematika beziehenden »Beweise«, als Däniken sie 1968 erstmals vorbrachte, alles andere als taufrisch. Doch auch in einem weiteren, gewichtigen Sektor seines spekulativen Systems, nämlich im biologisch-anthropologischen, lag, wie E.-H. Schmitz gleichfalls erkannt hat, die Priorität bereits bei anderen Autoren: Die Idee, das Menschengeschlecht könne teilweise von Extraterrestriern abstammen, hatte im Ansatz Kurd Laßwitz [15] bereits 1897 anklingen lassen, hatte sodann F. Hecht *alias* Manfred Langrenus [16] 1951 näher ausgeführt. Dabei mag nicht so sehr ins Gewicht fallen, daß wir Ärmsten uns dem Langrenus zufolge aus einem fiktiven *Archaeopithecus lunaris,* dem »alten Mondaffen«, entwickelt haben sollen, den extraterrestrische Exoten auf unserem Planeten hinterließen, und daß Däniken mit uns jedenfalls gnädiger verfährt. Dieser sieht – übrigens auch hier in zeitlichem Anschluß an Robert Charroux – die direkte Paarung immerhin von »Erdenfrauen« mit »Himmelssöhnen« vor, und zwar, wie beruhigend, unter gleichzeitigem striktem Verbot der Sodomie, die vorher geherrscht haben soll.

Nach allen hier angestellten Erwägungen kann kein Zweifel daran bestehen, daß der so wendige, schreib- und redegewandte Sonntagsforscher (so nennt er sich selbst) vielfach vorgebracht hat, was andere längst vor ihm veröffentlicht hatten: nichts Neues also[17]. Dazu kommt, daß es Menschen, die mit einer gewissen Schulbildung versehen sind, eigentlich nicht schwerfallen sollte, zu erkennen, was es mit den vorgewiesenen Beweisen auf sich hat. Wie also ist es trotzdem möglich, daß »Millionen Leser« [18] gutgläubig und bereitwillig diese *science-fiction-stories* akzeptieren, die ungeniert den Anspruch erheben, eben keine *fiction* zu sein? Liegt es am Auftreten der Verfasser? Könnten vielleicht die zwei folgenden bildhaften Vergleiche eine Antwort auf diese Frage geben?

In der *Medina* von Marrakesch, etwa auf halbem Wege zwischen der *Koutoubya*-Moschee und dem *Souk*, dem Berber-Basar, stößt der Besucher auf etwas, das in den Städten des gesamten Maghreb nicht seinesgleichen hat: den weitläufigen Platz *Djemaa el Fna*, den Platz der Gaukler. Sein Name bedeutet »Versammlung der Toten«, und er erinnert an die ursprüngliche Bedeutung dieses Ortes, an dem zu Hunderten die blutigen Köpfe der Hingerichteten, der Erhängten, der Enthaupteten, auf Stangen aufgespießt, dem Volk zur Abschreckung vor Augen gehalten wurden. Heute hingegen ist die *Djemaa el Fna* der stets von dichten Menschenmengen erfüllte Ort eines lebhaften, bunten Treibens, sie ist zum Platz der Artisten und Gaukler geworden. Ein Häuflein von blinden Bettlern, die weißen Augäpfel nach oben gewandt, die schwarzen Mundhöhlen mit den gelben Zahnstummeln weit aufgerissen, fleht mit monotonem Singsang um Almosen: *»Allaaaah, Allaaaah, Allaaaah ...«* Eine Gruppe von Tänzern wirbelt zum Klang der Tschinellen, Rasseln und Trommeln im Kreise, ein Feuerschlucker produziert sich vor der Menge. Jongleure und Schlangenbeschwörer finden ihr Publikum, die Sprünge der Akrobaten, der Mut der Feuerschlucker wird bestaunt. Doch am dichtesten drängt sich die Menge bei ihm, dem alten, weißbärtigen Märchenerzähler, der, auf dem Boden hingekauert, mit eindringlichen Worten und mit weit ausgreifenden Gesten seine gläubig lauschenden Zuhörer in den Bann zieht. – – – Die Verlockungen einer geheimnisvollen, rätselhaften, aus dem grauen Alltag herausgerückten Traumwelt, bieten etwa sie die Erklärung für den Erfolg der oben genannten Autoren? Hassan, der Märchenerzähler?

Das andere Bild: Der befrackte Illusionist auf der erleuchteten Bühne. Er ist ein alter Routinier. Mit seinen kleinen Kunststückchen verblüfft der aalglatte Zauberkünstler sein Publikum, und er weiß nur zu gut, daß sein Erfolg einzig davon abhängt, daß die laienhaften Zuschauer im Saal seine Tricks nicht durchschauen. So beteuert er denn, es gehe alles völlig korrekt zu, linke Hand leer, rechte Hand leer, alles ohne doppelten Boden! Aber nicht minder zählt, daß unser Taschenspieler ein psychologisches Naturtalent ist: Unablässig plaudernd redet er auf das Publikum ein, lenkt er dessen Aufmerksamkeit auf Nebensächliches, Unmaßgebliches. Schließlich wird er zum Conférencier, der die willig Zuhörenden mit kleinen Scherzchen unterhält, der sie kaum noch zur Besinnung kommen läßt. Und der seine Beredsamkeit gerade dann zu einem Höhepunkt steigert, wenn es gilt, die Aufmerksamkeit des Publikums von seinen flinken Händen abzulenken. – – – Psychagogisch geschickte Beeinflussung Leichtgläubiger, erklärt etwa sie den Erfolg der erwähnten Autoren? Magus, der Illusionist, der gerissene Eskamoteur?

Ich vermag das nicht zu entscheiden, kehre nach Marrakesch zurück. Am Rande der *Djemaa el Fna* frage ich einen weisen alten Mann, einen *shibani,* der im Kaffeehaus seinen süßen Pfefferminztee schlürft: »Woran, meinen Sie, kann es denn liegen, *monsieur*? An der Vorliebe für das Geheimnisvolle oder an der Suggestivkraft des Erzählenden? Liegt es an den Autoren oder am Publikum?« Der Greis aus der Oase am Rande der Sahara lächelt fein. Dann antwortet er, indem er ein altes, jedem Wüstenbewohner geläufiges Sprichwort zitiert: »Sehen Sie, *m'sieur,* Kamele trinken eben auch aus trüben Quellen!« [19]

Sind diese Quellen wirklich trüb? Oder beruhen die als Indizien und Beweise angebotenen Argumente auf geklärten, gesicherten, eindeutigen Fakten, so daß sie als vertrauenswürdig gelten können? Einige Stichproben, in den nachfolgenden Abschnitten behandelt, mögen für sich sprechen.

Der Sarkophag von Palenque

Mein Gepäck habe ich im strohgedeckten Bungalow des Hotels zurückgelassen, ich gehe die kurze Strecke zu Fuß, will Erich von Dänikens »Astronauten von Palenque« einen Besuch abstatten. Entlang den Ufern des *Arroyo Otolum* verteilen sich die Ruinen der alten Mayastadt, hoch ragen an ihren Rändern noch die Reste der dichten tropischen Vegetation empor, von welcher man sie vor vielen Jahren mühselig befreit hat. Der Tempel des Grafen [20] – – – der *Pelota*spielplatz – – – der Sonnentempel – – – der Palast mit seinem turmförmigen Observatorium – – – und hier die gesuchte Struktur: *el templo de las inscripciones* nennt sie mein kleiner Fremdenführer, der Tempel der Inschriften (Farbtafel 1).

Eine Stufenpyramide mit einem kleinen, aufgesetzten Tempelchen, eine Ruine wie so viele andere im Mayagebiet auch. Und doch ist sie eine höchst ungewöhnliche Erscheinung im gesamten Rahmen der mittelamerikanischen Kulturen, denn diese Struktur enthält überraschenderweise eine Krypta, und das ist in Amerika in der Tat einzigartig!

Wir steigen im Inneren der Pyramide eine steile, feuchte Treppe hinab, blicken durch das Schutzgitter in die schmale Grabkammer, die fast gänzlich von einem Sarkophag eingenommen wird. Hier also liegt er bestattet, der »raketenfahrende Gott Kukulkan«[21], der angebliche Götterastronaut, bildlich dargestellt auf der mit reichen Ornamenten verzierten, aus Kalkstein bestehenden Grabplatte, einem der schönsten Kunstwerke, das uns die Mayakultur hinterlassen hat.

Gibt aber die Darstellung tatsächlich einen Astronauten in seiner Raumkapsel wieder? Was denn sonst, meint Däniken, und bereitwilligst wird ihm zugestimmt: »Man muß sich hier wirklich Gewalt antun, um nicht mit den Augen unserer Tage eine stilisierte Gemini- oder Wostok-Kapsel zu erkennen«[22], meinen zwei durchaus seriöse Wissenschaftler, fachkompetent in den Bereichen der Flugmedizin, leider aber nicht auf dem Gebiet der präkolumbischen indianischen Kulturen.

Originalanalyse von Dänikens, der das Relief im Querformat betrachten möchte: »In ihrer Gesamtheit bildet die Grabplatte einen Rahmen, in dessen Mitte ein Wesen vornübergeneigt (wie ein Astronaut in der Kommandokapsel) sitzt. Dieses eigenartige Wesen trägt einen Helm, von dem doppelspurige Schläuche nach rückwärts verlaufen. Vor der Nase sitzt ein Sauerstoffgerät. Mit beiden Händen manipuliert der Vornübergeneigte an irgendwelchen Kontrollmechanismen... Sieht es nicht aus, als ob das Wesen mit dieser Hand einen Hebel, dem Handgashebel der Motorräder ähnlich, bedient? – Die Ferse des linken Fußes ruht auf einem Pedal mit mehreren Stufen ... Die Apparatur, in der der Raumfahrer angespannt hockt, hat in meinen Augen diese technischen Merkmale: Vor dem angeschnallten Astronauten liegen das Zentralaggregat für Sauerstoff, Energieversorgung und Kommunikation sowie die manuellen Bedienungshebel und die Geräte für Beobachtungen außerhalb des Raumfahrzeugs. Am Bug des Schiffes, also vor der Zentraleinheit, sind große Magneten erkennbar: sie sollen um die Raumschiffhülle ein Magnetfeld aufbauen, das bei hoher Geschwindigkeit den Aufprall von Partikeln im Weltraum abwehrt. – Hinter dem Astronauten ist eine Kernfusionseinheit zu sehen: schematisch sind zwei Atomkerne, wahrscheinlich Wasserstoff und Helium, dargestellt, die schließlich verschmelzen. Wesentlich erscheint mir, daß am Ende des Fahrzeugs *außerhalb* des Rahmens der Raketenrückstrahl stilisiert wurde ...«[23]

Dem Leser sei anheimgestellt, diese Beschreibung mit dem Bild der bewußten Grabplatte (Farbtafel 1) selbst zu vergleichen. Er wird feststellen, daß der Rahmen mit aneinandergereihten Glyphen versehen ist und daß im übrigen innerhalb des Bildfelds ein reiches Ornamentwerk vorhanden ist, wie wir es in typischer Weise auch von Maya-Stelen kennen. Klar zu unterscheiden sind, bei der normalen Betrachtung im Hochformat, ferner vier morphologische Einheiten:

Unterhalb der Bildmitte befindet sich eine zurückgelehnte, also halb liegende männliche Person, vom physiognomischen Typ her unverkennbar ein Maya, mit dem üblichen Kopfputz der Würdenträger (Dänikens »Helm«), mit einer Perlenkette, die auf dem Rücken überhängt und deren zwei Stränge (Dänikens »doppelspurige Schläuche«?) in je einer Quaste enden. Weiterer Schmuck ist ein Nasenpflock[24] (Dänikens »Sauerstoffgerät«).

Über der Gestalt ragt ein im Grunde kreuzförmiges, sich aber seitlich verzweigendes Gebilde empor. In Dänikens Augen ist dies »das Zentralaggregat für Sauerstoff ...«. Fachlich Zuständige hingegen identifizieren dieses Gebilde als stilisierte Darstellung einer Pflanze, nämlich des geheiligten *Ceiba*-Baumes[25], dessen Wurzeln sich in der Unterwelt, dessen Stamm sich im diesseitigen Leben und dessen Äste sich im Himmel befinden.

Auf der Spitze des Wipfels ruht mit waagrecht nach links gestrecktem Kopf und mit rechts weit ausschwingenden langen Schwanzfedern, wie sie für den einheimischen *Quetzal*-Vogel[26] absolut typisch sind, der Göttervogel der Mayas. Däniken allerdings, frei von Skrupeln und bar jeden Zweifels, vermag hier lediglich »die großen Magneten« zu erkennen, die »am Bug ein schützendes Magnetfeld aufbauen«.

Die Maya-Gestalt ruht auf einem Podest, unter dem sich in Frontalansicht eine Dämonenfratze findet, und zwar – vom Stamm des *Ceiba*-Baums aus betrachtet – bereits in der Unterwelt, aus der je zwei hakenförmige Gebilde nach dem menschlichen Körper greifen. Für Däniken jedoch handelt es sich bei diesem ganzen Unterbau um »die Kernfusionseinheit« und bei dem in der Mitte der Basis auftretenden Ornament (vielleicht die Wurzelausläufer des *Ceiba*-Baums?) um »den Raketenrückstrahl«.

Ich habe Dänikens phantasievoller Spekulation die durchaus plausible und vernünftige Deutung der Archäologen gegenübergestellt, die er allerdings zurückweist, wobei er, der wagemutige Dissident, es ablehnt, »vor überholten Arbeitshypothesen strammzustehen«. Doch großherzig, wie sich das unter Kollegen nun einmal so gehört, bietet er den professionellen Archäologen an: »Es sollte ein Patt gelten: Die Grabplatte ist aus der Maya-Literatur nicht zufriedenstellend erklärbar, die technische Version denkbar.«[23]

Nun, denkbar ist schließlich beinahe alles, auf den Beweis kommt es letztlich an. Und der liegt im Falle der Grabplatte von Palenque durchaus vor, wobei es sich denn erweist, daß sie keineswegs das Konterfei irgendeines mysteriösen Astronauten wiedergibt, sondern den Abstieg in das Totenreich (oder die Apotheose?) des mächtigsten Herrschers von Palenque[27]. »Es überrascht ... nicht, daß er sich mit der größten Tempelpyramide der Stadt ein Grabmal schuf, das einmal an Berühmtheit dem Grab des Tutenchamun kaum nachstehen sollte: Pacal war kein anderer als jener Priesterfürst, dessen Skelett, bedeckt mit Jadeschmuck, Perlen und Zinnober, man in der Krypta des Inschriftentempels fand!«[28]

Der Maya-Fürst Pacal (603 bis 683 n. Chr.), zu deutsch »der Schild«, der schon als Zwölfjähriger die Herrschaft übernommen hatte, der das zuvor eher provinzielle Palenque zu einem namhaften Kulturzentrum ausbaute, Pacal also ist der hier Bestattete. Und daß der auf der Grabplatte Abgebildete mit ihm identisch ist, kann nach den Entdeckungen von Professor David Kelley von der westkanadischen Calgary University keinem Zweifel unterliegen: Zwei durch die Namensglyphe (»Pacal«) dieses Herrschers identifizierte andere Darstellungen zeigen ihn mit einem verkrüppelten rechten Fuß, sein im Sarkophag liegendes Skelett weist einen verkrüppelten rechten Fuß auf, und auch bei dem »Astronauten« der Grabplatte stellte D. Kelley am rechten Bein den besagten Geburtsfehler, den Klumpfuß, fest[29].

Astronaut? Patt? Nein: Matt! – Und nach diesem Ergebnis könnte man vielleicht versucht sein, den widerlegten Erich von Däniken ein wenig zu bemitleiden. Doch sollte man nicht voreilig sein: Der Märchenerzähler hat, wie sich bald zeigen wird, noch mehr auf Lager.

Dänikens Vorgänger, der französische Schriftsteller Robert Charroux, hätte, wenn der Titel gehalten hätte, was er versprach, ein geniales Werk geschaffen, nämlich das Buch aller Bücher, enthaltend die *»Histoire inconnue des hommes depuis cent mille ans«* [30]. Darin erweckt eines der Kapitel meine besondere Aufmerksamkeit, es nennt sich »Die Steine von Bamijan«. Und schon wandern meine Gedanken zurück: 1962, als ich ein ganzes Jahr in Afghanistan verlebte, sodann aber auch 1974, anläßlich eines etwas kürzeren Besuchs, hatte ich Gelegenheit, das Bahmian-Tal und seine archäologischen Denkmäler zu besichtigen. Unvergeßliche Eindrücke. Doch was hat dieser unselige Phantast Charroux aus Bahmian gemacht!

»Vor 10000 Jahren wurde Asien von der aus Europa verjagten schwarzen Rasse kolonisiert, und eine der beiden Metropolen war Bamijan ... Einer der Tempel von Bamijan war so groß, daß er einer ganzen Armee als Zufluchtstätte dienen konnte ...« [30] An diesem Ort findet man noch heute »... den Atlantiden gewidmete Statuen ...« von kolossalen Ausmaßen. Sie »stellen wahrscheinlich irgendwelche geheimnisvollen Persönlichkeiten dar, deren Existenz man zu verschleiern versuchte. Waren es Götter? Riesen?« [30] »Sollten die Statuen etwa von der Venus oder anderen Sternen gekommene Wesen darstellen? Nach einer Überlieferung sind sie materielle Abbilder der beiden ersten Rassen, die einen ätherischen Körper besaßen ...« [30]

Welch ärgerliches Konzentrat von konfusem Unsinn! Gewiß wird man dafür Verständnis aufbringen, wenn ein französischer oder deutscher Verlagslektor das Flunkern mit dem größten Tempel von Bahmian nicht zu durchschauen vermag. Wie sollte er auch, der Hindukusch ist weit. Im übrigen aber glaubt man zu träumen: Finden sich tatsächlich in den Kulturkreisen, die ihre Aufklärung einem Diderot, einem d'Alembert, einem Voltaire oder einem Immanuel Kant, einem Gotthold Ephraim Lessing verdanken, Verlage, die ihren Lesern zumuten, den Nonsens von der prähistorischen Besiedlung Asiens durch eine »europäische schwarze Rasse« zu schlucken? Finden sich tatsächlich in der *grande nation* der *écrivains* und im Volk der Dichter und Denker Leser, die bereit sind, sich für die Existenz von »Rassen mit ätherischen Körpern« zu interessieren? (Ernüchternde Antwort: Ja, sie finden sich. Unter den Dichtern und Denkern waren es in den Jahren 1970 bis 1977 nicht weniger als 67000, die aus dieser trüben Quelle tranken!)

Ob Charroux die Situation bei Bahmian aus eigener Anschauung beschrieb, darf bezweifelt werden. Wäre das der Fall gewesen, so wäre ihm weder der Lapsus mit dem Riesentempel unterlaufen, noch hätte er die horrende Zahl von »12000 in den Felsen gehauenen Behausungen« riskiert, noch auch wäre ihm die Idee gekommen, Bahmian mit der etwa sechs Kilometer entfernten Stadt »Ghulghuleh« gleichzusetzen (die nachweislich etwa 600 Jahre jünger ist als das klassische Bahmian – s. u.). Wie dem auch sei, die Ausmaße der gigantischen monolithischen Statuen, durch die der Ort berühmt geworden ist, die hat Charroux richtig wiedergegeben – schließlich sind sie ja nachprüfbar.

Bahmian ist heute ein kleiner, dörflicher Ort, der etwa im Zentrum Afghanistans in fast 3000 Meter Meereshöhe liegt, in der westlichen Verlängerung des *Hindukusch* und nördlich des schneebedeckten massigen Gebirgsstocks des *Koh-e-Baba*. Von Kabul aus erreicht man dieses Ziel nach einer etwa siebenstündigen Autofahrt über steinige, staubige Wege, vorbei an den Quellen des Kabul-Flusses, über den *Unai* und den *Hadjigak*, zwei über 3000 Meter hohe Gebirgspässe, und schließlich durch eine enge Felsenschlucht in die grüne Taloase vorstoßend, durch die in uralten Zeiten ein Teil der historischen Seidenstraße verlief. Hoch auf den Felsenklippen erheben sich noch heute die wehrhaften Mauern, Zinnen und Rundtürme der »roten Stadt« Shar-e-Zohaq. Aus rötlichem Lehm erbaut, haben sich die Ruinen dieser mächtigen Festung, die seit der buddhistischen Zeit des Landes bis zum islamischen Mittelalter den Zugang zum Tal bewachte, aufgrund des trokkenen Klimas erstaunlich gut erhalten.

Nach etwa zehn weiteren Kilometern hat sich das Tal geweitet, ragen in seiner Mitte auf einem einzeln stehenden Hügel die Ruinen einer weiteren, der »gelben« Stadt empor, die Reste von Shar-e-Gholghola. Sie ist jüngeren Datums, wurde von der Dynastie der islamischen Ghoriden (also im 12. Jahrhundert) erbaut[31] und erlitt dasselbe Schicksal wie die »rote« Stadt: Beide wurden 1222 von den Heeren des Dschinghis Khan eingenommen und zerstört, Gholghola, »die Weinende« mit bestialischer Gründlichkeit. Bei ihrer Belagerung hatte der Lieblingsneffe des Mongolenherrschers, Moatugan, der Sohn des Dschagatai, sein Leben verloren, und der vor Zorn rasende Khan befahl daraufhin, nicht nur die Einwohner von Gholghola ausnahmslos umzubringen, sondern alles Leben, das sich in der Stadt noch regte, zu vernichten, selbst die Hunde und Katzen, ja sogar die Vögel in den Gärten zu töten[32].

Bald ist das Dorf Bahmian erreicht. Mit seinen kubischen Lehmhäusern, seinen gedrungenen turmbewehrten Bauernburgen, den *qalahs*, mit seinen Feldern und seinen Pappelhainen lagert es breit zu Füßen einer fast senkrecht emporragenden Felswand. An ihrer höchsten Stelle etwa 160 Meter erreichend, zieht sich die Klippe am Ortsrand fast 1,5 Kilometer entlang, aus braunen und rötlichen Sandsteinen und Konglomeraten gebildet.

Es ist gerade dieses weiche, leicht zu bearbeitende Gestein, das es ermöglicht hat, hier Hunderte (nicht: Tausende) von höhlenartigen Behausungen, monolithische Felsentempelchen und kleinere Höhlenhallen zu schaffen, so daß aus der Entfernung die Basis der Klippe wie das Wabenwerk eines Bienenstocks anmutet. Bunte Fresken, welche ostasiatische, iranische und indische Stilelemente erkennen lassen[31, 33], weisen durch ihren Bildgehalt auf die Bedeutung des Gesamtkomplexes hin: Eine bemerkenswerte Ansammlung von buddhistischen Mönchszellen, ein ganzes System von buddhistischen Felsenklöstern war Bahmian einst. In der Tat wird der Ort von Augenzeugen aus dem 7. Jahrhundert als eine Hochburg der *Lokottaravadin,* einer buddhistischen Sekte, erwähnt, und später, im 9. Jahrhundert, wird er als eines der *Mahayana*-Zentren beschrieben[33].

Neben allen den kleineren gemalten und als Skulpturen geschaffenen Buddhas und Bodhisattvas fallen nun die beiden aus dem Fels herausgemeißelten Kolossalstatuen auf, die Bahmian in der Welt der Archäologie so berühmt gemacht haben. Bei beiden handelt es sich um riesenhafte stehende Gestalten, die eine 35 Meter hoch, die andere sogar die erstaunliche Höhe von fast 53 Metern erreichend (Farbtafel 2).

Man faßt die beiden Giganten als Darstellungen des Buddha auf, doch Robert Charroux ist »aufgrund der Überlieferung« (über deren Natur und Herkunft er sich gründlich ausschweigt) völlig anderer Ansicht: »Sie sind nach der Überlieferung die ›unvergänglichen Zeugen‹ der geheimen Lehre, die die nach Asien geflüchteten Bewohner von Atlantis hinterlassen haben. Mönche haben die Statuen mit Gips überzogen, um sie in Buddhas zu verwandeln, aber man kann die Fälschung mühelos erkennen.«

Buddhas sind sie in der Tat. Der kleinere, 35 Meter hohe wurde als

Buddha Shakyamuni (der Einsiedler aus dem Geschlecht der Shakyas) identifiziert; von dem 53 Meter hohen vermutet man, daß es sich um eine *Vairocana*-Darstellung handelt (der Buddha als »sonnengleicher« Weltherrscher).

Beide Kolossalstatuen sind, vom ästhetischen Standpunkt aus gesehen, gewiß keine überragenden Kunstwerke, sie lassen aber ein sehr charakteristisches Stilelement erkennen. Gemeint ist hier der typisch gräco-buddhistische, dem Gandhara-Stil entsprechende Faltenwurf der Gewänder, die in dieser Gestaltung mehr an die *toga* beziehungsweise das *pallium* erinnern als an das buddhistische Gewand, das *sanghati*. Nur nebenbei erwähnt: Die Falten sind bei beiden Statuen stuckartig aufgesetzt, was Charroux zum Anlaß seines Verdachtes nimmt (»Verfälschung mit Hilfe von Gips«). Gerade diese Stucktechnik aber war in der gräco-buddhistischen Kunst Afghanistans (Hadda) weit verbreitet, auch bei sehr viel kleineren Skulpturen.

Entstammen die Riesenstatuen von Bahmian tatsächlich der klassischen *Gandhara*-Kultur, so würde man sie etwa in das 2. bis 3. nachchristliche Jahrhundert zu stellen haben. Andere Autoren, die vor allem in den begleitenden Fresken und weiteren Elementen Anklänge an den *Gupta*-Stil von Mathura in Indien erkennen wollen, ziehen es jedoch vor, die 35-Meter-Statue als im 4. bis 5. Jahrhundert und die 53-Meter-Statue als im 5. bis 6. Jahrhundert entstanden zu datieren[33]. Nun sind dies zwar gewiß nicht unbeträchtliche Differenzen, jedenfalls aber handelt es sich hier um Datierungen, die sich von der bei Charroux angegebenen Größenordnung (Gründung von Bahmian vor 10000 Jahren) erheblich unterscheiden.

Tatsache ist, daß beide Statuen nachweislich bereits im 7. Jahrhundert existierten. Im Jahre 622, als der berühmte chinesische Reisende und Pilger Hsüan-tsang (Hiuan-tsang) Bahmian besuchte, wurden sie von ihm ohne Einschränkung als vergoldete, mit kostbaren Ornamenten bedeckte Buddhas identifiziert. Im Zusammenhang mit den Behauptungen von Robert Charroux ist damit allerdings noch nicht allzuviel gewonnen, denn diesen zufolge soll es sich ja um eine zuvor erfolgte buddhistische Verfälschung handeln: »Die offiziellen Archäologen stimmen in diesem Punkte mit den Verfechtern der Überlieferung nicht überein. Aber eine seltsame Tatsache scheint den letzteren Recht zu geben: Diese Pseudo-Buddhas haben keine Gesichter.« Und das, obwohl doch die Körper verhältnismäßig gut erhalten sind. Durch eine »... offenbar willkürliche Verstümmelung hat man die Gestalten unkenntlich machen wollen, so wie Verbrecher mit ihren Opfern verfahren«[30].

Das also ist der Kern der Beweisführung Robert Charroux', die Basis, auf der sein Theoriengebäude errichtet ist: Die Gesichter sind aufgrund von Beschädigung unkenntlich, *ergo* muß eine nachträgliche Verfälschung vorliegen. Doch sollte eigentlich bekannt sein, daß es nicht nur im alten Byzanz die berüchtigten Ikonoklasten gab, sondern daß Bilderstürmer, die aus religiösen oder ideologischen Gründen Statuen zerstören oder verstümmeln, in der Kulturgeschichte zu ganz verschiedenen Zeiten und in sehr verschiedenen Regionen auftraten. Ebenso ist es eine bekannte Tatsache, daß sich solche Akte des fanatischen Vandalismus in erster Linie gegen den gesamten Kopf des Bildnisses zu richten pflegen oder zumindest gegen die Augen und das Gesicht. So auch im Falle Bahmian: Was auch immer die von Robert Charroux bemühte und ominöse »Überlieferung« behaupten mag, die Ursache der Zerstörung, der die Gesichter der beiden gigantischen Buddhas zum Opfer gefallen sind, ist bekannt, und sie erweist sich als durchaus nicht geheimnisvoll:

Die Archäologin Jeannine Auboyer, Oberkonservatorin des *Musée Guimet* in Paris, macht darauf aufmerksam[32], daß die Zerstörung der Gesichter im späten 17. Jahrhundert erfolgte, als sie den strenggläubig islamischen Artilleristen des Großmoguls Aurangzeb als Zielscheibe dienten. Und so löst sich denn auch dieses Detailgespinst aus der *histoire inconnue* bei näherer Prüfung in blauen Dunst auf – die Atlantisbewohner von Bahmian, die Ebenbilder der Venusplanetarier, sie entpuppen sich als reine Ammenmärchen.

Das Sonnentor von Tiahuanacu

Wohl kaum ein anderes archäologisches Objekt ist so oft als Beweis für die Landung der Extraterrestrier herangezogen worden wie das berühmte Sonnentor von Tiahuanacu; wohl kaum eine andere Ruinenstadt hat für entsprechende Spekulationen so oft herhalten müssen wie dieser Ort. Das beginnt bei A. N. Kasanzew[12], steigert sich *crescendo* bei Robert Charroux[30] und wird in gedämpfterem und daher anfangs den Eindruck von etwas mehr Sachlichkeit hervorrufendem Ton bei Erich von Däniken wiederholt.

Tiahuanacu ist ein kleiner Ort in Bolivien, nicht ganz 4000 Meter hoch gelegen, die vorletzte der wenigen Bahnstationen auf der kurzen Strecke von La Paz nach dem Ufer des Titicaca-Sees und dem Grenzort Guaqui. Eine karge Landschaft mit weit verstreuten, reetgedeckten Gehöften, kleinen Gruppen von Ziegen und den lamaartigen *alpacas*. Niedrige flache Bergrücken scheiden weit gespannte Becken, der *altiplano* erstreckt sich als wenig gegliederte Hochfläche bis an den Fuß der schneebedeckten, vergletscherten *Cordillera Real*. Weite Grasflächen, nur selten kleine Baumgruppen. Wären die Anhöhen vor dem Dorf etwas weniger flach, müßte es möglich sein, in der Ferne einen Ausläufer des enormen Sees zu erblicken.

Wie dieser zu seinem Namen gekommen sein soll, erklärt der Autor der *histoire inconnue* diesmal nicht nach einer anonymen »Überlieferung«, sondern aufgrund von »geheimen Dokumenten« des Garcilaso de la Vega[34], die einer von dessen Nachkommen übersetzt und kommentiert haben soll: Amphibisch lebende Venusbewohner hätten von ihrem Raumschiff aus den See gesichtet und als Siedlungsgebiet für geeignet befunden. Sie hätten sodann sogenannte »Exkremente« abgeworfen, vielleicht Atombomben, um die Umgebung des Sees passend zu verändern. Dessen Name setze sich somit aus *»Titi«* (nämlich »See des Geheimnisses und der Sonne«) und jenem *»caca«* zusammen, das nunmehr keiner weiteren Erklärung bedarf.

Dem Raumschiff aber sei vor 5 Millionen Jahren – zur Zeit des Tertiär – die hochintelligente Urmutter der Menschheit entstiegen, Orejona mit Namen, den »geheimen Dokumenten« zufolge zwar Venusbewohnerin, aber weiß Gott keine Venus: die Hände vierfingerig und mit Schwimmhäuten versehen, der Kopf kegelförmig, die Ohren riesig, ansonsten aber menschenähnlich. Frau Orejona vergaß sich, trieb es schlimm mit einem Tapir, worauf ein Teil der Nachkommen tapiroid, der andere humanoid ausfiel und sich die Frau Mama – offenbar frustriert – auf die Venus zurückzog. Ihre humanoide Brut aber setzte sich an den Ufern des Titicacasees fest, wurde zu Menschen. Und Robert Charroux, der uns zumutet, ihm diese wilde Geschichte zu glauben, meint über eine untrügliche Dokumentation zu verfügen, denn: »Das alles steht geschrieben auf dem Giebel des Sonnentores zu Tiahuanacu.«[30] Nun, *vamos a ver*, sagen die Bolivianer, wir werden ja sehen!

Zuvor allerdings sei darauf verwiesen, daß der Name unserer sodomitischen Urmutter seinen Nimbus verliert, wenn man bedenkt, daß *orejones* in allen Indiokulturen von Mexiko bis Bolivien der Name war, mit dem man die Angehörigen der vornehmen Familien der Stämme bezeichnete. *Orejones* heißt »die Großohrigen«, und zwar wegen der durch den Schmuck der Ohrpflöcke vergrößerten Ohren. Das Wort stammt aber aus dem Spanischen (*las orejas* = die Ohren), daher kann es auch am Titicacasee und in Tiahuanacu nicht vor der spanischen *conquista*, also nicht vor dem 16. Jahrhundert, in Gebrauch gewesen sein (gewiß nicht vor 5 Millionen Jahren im Tertiär).

Ein weiterer Punkt bei Charroux[30]: »Nach Ansicht der Geologen aber fiel die Stadt einer furchtbaren Naturkatastrophe zum Opfer ... durch einen Erdrutsch oder eine Flut ...« Nun, ich habe die Ruinen von Tiahuanacu zweimal besucht, und als Geologe habe ich dabei natürlich auch auf die geomorphologische Situation des Ortes geachtet: Der Erdrutsch müßte wohl schon vom Himmel gekommen sein, die Flut aber aus der Erde Schoß, beide könnten in dem flachen, weit offenen Gelände lediglich im Verlauf eines Wunders eintreten. Ich kann mir daher keinen vernünftigen Geologen vorstellen, auf dessen Ansicht sich Charroux mit seiner Meinung tatsächlich stützen könnte. Doch er nimmt offenbar seine eigenen Worte nicht ganz ernst, denn nach sieben weiteren Buchseiten klingt das alles wieder ganz anders: Die Anden-Menschen wurden »zweifellos« das Opfer einer die Zeugungskraft einschränkenden Epidemie; die Venusmenschen von Tiahuanacu gehen an einer Degeneration ihrer »Rasse« zugrunde.

Nicht weniger phantasiereich geht es bei einem anderen, gleichfalls pseudowissenschaftlichen Autor zu, bei Karl F. Kohlenberg[35]. Seiner Überzeugung nach befand sich Tiahuanacu ursprünglich auf Meeresniveau. Im Jahre 8498 v. Chr. aber soll tatsächlich jene Weltkatastrophe eingetreten sein, die ein weiterer Phantasiebegabter, der »Atlantologe« O. H. Muck, in die Literatur eingeführt hat[36], nämlich der Einschlag eines riesigen Planetoiden auf der Erdoberfläche. Die verheerenden Folgen waren eine Verlagerung der Erdachse und damit ein Kippen des Erdballs, Götterdämmerung, Sintflut, Finsternis, Pech und Schwefel und zuckende Blitze – – – ein schaurigschöner Kampf der Götter mit den Titanen. Das gab es tatsächlich einmal, davon ist Kohlenberg überzeugt!

Und im Zuge dieses weltbewegenden Geschehens ereilte nun auch Tiahuanacu das Schicksal: »Die Menschen, die sich in den Luftschutzkellern von Tiahuanacu geborgen wähnten, erlebten es, soweit sie nicht schon zuvor durch giftige Gase umgekommen waren, daß sich das Land und mit ihm die Tempelstadt höher und höher zum Himmel erhoben ... Man stelle sich einmal vor, welche Kräfte am Werk gewesen sein müssen, um das ganze Tal des Titicacasees samt den es einschließenden Gebirgen auf eine Höhe von 4000 Meter über dem Meer zu erheben ... Hier, wie auch beim Colorado Cannon in Arizona, läßt sich wohl kaum noch behaupten, diese Erscheinung sei auf natürliche Erosion zurückzuführen.«[35]

Das alles klingt überaus dramatisch; man hört es richtig in der Erdkruste knistern, knirschen und dann mit betäubendem, dröhnendem Donnergetöse loskrachen. Tatsächlich aber handelt es sich bei dieser ganzen Schauergeschichte, geologisch betrachtet, um reinsten Schwachsinn[37]. (Man halte diese deutliche Sprache jener Empörung zugute, die den Fachmann ergreift, wenn er sich mit lächerlichen Hirngespinsten konfrontiert sieht, die dreist für die Wirklichkeit ausgegeben werden.)

In seinen Formulierungen wesentlich zurückhaltender als Charroux und Kohlenberg bleibt, wo es um Tiahuanacu geht, Erich von Däniken. Immerhin besteht neben Charroux auch er darauf, die Tempelstadt sei von Extraterrestriern gegründet und erbaut worden. Hier die hauptsächlichen Argumente[38]:

(a) Auf dem Fries des monolithischen Sonnentores seien Hinweise auf die Weltraumfahrt extraterrestrischer Wesen dargestellt.

(b) Die von den Archäologen als Teile einer Wasserleitung bezeichneten Halbrohre seien nach unten offene Rohroberteile, die der schützenden Überdeckung von Energiekabeln einer hoch entwickelten Technik gedient hätten.

(c) Die monolithischen und megalithischen Konstruktionen der Ruinenstadt seien das Werk der prähistorischen Weltraumfahrer, alle weniger kompakt gebauten Strukturen aber seien jüngere, von den Aymara-Indios stammende Zutaten.

Nun haben sich mit von Dänikens und Charroux' Tiahuanacu-Spekulationen auch schon andere Autoren kritisch auseinandergesetzt (vgl. die Zusammenfassung bei E.-H. Schmitz[10]). Ich kann mich hier daher verhältnismäßig kurz fassen.

Zu (a): Was das Sonnentor betrifft, so sind die Mittelfigur sowie die stereotyp wiederkehrenden weiteren Gestalten des Frieses von den Archäologen bereits beschrieben und meines Erachtens so plausibel gedeutet worden, wie dies das Material zuläßt[39]. Die Mittelfigur (Farbtafel 3), zwei in Kondorköpfen endende Szepter oder Stäbe in den vierfingerigen Händen tragend, wird wegen ihres Strahlenkranzes als Sonnengott interpretiert. (Der Umstand, daß ihre Fußsohlen den Boden nicht zu berühren scheinen, verführte Däniken zu der Annahme, es handle sich um ein fliegendes Wesen.) Daneben finden sich 48 Figuren, die durchwegs zwei anthropomorphen Gestalttypen entsprechen (Farbtafel 3), beide mit Federkrone, beide wie Genien geflügelt, beide vierfingerig und mit Szepter oder Stab. Bei dem einen dieser mythologischen Typen handelt es sich offenbar um ein Wesen mit Vogelkopf, dessen hakenförmiger Schnabel nach oben gereckt ist. Jeder dieser beiden Typen ist im Laufen dargestellt. Vielleicht wird die dabei von der Schulter nach rückwärts wehende, in einer ornamentalen Quaste endende Schärpe von Däniken als technische Flugeinrichtung gedeutet, denn anders wäre es schwer zu verstehen, inwiefern das gesamte Relief »Reste eines technischen Wissens« übermitteln soll, das von extraterrestrischen Weltraumfahrern eingebracht wurde. – Ich möchte es auch hier dem Leser überlassen, sich anhand der graphischen Darstellungen (Farbtafel 3) sein eigenes Urteil zu bilden.

Zu (b): Ein sehr schwaches Argument. Däniken[38] präsentiert 1975 vier Fotos der Halbröhren: Auf einem Bild ist ein rechtwinkeliger Rohrknick vertikal aus seiner Ausgangsposition herausgehoben, auf dem zweiten steckt ein Halbrohr in nach oben geöffneter Stellung im Lockerboden, auf dem dritten Bild liegt ein einzelnes Halbrohr mit nach unten gerichteter Öffnung im Boden, und auf dem vierten Bild sind zwei nebeneinander befindliche Halbrohre gleichfalls mit der Öffnung nach unten gekehrt sichtbar. Man beachte, daß sich alle diese Stücke nicht im exakten Verband und nicht in ihrer ursprünglichen Position, sondern auf sekundärer Lagerstätte, im Lockerboden, befinden. Das ist nicht weiter verwunderlich, denn es ist nachgewiesen, daß die Ruinenstadt über Hunderte von Jahren hinweg, mindestens aber seit 1635, im großen Stil wie ein Bausteine liefernder Steinbruch behandelt worden ist. Daher liegen die meisten Steinblöcke heute wirr, verkippt und vielfach auch völlig umgekehrt im Lockerboden. Ferner wäre hervorzuheben, daß genügend Halbrohre in Tiahuanacu noch in ihrer ursprünglichen Position (nach oben offen) anzutreffen sind. Unter diesen Umständen ist Dänikens Behauptung, es handle sich durchwegs um »nach unten offene Oberteile ohne Unterteile«, eine völlig willkürliche Festlegung. Hier, bei von Däniken, erscheinen die Dinge – in diesem Fall die nach oben offenen Steinrinnen – buchstäblich auf den Kopf gestellt. Was wirklich vorliegt, sind einfache, offene, als Wasserleitung geeignete Steintröge. Kein Mysterium also; des Pudels Kern ist nichts anderes als der Pudel selbst.

Zu (c): Die monolithischen und megalithischen Strukturen treffen wir im Ruinenbezirk von Tiahuanacu vorwiegend an der *Acapana*-Pyramide und auf der großflächigen (Tempel?-)Plattform *Pumapunku* an. Weshalb diese Bauten von Extraterrestriern errichtet sein sollen, ist nicht recht einsichtig – es sei denn, man macht sich die Auffassung zu eigen, die Megalithe kämen aus Steinbrüchen »weit entfernt jenseits des Sees« [35] oder von einer Insel im See, und ein entsprechender Transport übersteige die technischen Möglichkeiten prähistorischer irdischer Wesen. Dazu ist freilich zu bemerken, daß die überwiegend verwendeten Gesteine in Wirklichkeit wesentlich näher stehen (vgl. S. 81), nämlich in einer Entfernung von etwa 7 bis maximal etwa 10 Kilometern[40]. Strecken der genannten Größenordnung aber sind von Megalithkonstrukteuren auch in anderen Fällen ohne die Hilfe Fliegender Untertassen bewältigt worden.

Zyklopenmauern in Peru

Damit sind wir nun bei einem weiteren Lieblingsargument derjenigen »Sachbuch«-Autoren angelangt, die für die Konstruktion mancher prähistorischer oder frühgeschichtlicher Kulturdenkmäler extraterrestrische Astronauten verantwortlich machen wollen: Große, viele Tonnen schwere Gesteinsblöcke, Megalithe oder gar bearbeitete Monolithe, hätten vom vorgeschichtlichen Menschen ohne die Mittel einer fortgeschrittenen Technik weder entsprechend geformt noch gar transportiert werden können.

Am einfachsten löst dieses Problem K. F. Kohlenberg: Die Bauten stammen ihm zufolge von »Kyklopen«, welchen er nicht nur mythische, sondern auch durchaus reale Existenz zugesteht. Sie waren Titanen, und zwar zyklopisch »rundäugige«. Daher meint Kohlenberg: »Vielleicht trugen sie bei ihrer Arbeit Brillen« [35] (und dies ist bei ihm nicht etwa als Scherz gemeint). Machen wir es uns nicht ganz so leicht, unterziehen wir die Dinge einer kritischen Prüfung! Dabei wollen wir die Dolmen, Menhire, die Hünengräber Europas ebenso beiseite lassen wie die so oft zitierten Großstatuen der Osterinsel. Konzentrieren wir uns auf Südamerika, und hier insbesondere auf den Verbreitungsbereich der Inka-Kultur und ihrer Vorläufer. Hier sind sogenannte Zyklopenmauern und -bauten ausgesprochen häufig. Einige Beispiele mögen dies belegen:

Steil ragen die *chullpas* empor, die steinernen Totentürme, wie sie etwa auf der Halbinsel Sillustani am Rande des kleinen Sees, der die Laguna Umayo genannt wird, in besonders typischer Form vertreten sind. Dort, auf dem peruanischen Teil des *altiplano*, südlich des Titicasees, erheben sich diese aus großen, sorgfältig bearbeiteten Quadern erbauten Rundtürme nicht allzuweit von roten Sandsteinklippen (welche den dort arbeitenden französischen Geologen Überraschendes, allerdings um viele Millionen Jahre Älteres geliefert haben: Fragmente der fossilen Eischalen von Dinosauriern und sogar den Schädel eines winzigen kreidezeitlichen Säugetieres – einmalige Kostbarkeiten!).

Gedrungen und kraftvoll droht – gleichfalls in Peru – das Mauerwerk der Inkafestung Ollantaytambo auf einem Felsenhang über dem Tal, nicht allzuweit vom weltbekannten Machu Picchu. Und auch in dieser wie ein Schwalbennest auf einsamer Bergeshöhe angelegten und befestigten Stadt der Inkas treffen wir Baustrukturen an, die ohne Bedenken zyklopisch genannt werden können.

Wohl am lebhaftesten diskutiert wurden die mächtigen Zyklopenmauern von Sacsayhuaman (Farbtafel 4), jener weitläufigen, fast 4000 Meter hoch gelegenen *pucara* (Festung), welche einst den Schutz der alten Hauptstadt Perus, des malerischen Cuzco, gewährleistete. Und selbst in der Altstadt von Cuzco, der alten Gründung der Inkas, trifft man an vielen Stellen Konstruktionen aus Großblöcken an – so zum Beispiel in den Resten des inkaischen Sonnentempels oder auch in den Grundmauern, auf welchen später das Erzbischöfliche Palais errichtet wurde. Aus Blöcken etwas geringerer Größe, aber bewundernswerten Zuschnitts sind sodann die Mauerreste gefügt, die etwa vom Palast des Inca Huayna Capac oder dem des Inca Manco Capac übrig blieben. Und man findet in Cuzco ganze Straßenzüge[41], in welchen auf derartige Grundmauern der alten Inka-Paläste spätere koloniale Bauten der Spanier aufgesetzt worden sind.

Erich von Däniken liefern solche Bauten ein willkommenes Argument: Da die Blöcke so sorgfältig bearbeitet sind, daß in ihren Zwischenfugen »keine Messerklinge Platz fände«, da sie oft so vielfältig und kunstvoll mit einspringenden Winkeln ineinandergreifend verfugt sind, da sie so oft erstaunliche Größen und Gewichte erreichen, könnten ihre Herstellung und ihr Transport nur von technisch weit fortgeschrittenen Wesen bewerkstelligt worden sein. Die damals noch primitiven Irdischen, so wird argumentiert, wären dazu noch nicht in der Lage gewesen.

Dafür aber, daß die Extraterrestrier am Werk waren, spricht laut Däniken, daß in Sacsayhuaman »eine Explosion stattgefunden hat, die Felsen bewegte und Gestein zum Schmelzen brachte«[42], so daß hier »die bearbeiteten Granitklötze auch noch Verglasungen (zeigen), wie sie nur unter dem Einfluß hoher Temperaturen entstehen«[43].

Auch hier wird, wie so oft bei von Däniken, allerlei durcheinandergeworfen: Die glasige Glätte des angeblich aufgeschmolzenen Gesteins ist als eine von Gebirgsgletschern bewirkte Politur der Oberfläche interpretiert worden – und derartige Gletscherschliffe habe auch ich oberhalb von Sacsayhuaman beobachtet, so daß ich diese Erklärung der Geologen bestätigen kann. Da nun weicht von Däniken aus: Er bringt eine Abbildung, die vielleicht an einer entsprechenden Stelle aufgenommen worden sein mag, fügt dann aber eine Reihe von Fotos[42] von völlig irrelevanten anderen Stellen hinzu, an welchen in den Felsen einspringende regelmäßige Nischen und künstliche Podeste geschaffen worden sind. Dann meint er listig: »Man sagt, alles was hier zu sehen ist, wären Rückstände von Gletschern«, und setzt – geschickt die Objekte wechelnd – ganz beiläufig hinzu: »Sieht man sich aber die Gegend gründlich an ..., dann springen einem förmlich ... die steinernen Rätsel in die Augen! ... Was soll das?«

In der Tat, was soll das Jonglieren mit Worten und Objekten? Etwa von der Tatsache ablenken, daß es eigentlich relativ leicht gewesen wäre, eine tatsächliche Aufschmelzung des Gesteins zweifelsfrei nachzuweisen? Ein abgeschlagener kleiner Gesteinssplitter, auf einen gläsernen Objektträger aufgeklebt, dann so dünn geschliffen, daß das Präparat lichtdurchlässig wird, und schließlich im gewöhnlichen Polarisationsmikroskop untersucht – das wäre alles, was von der Methode her nötig gewesen wäre. Und jeder Mineraloge oder Petrograph hätte Herrn von Däniken sicherlich gern beraten. Das wäre ein Vorgehen gewesen, das zwar nicht halb so geheimnisvoll, dafür aber seriös und verläßlich gewesen wäre.

Betreffs der übrigen Argumente haben sich bereits andere Autoren geäußert, so daß ich mich auf die Wiedergabe einiger eigener Beobachtungen und Bemerkungen beschränken kann:

Daß die zur Rede stehenden Blöcke eine so saubere und exakte Bearbeitung erfahren haben, erklärt sich daraus, daß die betreffenden Steinmetze nicht nur mit Steinfäusteln und Holzkeilen arbeiteten: Wir wissen, daß die Inkas und ihre historischen Vorläufer über Kupfer und Bronze verfügten[40, 44]. Gleichwohl dürften sie für das Herstellen der Quader aus besonders hartem Gestein gefertigte Steinschlegel, -meißel, -schaber usw. verwendet haben. Als weitere Methode, auf exakte Weise glatte Gesteinsflächen zu erzielen, setzten sie den Sandschliff ein. Wasser und Quarzsand war in diesem Falle alles, was benötigt wurde – und natürlich auch eine gehörige Portion Geduld. Doch dies alles stand ja zur Verfügung.

Das häufige Verfugen benachbarter Blöcke in vor- und rückspringenden Winkeln ist typisch, hat aber durchaus nichts extraterrestrisch Geheimnisvolles an sich: Es erforderte gewiß eine unendliche Mühe, derartige ineinandergreifende Verzahnungen herzustellen; daher sind derartige Stellen im Gemäuer auch keineswegs häufig. Sie erfüllten jedoch eine durchaus triviale, wenn auch wichtige Funktion. Es sind dies Baugefüge, die ein relativ hohes Maß an Sicherheit bei Erdbeben bieten und deren Erfindung im so extrem erdbebengefährdeten Andengebiet daher keineswegs verwunderlich ist. So jedenfalls hörte ich es schon bei meinem ersten Aufenthalt in Cuzco von der Studienkommission einer internationalen Architektenvereinigung, die ich neugierig befragte, als ich sie zufällig bei einer Inspektion der inkaischen Konstruktionen antraf.

Bleibt noch das Problem des Transports der Mega- und der Monolithe. Nun, in Machu Picchu befand sich das Baumaterial direkt am Ort. Die großen, nach Art der sogenannten Wollsackverwitterung isolierten Granitblöcke[45] sind, wie ich selbst beobachten konnte, heute noch auf dem Bergpaß zwischen Machu Picchu und dem steil kegelförmigen *Huayna Picchu* in großen Mengen unter der Grasnarbe oder auch freiliegend (wenn auch von niedrigem Buschwerk bedeckt) vorhanden[46] (Farbtafel 4). Sie brauchten nur zugerichtet zu werden; die Transportwege waren überaus kurz, also unproblematisch.

Anders verhielt sich das in Tiahuanacu. In dieser Stadt – und hier vor allem bei der typischsten der Megalithstrukturen, nämlich im Fall des

Pumapunku – ist das Problem von den Geologen und Archäologen von La Paz sehr gründlich untersucht worden[40]. Das hier und bei den anderen Bauten hauptsächlich verwendete Gestein ist ein feinkörniger rotbrauner bis gelblichbrauner Sandstein[47]. Weniger häufig wurde auch ein Andesit[48] verwendet. Der größte hier angetroffene Andesitblock erreicht ein geschätztes Gewicht von maximal 16,28 Tonnen. Er stammt von der Halbinsel Copacabana, müßte somit auf einem großen Floß über einen Teil des Titicacasees gebracht und sodann 15 Kilometer weit über Land bis an seinen Standpunkt transportiert worden sein. Schätzungen zufolge müßte die Zahl der diesen Block hinter sich herschleifenden Personen mindestens 162 bzw. maximal 324 betragen haben[40]. Für den größten aller angetroffenen Sandsteinblöcke hingegen wird ein Gewicht von immerhin 131 Tonnen angenommen. Er stammt aus dem südlich von Tiahuanacu gelegenen niedrigen Hügelland, der *Serranía del Sur*, und muß, wie erwähnt, mindestens 7 oder höchstens 10 Kilometer weit transportiert worden sein. Die Zahl der beteiligten Personen muß in diesem Fall auf mindestens 1310 oder maximal 2620 geschätzt werden[40].

In der Tat war die menschliche Muskelkraft die einzige zur Verfügung stehende Energie, allerdings potenziert durch den sorgfältig geplanten, gemeinsamen Einsatz und verstärkt durch die Verwendung von Hebeln, hölzernen Rollen[49], von schlittenähnlichen Konstruktionen oder Gleitkufen, von künstlichen Gleitbahnen auf nassem Lehm, von zwischenzeitlich aufgebauten Hilfsrampen und ähnlichem.

Und so stellt sich der Altamerikanist Fernand Salentiny den Verlauf vor: »Tausende von indianischen Steinschleppern zogen und schoben mit starken Seilen unter Anwendung aller kollektiven Muskelkraft die schweren Steine von den Steinbrüchen nach der Baustelle. Einige Steinblöcke fanden den Weg nicht zur Festung. Sie blieben unterwegs liegen. Man nennt sie die ›weinenden oder blutenden‹ Steine. Der Legende (und diesmal ist die Legende reine Wahrheit!) nach sollen Hunderte von Indios während des Schleppens einem Herzanfall erlegen sein. Zahlreiche andere Steinschlepper wurden von Steinblöcken, wenn die Seile während des Schiebens zerrissen, buchstäblich zermalmt.«[44]

Daß ein derartiges Vorgehen auch ohne den Einsatz fortschrittlicher technischer Mittel möglich und erfolgreich sein konnte, steht außer Zweifel, seitdem Thor Heyerdahl auf der Osterinsel den Beweis in der

Praxis erbracht hat: Es gelang ihm, die Eingeborenen zu bewegen, die Aufstellung einer der monolithischen riesigen Götterfiguren dieser Insel unter den ursprünglichen, durch mündliche Tradition bei ihnen noch bekannten Bedingungen vorzunehmen[50].

Auch im Falle der Kolossalbauten der alten Ägypter konnte gezeigt werden, daß die technischen Probleme – ganz im Gegensatz zu Dänikens Behauptung – keineswegs unlösbar waren. Und daß auch hier der Transport enormer Gesteinsblöcke mittels eines koordinierten Massenaufgebots menschlicher Muskelkraft bewerkstelligt worden ist, wird allein schon durch entsprechende bildliche Darstellungen mancher Grabreliefs bewiesen[50].

So bleibt also von der ganzen hier betrachteten Argumentation Erich von Dänikens letztlich nur noch die Behauptung übrig, es handle sich bei allen diesen Zyklopenbauten um uralte, vorgeschichtliche Konstruktionen. Wie steht es nun mit ihrem Alter? Zwar nicht »uralt«, wohl aber die ältesten in der ganzen Reihe der hier in Betracht gezogenen sind die Ruinen von Tiahuanacu, die offenbar zur Zeit der klassischen Ausbildung ihres Kunststils geschaffen worden sind. Für diese Zeitspanne wird seitens kompetenter Archäologen eine Reichweite von etwa unserer Zeitenwende bis rund 800 nach Christi Geburt angegeben. – Noch weit jünger sind die übrigen Zyklopenbauten. Mit der Errichtung von Sacsayhuaman wurde 1438 begonnen, der Bau wurde um 1500 abgeschlossen[51]. Die Zyklopenmauern von Cuzco dürften also nicht viel älter sein. Noch jünger sind die Bauten von Ollantaytambo. Als die Spanier im Jahr 1536 vor der Festung auftauchten, war diese immer noch nicht ganz fertig[44]. Und so konnten sie als Augenzeugen feststellen: Wer da im Schweiße seines Angesichts werkte, das waren brave Indios, Untergebene des heroischen Inca Manco II Capac und somit auch Ihrer Allerchristlichsten Majestät Karls des Fünften – und gewiß keine Astronautengötter, keine kosmischen Exoten!

Man nahm sie sogar ernst!

Robert Charroux, Karl F. Kohlenberg, Erich von Däniken – sie sind typische Beispiele für jene neue Sorte von »Sachbuch«-Autoren, die das rätselhafte Atlantis bald hier, bald dort entdecken, das geheimnisvolle Seelenleben der Pflanzen entschleiern, das Verhängnis des mysteriösen Bermuda-Dreiecks erläutern, katastrophal die Erdachse kippen lassen, die spirituelle Potenz des schlauen Elektrons verkünden und dergleichen mehr.

Woher stammt die geistige Disposition, die zu so bemerkenswerten Leistungen befähigt? Der sogar für anatomische Zusammenhänge zuständige Polyhistor Charroux weiß auch das zu erklären: »Man kann vermuten, daß die durch den Dickdarm resorbierten Toxine den Charakter eines jeden Individuums mitbestimmen ... Die Mystiker, die alle einen ungewöhnlich langen Dickdarm besitzen, neigen dazu, vernünftiger zu werden, wenn man ihn verkürzt ... Alles deutet darauf hin, daß der Dickdarm einen direkten Einfluß auf die Gehirnfunktionen ausübt ...«[30] Wer wollte, angesichts der oben zitierten, so genialen Leistungen der Gehirnfunktionen, dieser tiefgründigen Selbsterkenntnis widersprechen? Und dennoch: Realistischer sieht dies alles wohl der Vertreter der medizinischen Psychologie, der z. B. »... Däniken als einen monoman verengten Phantasten« bezeichnet und diese Aussage auch noch näher begründet[52].

Also doch ein Märchenerzähler? Gewiß, daneben aber kommt auch des Illusionisten psychagogisches Talent zur Geltung. Nicht anders verhält sich dies bei Charroux: Das Argumentieren mit nicht nachprüfbaren Behauptungen oder Angaben, das oft mit Hilfe von dunklen Andeutungen erreichte Ablenken von wirklich relevanten Tatsachen, das schnelle, verwirrende Springen von einem Objekt zum anderen – sie machen es dem fachlich unerfahrenen Leser schwer, seine Urteilskraft und seine kritische Aufmerksamkeit beizubehalten.

Psychologisch überaus geschickt wird ferner jene »Haßliebe« ausgenützt, welche weite Kreise im laienhaften – wenn auch gebildeten oder halbgebildeten – Publikum heutzutage dem professionellen Wissenschaftler entgegenzubringen scheinen. Diesen einerseits (mit einem leichten Anflug von Mißgunst) zu attackieren, ihn andererseits aber (als insgeheim eben doch anerkanntes Leitbild) gleichwohl zu kopieren[53], das ist ein Teil von Dänikens Erfolgsrezept, das umreißt eine Haltung, die auch der so oft zitierte Mann auf der Straße zwar unbewußt, aber bereitwillig übernimmt. Und zugleich entsteht bei ihm der Eindruck, von Charroux, von Kohlenberg, von Däniken auf eine besonders angenehme, weil bequeme Weise belehrt worden zu sein.

E.-H. Schmitz erhebt den Vorwurf, schuld an der endgültigen Entwicklung der Dinge seien wieder einmal die Wissenschaftler selbst:

»Weil die von Däniken herausgeforderten Fachwissenschaftler – anstatt ihn totzuschweigen, wie es zunächst den Anschein hatte – eine ›weltweite Diskussion‹ mit ihm eingingen, verschafften sie ihm Geltung. Seine Bücher wurden wissenschaftlich ›hoffähig‹.«[10]

Nun kann allerdings von der zuletzt genannten »wissenschaftlichen Hoffähigkeit« absolut keine Rede sein und ebensowenig vom Verschaffen irgendeiner Geltung. Wohl aber ist es richtig, daß sich ein einzelner – offenbar wissenschaftlicher – Autor und daneben zwei Wissenschaftlergruppen mit von Dänikens Werk oder, genauer gesagt, allgemein mit dem gesamten entsprechenden Literaturzweig auseinandergesetzt haben.

Der Einzelgänger, »Prof. Wilhelm Selhus« (ein Pseudonym), verfaßte eine Parodie[54], die auf köstlich ironische Weise die halbseidene Talmi-Wissenschaftlichkeit derartiger Elaborate entlarvt. Durchaus nicht so humorvoll ging es sodann bei den beiden erwähnten Gruppen zu.

Die erste Gruppe, von E.-H. Schmitz in ihrer Bedeutung weit überschätzt, wurde seinerzeit von dem Wissenschaftsjournalisten Ernst von Khuon[55] zusammengestellt, der die in einem Sammelband zusammengefaßten Diskussionsbeiträge veröffentlichte und im Vorwort kommentierte. Von den 16 beteiligten Wissenschaftlern äußerten sich zu Dänikens Thesen neun unverhüllt ablehnend, zwei weitere (eine Autodidaktin, eine in der Forschung nicht mehr aktive Physikerin) eher etwas zurückhaltend, ein Beteiligter sagte zu diesen Thesen gar nichts aus (sondern behandelte ein anderes Thema). Auf der anderen Seite äußerte sich ein Ko-Autoren-Paar aus der Weltraummedizin weitgehend positiv, und ein als Wissenschaftler nicht näher ausgewiesener Beteiligter verfaßte sogar eine – auf Sachliches wenig eingehende – Verteidigungsschrift zugunsten des Diskutierten. Dem Herausgeber von Khuon genügte dies: »Däniken findet unter den Wissenschaftlern auch Befürworter, die eine Lanze für ihn brechen ...«[55]

Die andere Gruppe von Wissenschaftlern kam zufällig zustande: Der Herausgeber der renommierten amerikanischen Zeitschrift *Science*, der bekannte Geochemiker Philip Abelson, hatte unter der Überschrift *»Pseudoscience«* einen Leitartikel verfaßt[56], in dem er bedauerte, daß mystizistische und pseudowissenschaftliche Veröffentlichungen wie etwa »Das geheime Leben der Pflanzen« oder Dänikens

»Erinnerungen an die Zukunft« bei den amerikanischen College-Studenten eine immer weitere Verbreitung finden.

Das beklagte er, und er riet, diesen »unbegründeten Spekulationen« entgegenzutreten. Allerdings kam er damit bei seiner *scientific community* schlecht an. Leserbriefe[57] wiesen ihn zurecht: Solche Verirrungen seien nichts anderes als »Meilensteine der geistigen Entwicklung unserer Studenten, die wir eher begrüßen als beklagen sollten«, meinte ein Neurologe. Dagegen vermutete ein Physiker, diese Studenten könnten ihren Professoren einen Schritt voraus sein, denn es sei *»clear that there is a strong case for the existence of strange phenomena that are extremely difficult for many scientists to take seriously«*. Ein Werkstoffkundler und Technologe forderte eine verstärkte Finanzierung der Forschung auf den vom Leitartikler als pseudowissenschaftlich bezeichneten Gebieten. Und eine empörte Psychologin nimmt Abelson auf die Hörner, weil er »die Prädisposition, an Übernatürliches zu glauben«, als einen *quirk,* eine marottenhafte Anwandlung der menschlichen Natur bezeichnet habe. Schließlich lehnt ein Mathematiker zwar einerseits die Vorstellung des Übernatürlichen gleichfalls ab, besteht aber darauf, daß es seiner Erfahrung nach die Gabe des Blicks in die Zukunft gebe und daß daher die Fähigkeit zur individuellen Prognose als Element der Biologie berücksichtigt werden sollte.

Ein erstaunliches Echo. Und wenn es auch wohl in erster Linie beweist, daß in Amerika absolut nichts unmöglich ist, auch nicht das demonstrierte Ausmaß an Naivität von Wissenschaftlern, so läßt es doch zugleich auch ein weiteres Motiv erkennen: das leicht in Weltfremdheit einmündende Übermaß an Liberalität und Toleranz, dem sich so viele moderne Wissenschaftler verpflichtet glauben.

Das war auch schon in Ernst von Khuons Sammelband angeklungen. Trotz vorheriger sachlicher Widerlegung stehen da begütigende Sätze wie diese: »Es wäre doktrinär, Dänikens Visionen ... absolut ins Reich der Phantasie zu verweisen.«[58] Oder: »Bei allem Ärger über leichtfertige Aussagen und fehlerhafte Darstellung sollte man ... doch dankbar sein ...«[59] Schließlich: »Wenn man kräftig und herzhaft lachen kann, wird man am besten fertig mit diesen beiden Büchern von Däniken.«[60] Und trotz Ablehnung der biologisch pseudowissenschaftlichen Thesen fragt der Zoologe W. F. Gutmann treuherzig: »... ist Erich von Däniken nicht ein Mann, der uns vorführt, daß es in unserer verwalteten Welt das große Abenteuer der Wissenschaft und der Möglichkeit des einzelnen, große Einsichten zu gewinnen, noch immer gibt?«[61]

E.-H. Schmitz' Anklage hingegen nimmt kein Blatt vor den Mund: »Millionen Leser wurden inzwischen mit dieser These verunsichert, zahlreiche Leichtgläubige belogen und verdummt, viele Gläubige zu einer neuen ›Religion‹ verführt. Totschweigen wäre jetzt Mitschuld an dieser Volksverdummung.«[10] Auch der gegenüber den oben genannten Wissenschaftlern trotzdem erhobene Vorwurf, sie hätten Dänikens Erfolg dadurch ermöglicht, daß sie seine Hypothesen öffentlich diskutierten und damit den Eindruck erweckten, er sei ernst zu nehmen – auch dieser Vorwurf wird von Schmitz mit aller Deutlichkeit erhoben. Doch ist er wohl nur bedingt gerechtfertigt. Weit schwerwiegender als die öffentliche Diskussion der abwegigen Thesen wirken sich die anderen Faktoren aus: die fast unglaubliche Leichtgläubigkeit des Publikums, die irrationale Attraktivität der Thematik und die psychologisch raffinierte Taktik des Autors. Daneben aber, so meine ich, sind auch wir professionellen Wissenschaftler nicht gänzlich schuldlos, denn wir haben in der Tat zu lange geschwiegen. Und wo schließlich doch noch Einwände und Widerlegung geäußert wurden, da geschah dies auf jene laue, konziliante Weise, die der so häufige Hang des modernen Wissenschaftlers zu exzessiver Liberalität und zu falsch eingesetzter Toleranz zur Folge hat. Meiner Meinung nach eine höchst bedenkliche Tendenz; denn wenn selbst wir Wissenschaftler nicht mehr die Entschlußkraft oder die Zivilcourage aufbringen, öffentlich und ohne Beschönigung Unsinn als Unsinn und Hirngespinst als Hirngespinst zu bezeichnen, werden wir in den Augen unserer Mitbürger mit Recht unglaubwürdig.

Und damit sei dieses Kapitel abgeschlossen. Ich habe ihm den Titel »Märchenerzähler und Illusionisten« gegeben. Aber ebenso gut hätte es wohl auch mit einem Satz von Francisco Goya überschrieben werden können: *El sueño de la razón produce monstruos*[62] – Wenn die Vernunft einschläft, bringt sie Chimären hervor.

ZWEITER TEIL

Täglich zu sehen, wie Leute zum Namen Genie kommen wie die Kellerassel zum Namen Tausendfuß, nicht weil sie so viele Füße haben, sondern weil die meisten [Zeitgenossen] nicht bis auf vierzehn zählen wollen, hat gemacht, daß ich keinem mehr ohne Prüfung glaube.

Georg Christoph Lichtenberg (1742–1799),
ein Göttinger Physiker und geistvoller Satiriker

IV. Spekulation extraterrestrisches Leben

In Kapitel II haben wir den Eindruck gewonnen, daß als Folge der Verunsicherung und Existenzangst – wahrscheinlich auch als Reaktion auf jahrzehntelange materialistische Grundhaltungen in der modernen Massengesellschaft – die Bereitschaft gewachsen ist, irrationalen Lehren und Vorstellungen Glauben zu schenken. Das gilt unter anderem auch für die uns hier beschäftigende Idee, derzufolge es im Weltraum extraterrestrische Intelligenzen geben soll. Wir haben, teils besorgt, teils erheitert, jedenfalls aber kritisch, einen Blick auf die Kreise der Visionäre, Spiritisten, Dichter und *science-fiction*-Gestalter und auch der cleveren, pseudowissenschaftlichen Märchenerzähler geworfen. Wie aber steht es mit den Wissenschaftlern, vor allem mit den Naturwissenschaftlern?

Befragen wir diese, werden gewiß die meisten von ihnen die Achseln zucken und zu Recht darauf verweisen, daß eine gesicherte, endgültige Beantwortung heute ohnehin nicht möglich ist. Man möge sich daher lieber näherliegenden und wichtigeren Problemen zuwenden. Und damit hätten sie so Unrecht nicht. Andere wiederum verweisen auf beträchtliche statistische Wahrscheinlichkeiten und diskutieren das Thema mit einer Intensität, die dem Eifer der bisher in Betracht gezogenen anderen Personenkreise in nichts nachsteht. Wer hat nun recht? Und vor allem: Handelt es sich hier überhaupt um eine Frage, auf die eine wissenschaftliche Antwort möglich ist? Und was ist der Unterschied zwischen einer wissenschaftlichen und einer nichtwissenschaftlichen Aussage?

Was ich hier unter der Bezeichnung »pseudowissenschaftlich« verstehe, dürfte im vorausgehenden Kapitel wahrscheinlich klargeworden sein; die Charakterisierung ist simpel genug. Gemeint ist hier jede Aussage oder Lehre, die dem Standard wissenschaftlicher Anforderungen *nicht* genügt und die dennoch mittelbar oder unmittelbar den Eindruck hervorzurufen sucht, sie sei wissenschaftlich akzeptabel. Das aber wäre sie nur unter bestimmten Voraussetzungen. Zu diesen gehört, daß die Aussage realistisch sein muß, daß ihr Autor sich um ein objektives Urteil bemüht hat, indem er unvoreingenommen und selbstkritisch vorging, daß Gegenargumente ausreichend und abwägend gewürdigt wurden usw. Man sieht: So wie ich den Terminus »pseudowissenschaftlich« verwende, hat er umgangssprachliche Bedeutung, nicht aber erkenntnistheoretische.

Anders verhält es sich bei den beiden Gegensätzen »wissenschaftlich« und »nichtwissenschaftlich«. Hier angemessene Abgrenzungen zu finden fiel lange Zeit schwer, und ob die heute üblichen Definitionen allen Ansprüchen genügen, bleibe dahingestellt. Immerhin werden sie trotz der noch zu diskutierenden Vorbehalte allgemein akzeptiert – wahrscheinlich, weil eine bessere Lösung nicht in Aussicht steht.

Die erwähnte Unterscheidungsmöglichkeit ergibt sich aus dem Werk eines der bekanntesten zeitgenössischen Philosophen, des Wissenschaftstheoretikers Popper. Sir Karl, wie er nach seiner Erhebung in den englischen Adelsstand anzusprechen wäre, oder auf gut österreichisch Karl Raimund Popper, gehörte ursprünglich dem Wiener Kreis der Neopositivisten an. Er löste sich später aus dieser Richtung und nahm jenen Standpunkt ein, der heute als kritischer Rationalismus bezeichnet worden ist.

Für unsere hier aufgeworfene Frage sind vor allem zwei Grundzüge seines erkenntnistheoretischen Gedankengebäudes[1] wichtig, nämlich seine Behandlung der sogenannten Induktionsproblematik sowie seine Lösung des Abgrenzungsproblems, also des Problems der Unterscheidung wissenschaftlicher von nichtwissenschaftlichen Sätzen.

Auf die knappste Formel gebracht, könnte die unter Poppers Einfluß stehende, heute weithin akzeptierte Version der Erkenntnistheorie (ergänzt durch den Hypothetischen Realismus Donald Campbells[2]) so dargestellt werden: a) Wir nehmen an, daß unsere Umwelt nicht etwa eine von uns erdachte, sondern eine reale Welt ist und daß ihre Strukturen unserer Erkenntnis mindestens zum Teil zugänglich sind (Hypothetischer Realismus). b) Allerdings erscheint eine absolut objektive, völlig voraussetzungslose Erkenntnis nicht möglich, weil ja im beurteilenden menschlichen Intellekt bereits vorhandene Theorien und Erwartungen das Urteil beeinflussen. Wir streben aber Objektivität an, indem wir uns um Urteile bemühen, die intersubjektiv nachvollziehbar sind. – Darüber hinaus betont Popper: c) Wissenschaftliche Aussagen sind hypothetisch. Sie können niemals vollständig bewiesen werden; mit anderen Worten, sie sind grundsätzlich nicht verifizierbar (Fallibilismus), sondern d) sie bedürfen der ständigen Kritik und können empirisch allenfalls widerlegt (falsifiziert) werden. e) Darüber hinaus soll sich ergeben, daß wissenschaftliche Erkenntnis nicht durch Induktion[3], sondern nur deduktiv, von der allgemeinen hypothetischen Aussage her, gewonnen werden kann (hypothetikodeduktives Verfahren).

Was das Induktionsproblem betrifft, so sei Poppers Lösung hier nur beiläufig andiskutiert, nicht aber erschöpfend behandelt. Wenn induktives Vorgehen den Versuch bedeutet, aus einer großen Zahl von beobachteten Einzelfällen die Gültigkeit eines Gesetzes abzuleiten, also vom Speziellen her das Generelle zu erkennen bzw. zu verifizieren, dann verweist Popper zu Recht darauf, daß dies nicht möglich ist. Als eine Methode des logischen Zugangs zur Erkenntnis wird die Induktion von Popper allerdings so radikal abgelehnt, daß er sie nicht nur im Zusammenhang mit der wissenschaftlichen Erkenntnistheorie, sondern auch mit der »Erkenntnistheorie des Alltagsverstandes« nicht gelten läßt.

In der Tat: Das allgemeine Gesetz könnte lediglich durch die gleiche Aussage *ausnahmslos aller* existenten vergangenen und künftigen Einzelfälle gesichert werden, was praktisch nicht möglich ist[4]. Zwar wird man bei mindestens zwei der Popperschen Paradebeispiele Vorbehalte anmelden müssen[5]. Aber letztlich bleibt es dann eben doch dabei, daß noch so viele schwarze Raben dem allgemeinen Satz »Alle Raben sind schwarz« nicht zur absoluten Gültigkeit verhelfen. Denn empirisch bestätigt würde dieser Satz ja erst durch die erwiesene Schwärze *sämtlicher* jemals existierenden Raben.

(Dennoch sollten Naturwissenschaftler Poppers über die Induktion verhängtes *Anathema* mit Gelassenheit aufnehmen, denn Popper urteilt hier ausschließlich im luftleeren Raum der abstraktesten formalen Logik. Tatsächlich aber ist die Induktion, wie allgemein bekannt, kein logischer, sondern ein *heuristischer* Prozeß. Als solcher ist sie jedoch nicht nur legitim, sondern für die naturwissenschaftliche Forschung, die ja einen Regelkreis aus induktivem Finden und deduktivem Überprüfen darstellt, absolut unverzichtbar.)

Wichtiger noch als die Induktionsproblematik ist für unser Anliegen Poppers Lösung des Abgrenzungsproblems: Halten wir zunächst einmal fest, daß mit »Wissenschaft« hier vornehmlich das gemeint ist, was mit der gebotenen Exaktheit im angelsächsischen Sprachraum als *science* bezeichnet wird, also das Gebiet der empirischen Wissenschaften. Unter dieser Voraussetzung legt sich Popper nun wie folgt fest: Der grundlegende Unterschied zwischen einer wissenschaftlichen Aussage und einer nichtwissenschaftlichen Behauptung soll darin bestehen, daß die erstere in empirischer Hinsicht grundsätzlich widerlegbar sein muß, die letztere aber prinzipiell eben nicht falsifizierbar ist.

Wenn ich den Satz aufstelle: »Das Mineral Kalkspat besteht chemisch aus Calziumkarbonat«, dann ist das eine wissenschaftliche Aussage, denn sie ist überprüfbar, der Satz ist grundsätzlich falsifizierbar. Wenn er nämlich unrichtig wäre, könnte er empirisch, durch die chemische Analyse, ohne weiteres widerlegt werden. Stelle ich jedoch die Behauptung auf: »Es gibt eine der menschlichen Nachprüfung nicht zugängliche Lebenskraft, ein immaterielles Prinzip, das alle biologische Entwicklung auf ein vorgegebenes Ziel hin lenkt«[6], so habe ich einen nichtwissenschaftlichen Satz geprägt, denn er entzieht sich der empirischen Nachprüfung und damit der eventuellen Widerlegung: Er ist praktisch nicht falsifizierbar.

Das entscheidende Kriterium ist bei dieser Art der Abgrenzung also die grundsätzliche Möglichkeit oder Unmöglichkeit der Falsifikation. Dabei geht der Erkenntnistheoretiker davon aus, daß schon eine einzelne Abweichung oder einige wenige Ausnahmen für eine Widerlegung ausreichen: »... so wird zur Falsifikation des Satzes ›Alle Raben sind schwarz‹ der intersubjektiv nachprüfbare Satz hinreichen, daß im Tiergarten zu N. eine Familie von weißen Raben lebt.«[7]

Hier aber zeigt sich die Achillesferse der Popperschen Konzeption: Diese trifft zwar problemlos bei allen Sätzen zu, die strikt gesetzmäßige Zusammenhänge betreffen, doch landet sie im Dilemma, wenn es sich nicht um strenge Gesetze, sondern um regelhafte Sachverhalte handelt, also um solche, die Ausnahmen durchaus zulassen. »Ausnahmen bestätigen die Regel«, sagt nicht zu Unrecht das Sprichwort – und regelhafte, also nach statistischen Wahrscheinlichkeiten verlaufende Prozesse gibt es in der Natur zuhauf, ohne daß es gerechtfertigt wäre, die sie betreffenden Aussagen etwa als nichtwissenschaftlich zu klassifizieren. Der Satz »Neger sind schwarz« wird durch das Vorkommen von afrikanischen Albinos und weiß gefleckten Mutanten keineswegs falsch, der Satz »Schnecken besitzen im Gegensatz zu Muscheln einteilige Kalkgehäuse« wird nicht etwa dadurch unrichtig, daß es eine Ausnahme[8] von dieser Regel gibt.

K. R. Popper ist dieses Dilemma nicht entgangen. Einerseits zwang ihn die Rigidität des von ihm eingeführten Kriteriums zu der Feststellung, daß »Wahrscheinlichkeitsaussagen nicht falsifizierbar« sind[9], andererseits konnte er nicht umhin, zu registrieren, daß im Lichte der modernen Quantenmechanik selbst alle physikalischen Gesetze nur statistische Gesetzmäßigkeiten darstellen sollen – ohne daß man ihre Aussagen als metaphysisch beziehungsweise als nichtwissenschaftlich qualifizieren könnte. Daher gesteht Popper selbst ein: »Da die logische Nichtfalsifizierbarkeit der Wahrscheinlichkeitsaussagen außer Zweifel steht, scheint ihre gleichfalls zweifellose empirisch-wissenschaftliche Verwendbarkeit unsere erkenntnistheoretische Auffassung (Abgrenzungskriterium) schwer zu erschüttern.«[9]

Was nun? Die ganze Frage neu aufrollen? Keineswegs, ein echter Philosoph und ein reiner Mathematiker wissen sich immer zu helfen, die Semantik macht's möglich. Zwar bleibt es dabei: Vom Standpunkt der Logik aus sind Wahrscheinlichkeitssätze zwar tatsächlich nicht falsifizierbar. Aber: »Die Frage: Wie können die nichtfalsifizierbaren Wahrscheinlichkeitssätze in der empirischen Wissenschaft die Rolle von Naturgesetzen spielen? können wir ... beantworten«[9], und zwar ganz einfach so: »Sofern sie als empirische Sätze auftreten, (sollen sie) als falsifizierbare Sätze verwendet werden.«[9]

Also ein spezieller Dispens für privilegierte Aussagen? Ein Kunstgriff? Mag sein. Jedenfalls aber ein durchaus erforderlicher, einer, der notwendig wird, weil anderenfalls Aussagen zu stochastischen Prozessen, also zu solchen, die eine Zufallskomponente enthalten, als nichtwissenschaftlich bezeichnet werden müßten, als metaphysisch (vgl. auch S. 107f.). Wir haben es hier also mit einer dritten Kategorie zu tun. Und wenn ich Popper nicht mißverstanden habe, wäre zu ihrer Charakterisierung im Klartext zu sagen: Wahrscheinlichkeitssätze, die einen nur regelhaften Sachverhalt betreffen, welcher empirisch faßbar ist, sind zwar im Sinne strengster Logik gleichfalls nicht falsifizierbar. Sie sollen jedoch so behandelt werden, als ob sie falsifizierbare Sätze wären – das heißt also, ihr wissenschaftlicher Status soll ihnen unbenommen bleiben.

Probabilistische Kapriolen

Ein reichlich gewundener Versuch, das Poppersche Dilemma zu beheben, aber sei's drum! Folgen wir nun dieser erkenntnistheoretischen Abgrenzungsmethode, so werden wir bald gewahr, daß die meisten der in diesem Buch bisher erwähnten Aussagen in die Kategorie der nichtwissenschaftlichen Hypothesen gehören, denn sie sind im Prinzip von der Erfahrung her nicht falsifizierbar: Extraterrestrische Lebewesen oder gar Intelligenzen sind auf den bisherigen Bahnen der irdischen Astronauten nicht angetroffen worden. Und selbst wenn die Suche noch nach Hunderten von Jahren vergeblich bliebe, würde auch das als Widerlegung nicht ausreichend sein. Erst wenn unsere Raumfahrt auch den allerletzten Winkel des Universums ergebnislos durchstöbert hätte, könnte der Satz »Es gibt extraterrestrische Intelligenzen« in der Tat als falsifiziert gelten. Ein solches Vorgehen aber ist praktisch nicht möglich. Tatsächlich gehört dieser Satz zu jener Kategorie, welche K. R. Popper als »Universelle Es-gibt-Sätze« bezeichnet hat, und auch diese sind ihm zufolge grundsätzlich nicht falsifizierbar, denn »... wir können nicht die ganze Welt absuchen, um zu beweisen, daß es etwas nicht gibt«[9], und um so die Falsifikation zu vollziehen. Die uneingeschränkte Aussage »Es gibt extraterrestrische Intelligenzen« oder »Es gibt extraterrestrisches Leben« ist also – obwohl theoretisch verifizierbar – im Sinne von Poppers Abgrenzungskriterium metaphysisch: Sie ist nicht wissenschaftlich.

Und dies ist auch der Grund, weshalb Wissenschaftler im allgemeinen derartige Sätze gar nicht erst formulierten, warum sie bei dieser Thematik allenfalls mit dem Begriff der »Wahrscheinlichkeit« operiert haben. Die ihnen auf diesem Gebiet von Popper sozusagen zähneknirschend eingeräumte Bewegungsfreiheit, die allerdings haben sie, wie der Rest dieses Kapitels erweist, reichlich ausgenützt. Und wenn sie dabei hart am äußersten Rande der wissenschaftlichen Legitimität operierten, ja manchmal sogar zwischen *science* und *fiction* gerieten, so fühlten sie sich doch dem Objektivitätspostulat noch so weit verpflichtet, daß sie in der Regel (wenn auch nun ihrerseits oft zähneknirschend) ihren Aussagen die Einschränkung »aller Wahrscheinlichkeit nach« hinzusetzten. Auch so fielen die Werke noch bunt genug aus: Kapriolen, amüsante Luftsprünge, aber theoretisch wohl ebenso ernst zu nehmen oder ebenso zulässig wie Falsifizierbares.

Dabei sind zweifellos diejenigen Meinungsäußerungen besonders kapriziös, die es für wahrscheinlich ausgeben, daß es im Weltraum außer der menschlichen auch noch andere Intelligenz gibt. Doch nur Spiritisten rechnen damit, daß Intelligenz – Geist, wenn man so will – unabhängig vom lebenden, materiellen Substrat existieren kann. Die Vermutung, es gebe kosmische Intelligenzen, setzt also allgemein die Existenz von extraterrestrischem Leben voraus – eine Spekulation, über die sich der prominente amerikanische Paläobiologe George Gaylord Simpson recht unverblümt äußert: Viele der über extraterrestrisches Leben spekulierenden Wissenschaftler, »... – ich glaube fast, die meisten – profitieren in irgendeiner Weise von der Raumfahrtindustrie genauso wie die meisten Biologen, die bestreiten, daß Rauchen zu Krebs führt, von der Tabakindustrie profitieren ... Ich bin nicht der Meinung, daß hier möglicherweise Unredlichkeit im Spiel ist, aber ... [ich vermute], ja, es ist für mich ganz offensichtlich, daß ein gewisses Eigeninteresse das Urteil bestimmt hat.«[10]

Was Simpson in diesem Zusammenhang meint, ist jene menschliche Schwäche, der er auch die »Unlogik des Wunschdenkens« zuordnet. Nun läßt sich zwar nicht übersehen, daß sich unter denjenigen Wissenschaftlern, welche die Idee vom extraterrestrischen Leben und seiner Intelligenz ganz besonders engagiert propagieren, ein weit überproportionaler Anteil solcher befindet, die als Astronomen, Astrophysiker, Weltraummediziner, Biochemiker oder Raketenkonstrukteure zu jenem Kreis von Fachleuten gehören, deren Forschungen durch die NASA oder ähnliche Institutionen potentiell eine Förderung erfahren könnten. Dennoch meine ich, daß zusätzlich eine weitere Erklärung heranzuziehen ist. George Gaylord Simpson hat auch sie genannt: »Die positivsten und durch nichts gestützten Ansichten über außerirdisches Leben stammen von Naturwissenschaftlern (Astronomen,

Physikern, Chemikern), die, um es gelinde auszudrücken, der zuständigen Fachgebiete Biologie und Evolution unkundig sind. Und um es nicht ganz so gelinde auszudrücken: Sie wissen gar nicht, worüber sie sprechen.«[10]

Die Lebenskeime des Svante Arrhenius

Sie wissen gar nicht, wovon sie sprechen? Nun, wovon sprechen sie denn, wenn sie sich auf extraterrestrisches Leben beziehen: von Molekülen? Von Zellen? Von grünen Männchen? Einige im folgenden näher erläuterte Beispiele mögen vielleicht ein wenig Aufschluß geben.

Immer wieder tauchte in den letzten Jahren die Idee auf, das Leben sei bei uns, aus dem Weltraum kommend, eingewandert[11]; irdisches Leben verdanke seine Existenz einer aus dem Kosmos stammenden Kontamination der gerade erstarrten Erdkruste.

Allein schon der Nachweis von chemisch organischen Verbindungen, die sonst in lebenden Organismen häufig sind, im interstellaren Raum (S. 135) reichte aus, um dieser Hypothese neuen Auftrieb zu geben. Und als vor wenigen Jahren der Fund eines etwa 3800 Jahrmillionen alten fossilen Lebewesens die Zeitspanne zwischen der ersten Erstarrung der Erdkruste und dem ersten nachweislichen Leben auf »nur« 700 Jahrmillionen schrumpfen ließ (S. 191), wurde sie gleichfalls schnell wieder herausgeholt, die gute alte Kontaminations-Hypothese: das Leben, ein eingewanderter Fremdling; das Leben, die pathologische Folge einer Infektion unseres Planeten.

Tatsächlich feiert hier eine bisher mit Recht begrabene These fröhliche Urständ, nämlich die Panspermien-Lehre des Arrhenius. Dem schwedischen Physikochemiker Svante August Arrhenius gelang 1887 eine wissenschaftliche Großtat: die Entwicklung der Theorie der elektrolytischen Dissoziation. Im Jahre 1903 wurde ihm dafür der Nobelpreis verliehen. Natürlich impliziert diese höchste Auszeichnung, die ein Wissenschaftler erringen kann, keinen Freibrief für allerlei Extravaganzen, etwa solche, die sich in Form von waghalsigen Spekulationen äußern. Auch ist keineswegs klar, ob hier etwa ein ursächlicher Zusammenhang besteht. Tatsache aber ist, daß der schwedische Physikochemiker in den folgenden Jahren auf kosmologischem und astronomischem Gebiet einige Meinungen als wissenschaftlich kundtat, die schon zu ihrer Zeit als mindestens anfechtbar erscheinen mußten (so u. a. die Vorstellung, die Oberfläche der Venus sei von tropischen Sumpfwäldern eingenommen, wie sie bei uns zur Karbonzeit typisch waren, an den Polen aber habe es »Fortschritt« und »Kultur« gegeben usw.[12]).

Vor allem hatte man Bedenken gegen seine Panspermien-Hypothese[13], die Lehre von den im Weltraum allgegenwärtigen Lebenskeimen. Vom Planetensystem eines fernen, unbekannten Gestirns stammend, sollen sie durch den Strahlungsdruck dieses Sterns weiter hinaus in den Kosmos getragen worden sein. Auch unser Sonnensystem sollen sie erreicht haben, und damit auch unsere Erde. Und hier nun sollen sie zur Keimzelle alles irdischen Lebens geworden sein, zum Urkeim, dem letztlich auch wir unsere Existenz verdanken.

Es gibt eine ganze Reihe von gewichtigen Einwänden, die sich gegen diese Hypothese von den im Weltraum angeblich herumvagabundierenden Lebenskeimen richten:

Zum ersten muß bedacht werden, daß »Lebenskeim« im gegenwärtigen Kontext ein völlig nebulöser, ja fast schon mystischer Begriff ist. Was hat man sich unter diesen Lebenskeimen vorzustellen? Sporen? Andere biologische Keimzellen? Pollenkörper? Samen gar? Was es auch immer sein mag, es kann, da ja das kleinste Leben tragende »Elementarteilchen« von der biologischen Zelle dargestellt wird, nicht primitiver sein als diese. Die Zelle aber ist ein derart komplexes System, daß seine Entstehung ohne vorherige lokale Anreicherung und Kombination der stofflichen präbiotischen Komponenten nicht möglich erscheint. Auch die übrigen Weltraumbedingungen – Temperaturen und Strahlung – sind so beschaffen, daß an die Bildung und den Fortbestand selbst primitivster belebter Systeme wohl kaum zu denken ist.

Zum zweiten sei daran erinnert, daß die enormen Entfernungen im Kosmos Transportwege bedingen, die zurückzulegen unvorstellbare Zeitbeträge in Anspruch nehmen würde. Wie sollte es belebten Systemen möglich sein, mit ihrer begrenzten Existenzdauer derartige Zeitspannen zu überstehen! (Die unüberlegte, ja sogar reichlich gedankenlose Behauptung, Bakterien seien potentiell unsterblich, habe ich erst vor kurzem zurückgewiesen[II/29].)

Zum dritten muß darauf verwiesen werden, daß eine Landung dieser Lebenskeime auf der Erde gar nicht möglich wäre. Wenn sie, Arrhenius zufolge, durch den Strahlungsdruck von Himmelskörpern schwebend vorwärtsgetrieben würden, so würde diesem Druck bei Annäherung des »Keims« an einen anderen Himmelskörper – etwa die Erde – dessen eigener Strahlungsdruck entgegenwirken.

Wer nun trotz aller dieser Einwände an der Idee einer Einwanderung des Lebens aus dem Weltraum nach wie vor festhalten will, der müßte wohl schon ein Modell entwerfen, das alle diese Hindernisse umgeht.

... gelegentliche Bakterienschauer von oben

Diesen Fallstricken entgeht (anfangs) eine Gedankenkonstruktion, die in jüngster Zeit in England in die Welt gesetzt worden ist, und zwar als Ergebnis einer Zusammenarbeit zwischen den Astronomen Sir Fred Hoyle und Chandra Wickramasinghe[14]. Auch diesmal wird unterstellt, das Leben auf unserer Erde sei aus dem Universum eingewandert. Doch nicht so, wie sich dies Svante Arrhenius vorstellte.

Hoyle und Wickramasinghe nehmen vielmehr an, daß Kometen die Träger waren. Im Inneren von Kometenköpfen vorhandene organische Verbindungen sollen dort wirkungsvoll gegen die Strahlung abgeschirmt und gegen die Weltraumkälte durch jene Wärme geschützt sein, die aus den inneren chemischen Reaktionen des Kometenkopfs stammt. In solchen geschlossenen Innenräumen des Kometen sollen sich aus diesen chemischen Bausteinen sodann primitive Mikroorganismen, nämlich Viren und Bakterien, entwickeln.

Diese wurden vor vielen Millionen von Jahren einmal freigesetzt, als einer der Kometen in die Nähe der Erde kam. Gegen die ultraviolette Strahlung durch einen Überzug geschützt und wegen ihrer geringen Größe von der Gefahr der Überhitzung verschont, durchquerten diese Mikroorganismen die Atmosphäre und landeten auf der jungfräulichen präkambrischen Erdoberfläche. Die »Infektion« war vollzogen.

(Bedauerlicherweise erklären die Autoren nicht, wieso denn z. B. der Mond und der Mars – beide doch gleichfalls recht reputierliche Landeplätze – völlig frei von diesen wanderlustigen Wunderorganismen aus dem All geblieben sind.)

Der Prozeß der Einwanderung wiederhole sich ständig, meinen Hoyle und Wickramasinghe, er finde auch heute noch statt, jetzt allerdings mit unheilvollen Auswirkungen. Denn harmlos sollen die winzigen Invasoren keineswegs sein, jedenfalls nicht heutzutage, nicht in der Gegenwart. Von Zeit zu Zeit, so meinen die beiden Astronomen, würden aus dem Weltall auf unsere Erdoberfläche Krankheitserreger herabregnen, Bakterien und Viren, und die Folge seien Ausbrüche von Seuchen. Pocken, Cholera und Beulenpest, vor allem die immer wieder auftauchenden Erkältungs- und Grippe-Epidemien seien Manifestationen derartiger unsichtbarer Schauer von Krankheitskeimen aus dem Weltall.

Es gibt für diese tollkühne Hypothese allerdings keine wirklichen Beweise, und selbst die Indizien sind mehr als dürftig: Zunächst gehen die beiden Autoren davon aus, daß chemische organische Verbindungen sowohl in Meteoriten als auch im interstellaren Raum nachgewiesen sind und daß daher das Entstehen von echten Mikroorganismen in einem Kometenkopf prinzipiell möglich oder zumindest denkbar sei. Sodann aber verweisen sie auch auf einige Grippe-Epidemien, die in der Gegenwart grassierten und bei denen sich die Krankheit nicht durch Ansteckung, von Person zu Person fortschreitend, ausgebreitet habe. So sei beispielsweise die Grippe-Epidemie von 1918 gleichzeitig und unabhängig in den USA und in Indien ausgebrochen. Und auch im Fall des Auftretens der Grippe z. B. in Schulinternaten pflanze sich diese Erkrankung nicht etwa gleichmäßig und mit einer Zufallsverteilung fort, sondern sie setze diskontinuierlich, von mehreren Schwerpunkten gleichzeitig ausgehend, ein.

Allerdings regte sich unter den Medizinern, vor allem aber unter den Epidemiologen, einiger Widerspruch. Man verwies darauf, daß gerade die sukzessive Ausbreitung des Grippe-Virus H1N1 von China über Hongkong und auch durch die Sowjetunion über große Teile der Welt durchaus dem Muster einer zwar schnellen, aber fortlaufenden Ansteckung von Person zu Person entspreche[15]. Und ganz ähnlich gelte dies – wie eine Untersuchung erwiesen habe[16] – auch für die Ausbreitung der Erkrankung in der Schule.

Ihren endgültigen Todesstoß aber erhält die Epidemien-Hypothese von seiten der Biologie bzw. der biologischen Medizin, denn diese stellt zwei höchst unbequeme Fragen, welche die Hypothese nicht zu beantworten vermag und durch die sie *ad absurdum* geführt wird. Die erste der beiden Fragen lautet: Wenn es tatsächlich dazu gekommen sein sollte, daß im Inneren des Kometenkopfes spontan ein Grippe-

Virus entstand, wie sollte sich dieses ja proteinfreie Gebilde ohne die Beteiligung des Cytoplasmas einer passenden »Wirtszelle« fortgepflanzt und vervielfältigt haben?

Nicht weniger kritisch ist die zweite Frage: Die Grippe-Viren verfügen über besondere Mechanismen, die es ihnen gestatten, durch die Membran in die befallene Fremdzelle einzudringen und in dieser ihre Fortpflanzung zu bewerkstelligen. Derartige Mechanismen sind immer das Ergebnis sinnvoller Anpassungen des Virus an die besonderen Gegebenheiten der spezifischen »Wirtszellen« (z. B. menschlicher Zellen). Wie nun das erste Virus in einem Kometenkopf in Abwesenheit der spezifischen »Wirtszellen« – also prospektiv – diese sehr eigenständigen Tendenzen der Anpassung an zukünftige, so spezifische Erfordernisse zustande gebracht haben sollte, ist unvorstellbar.

So wird man also der Hypothese der kosmischen Krankheitskeime ein baldiges friedliches Dahinscheiden prognostizieren können. Und wenn wir wie stets unseren Regenschirm gegen Schauer von oben benützen, werden wir dabei wieder an gewöhnlichen Regen denken – und an sonst gar nichts.

Citroens und andere Bioide

Es ist schwer zu beurteilen, ob die neu auftauchende Vorstellung, Entstehungsort des Lebens seien die Kometen, etwas damit zu tun hat, daß für die nähere Zukunft – nämlich für das Jahr 1986 – die Wiederkehr des Halleyschen Kometen zu erwarten ist und daß entsprechende, seiner Untersuchung gewidmete Forschungsprogramme schon jetzt ihre vorbereitende Arbeit aufgenommen haben. Doch selbst ohne einen derartigen – immerhin denkbaren – Zusammenhang wäre es bei der Attraktivität des Themas verwunderlich, wenn es in der einen oder anderen Form nicht auch in der Gedankenwelt anderer, außerhalb der Astronomie und der Physik stehender Wissenschaftler aufgetaucht wäre. Natürlich setzt das voraus, daß man erstens mit der Existenz von Leben, von Vorstufen des Lebens oder von lebensanalogen Phänomenen im Universum rechnet, und zweitens, daß man deren Gefährdung durch Weltraumstrahlung für unerheblich hält oder gänzlich ignoriert.

Am besten kommt man natürlich dabei weg, wenn man erst gar nicht explizit von Leben spricht, sondern von »einer Art von Leben«, also von »Leben«, das zwar einerseits ähnlich, aber andererseits doch auch ganz anders sei als das irdische.

Zwar würden sich die Botaniker, Zoologen und Mediziner erstaunt die Augen reiben, wenn sie die einschlägigen Bücher lesen würden, und sie würden sich ungläubig fragen, wie ernst dies alles denn gemeint sei. Aber einige Molekularbiologen und manche Biochemiker sind da weitaus wendiger – und wohl auch weniger vorbelastet durch die Einsicht, was für ein komplexes, hochgradig vernetztes Funktionsgefüge doch ein Lebewesen – nicht etwa ein Haufen organischer Moleküle, sondern eben ein *echtes* Lebewesen! – darstellt. Allerdings gilt hier ähnliches wie im Falle der philosophierenden Randgruppe in der Kernphysik: Selbst Capras Kapriolen (S. 49) werden möglich, wenn man von der komplizierten Realität nur kräftig genug abstrahiert. Die Vorstellung vom Leben im Weltraum erscheint nicht mehr so unhaltbar, wenn man völlig unschuldig versichert, konkretes »richtiges Leben« meine man ja gar nicht, sondern ganz abstrakt eben eine andere Art von Leben als das irdische. Nicht »Bios«, sondern »Bioid« ist das, was es im Weltraum mit höchster Wahrscheinlichkeit gibt – – – und jetzt, bitte schön, falsifiziere man doch diese Hypothese!

Zunächst aber werden wir uns wohl fragen: Was sind eigentlich Bioide? Geben wir dem Schöpfer dieses Ausdrucks, dem Chemiker Professor Peter Decker, das Wort[17], so erfahren wir als Definition: Es handelt sich um »offene Systeme mit mehreren stationären Zuständen«, und zwar um »einfachste evolutionsfähige Systeme«. Vollends unmißverständlich ist sodann der Hinweis, die Bezeichnung Bioide sei »bedeutungsgleich mit der Bezeichnung ›chemische Automaten‹«.

Wir werden auf alle diese Dinge zurückkommen müssen, wenn wir die Schwierigkeiten einer angemessenen Definition des Begriffs Leben zu diskutieren haben (S. 153f.). Daher möchte ich mich hier darauf beschränken, zwei hypothetische Phänomene vorzuführen, die von ihrem Wesen her Bioide *comme il faut* darstellen würden – falls sie real wären, was allerdings niemand zu beschwören vermag.

Bioid Nr. 1 ist ein Kind des amerikanischen Biochemikers Lesley E. Orgel vom berühmten Salk Institute for Biological Studies. Es hört auf den einerseits säuerlichen, andererseits frankophonen Namen

CITROENS

und dieser entsteht, wenn man die Anfangsbuchstaben der Wortkomposition *Complex Information-Transforming Reproducing Objects that Evolve by Natural Selection* zu einem Wort zusammenzieht.

Citroens sind also komplexe, Information umsetzende und sich fortpflanzende Objekte, die sich aufgrund von natürlicher Auslese weiterentwickeln. Aber Vorsicht! Citroens ist »*... a new term for ... ›living‹ organisms, whether terrestrial or not*«[18]. Und damit werden nun unter dem Begriff Citroens nicht nur die Bioide, sondern auch der authentische Bios subsumiert. Eine kuriose Situation: Man hat zuerst extrem abstrahiert, dann zu dem so gewonnenen Abstraktum (Bioid) den konkreten Ausgangsbegriff (Bios) wieder hinzugetan, etwas geriebene Zitronenschale hinzugefügt – und was sollte nun einen genialen Koch daran hindern, diesen Teig im Stil einer *nouvelle cuisine* zu extraterrestrischen Bretzeln zu verbacken?

Bioid Nr. 2 könnte man vielleicht als eine begriffliche Weiterentwicklung von Bioid Nr. 1 deuten. Auch sein Autor, der Freiburger Molekulargenetiker Professor Carsten Bresch, verstand es, ihm einen trefflichen Namen zu verleihen. Es heißt

ETIS

und laut mitgelieferter Etymologie steht dieses Kürzel für etwas, das man unter Esoterikern eigentlich schon ein Edelbioid nennen könnte, denn es steht für den Begriff *Extra-Terrestrische Intelligente Strukturen*[19].

Etisse sind als »Mononen« durch biologische Evolution auf getrennten Planeten nebeneinander entstanden. Ein Monon aber hat – bis auf den Gleichklang – mit Ernst Haeckels Monismus natürlich nichts zu tun. Ein Monon ist vielmehr »ein alle Kreatur integrierendes planetarisches Riesenwesen«, ein nach dem Verlöschen der biologischen Evolution durch Fusion entstehender riesiger »intellektueller Organismus«, dessen »Organe« geistig kooperieren. Und dieser hat natürlich nichts mit dem kosmischen Riesenorganismus des Visionärs und Spiritisten Swedenborg zu tun (S. 32)! Was aber die künftige Entwicklung betrifft, so sieht der Autor auch sie vor seinem geistigen Auge: »Ein Informationsnetz von Mononen wird unaufhörlich fortschreiten, das Universum in ein einziges, zusammenhängendes, sich immer weiter strukturierendes Muster zu verwandeln. Das wäre – so weit wir blikken können – wohl die letzte, alles umfassende – die *kosmische Integration* ... Das Wissen des Alls wird zur Allwissenheit ... OMEGA IST DAS ZIEL.«[19] Und Omega hat – bis auf die Buchstabenfolge –

natürlich nichts mit Teilhard de Chardins katholischem Omega[20] zu tun! (Oder etwa doch?)

Angriff auf die Carbaquisten

Es scheint, daß weder Peter Decker noch Carsten Bresch viel Interesse für die stoffliche Zusammensetzung der extraterrestrischen Bioide aufbrachten. Lesley E. Orgel aber hat, da er dem Vorkommen von organischen Verbindungen im Weltall besondere Aufmerksamkeit schenkte, wahrscheinlich damit gerechnet, daß auch seine außerirdischen Citroens in ihrer stofflichen Verwirklichung an die Kohlenstoffverbindungen und an das wäßrige Medium gebunden sind. Wenn das zutrifft, wäre Orgel also ein übervorsichtiger, ja ein hasenfüßiger »Carbaquist« und damit der Geringschätzung seiner Kollegen Feinberg und Shapiro ausgesetzt.

Das englische *carbon* (für Kohlenstoff) und das lateinische *aqua* (für Wasser) liefern die etymologischen Bestandteile für jene gewiß nicht als Kompliment gedachte Bezeichnung, welche in New York der Elementarteilchen-Physiker Gerald Feinberg und der Biochemiker Robert Shapiro geprägt haben[21]. Gemeint sind bei der Einstufung als Carbaquisten alle jene unbedarften Wissenschaftler, die meinen, auch extraterrestrisches Leben müsse wohl wie das irdische an Kohlenstoffverbindungen und die Präsenz von Wasser gebunden sein. Und gemeint sind erst recht jene Pessimisten, die der Ansicht sind, der Begriff Leben setze Proteine und Nukleinsäuren voraus, daher sei die Existenz extraterrestrischen Lebens unwahrscheinlich.

Im weitesten Sinn wäre also jeder ein Carbaquist, der die Auffassung vertritt, extraterrestrisches Leben müsse, um diese Bezeichnung zu rechtfertigen, mindestens stofflich dem irdischen Leben ähneln. Den Begriff *»life as we know it«* aber empfinden Feinberg und Shapiro offenbar als phantasielose, vielleicht sogar pedantische Verengung. Sie bieten daher Spekulationen nach dem Motto *»life as we do not know it«* an. Und nun ist man bald mitten drin im *anything goes*. Keine Behauptungen, wohlgemerkt, sondern ein Feuerwerk von Ideen, alle nach dem Tenor »Es wäre doch schließlich denkbar, daß ...«.

Leben von der schäbigen carbaquistischen Sorte soll außer auf der Erdoberfläche auch im Inneren der Jupitermonde Callisto und Ganymed sowie auf dem Saturnsatelliten Titan möglich sein. Für »Lebewesen« eines gänzlich anderen Typs aber entwerfen die phantasiebegabten Autoren mehrere ebenso amüsante wie fiktive Szenarien. Hier zwei Kostproben:

Auf dem Planeten Frigidus herrschen Außentemperaturen von – 53° C, er ist umgeben von einer dichten Stickstoff-Atmosphäre. Die Äquivalente der irdischen Gewässer aber werden hier von Ammoniak gebildet, und im größten See der Frigidus-Oberfläche, im Lake Ammonia, »schwimmen aktiv Organismen verschiedener Typen umher, sich gegenseitig verschlingend und auch die Pflanzenformen, die als Energiequelle das Sonnenlicht benützen«[21].

Eine andere Idylle zeichnen Feinberg und Shapiro für den Planeten Termia, dessen Oberflächentemperaturen bei 1000° C liegen und dessen Meere von brodelnder Lava erfüllt sind. In dieser tummeln sich die »Lavoben«, Mikroben, die offenbar mit den »Magmoben« verwandt sind, welche sich die Autoren als Bewohner des in unserem Erdkern befindlichen Tiefenmagmas denken. Stofflich aber sind sowohl die Lavoben als auch die Magmoben reine Silizium-Kreaturen. Präziser ausgedrückt, sie stellen Gebilde aus Silikaten dar, Silikaten, welche ja dadurch, daß auch sie die Möglichkeit von vier Valenzen besitzen, dem Kohlenstoff an Bindungsfähigkeit nicht nachstehen. Auch sie sind mithin in der Lage, wie der Kohlenstoff hochkomplexe molekulare Strukturen zu bilden. Und noch ein weiteres: Silikate werden bei den hohen Temperaturen, die auf dem Planeten Termia herrschen, flüssig und zur Selbstorganisation fähig. Anschließende Selbstreplikation sorgt dann für das Entstehen der silikatischen Mikroorganismen ... *no problem*, alles ja denkbar!

Doch selbst dies noch ist denkbar: *physical life!* »Leben, das auf anderen physikalischen Effekten beruht als auf molekularen Kombinationen, kann sich entwickelt haben *(may have developed)*.«[21] Auch dies also ist, wenn es nach Feinbergs und Shapiros Definitionskunst ginge, Leben: Plasmaleben, Hochdichteleben, Strahlungsleben, Hochtemperatur-Chemoleben, magnetisch atomares Polymerleben, Festkörperwasserstoffleben, chemisches Leben ...

Welch eindrucksvolle Palette exotischer Begriffe! Doch nur ein einziger aus dieser erstaunlichen Runde sei hier vorgestellt, nämlich damit der Leser sehe, womit man es zu tun hat: Im inneren Kern der Sonne liegt »Plasmaland«, ein nicht nur aufgrund seiner Extremtemperaturen absurder Biotop. »Es gibt hier keine dauerhaften räumlichen Strukturen, noch sind hier irgendwelche Moleküle anwesend. Materie existiert hier in der Form eines Plasma, und sie besteht aus positiv geladenen Ionen und freien Elektronen, beide beeinflußt durch intensive magnetische Kräfte ... Obwohl solch eine Umwelt als ein sonderbares Habitat erscheinen mag, denken wir, daß sie nichtsdestoweniger als eine geeignete Arena für die Evolution von geordneten Strukturen, von Leben und sogar von individuellen, lebenden Kreaturen dienen kann.«[21] Auch für diese ein schöner Name: »Plasmoben«. Wie aber haben wir uns diese sogenannten Lebewesen vorzustellen? Ganz einfach: »Plasmoben bestehen in einer Art von Symbiose aus Mustern magnetischer Kraft zusammen mit Gruppen von wandernden Ladungen *(moving charges)*«[21] – und natürlich besitzen sie die Gabe der Selbstreplikation.

Wahrscheinlich wird nun dem Leser die Lust auf weitere Kostproben vom kalten Buffet des »Physikalischen Lebens« vergangen sein, was man ihm gewiß nicht verdenken kann. Vielleicht aber stellt er sich die naheliegende Frage, wie es möglich ist, daß man mit einem in der Praxis doch so klaren Begriff, nämlich dem des Lebens, so leichtfertig und bedenkenlos umspringen kann? Nun, der lebenserfahrene George Gaylord Simpson (S. 96) hat bereits die Antwort gegeben: »Sie wissen nicht, wovon sie sprechen.«

Zu falsifizieren gibt es hier nichts, denn die beiden wissenschaftlichen Sachbuchautoren haben wohlweislich keine empirisch widerlegbaren Behauptungen aufgestellt. Sie haben ja, so würden sie wohl beteuern, ausdrücklich nur »Denkbares« und »Mögliches« oder »Wahrscheinliches« diskutiert – und ein unverbindliches Schwätzchen in Ehren kann bekanntlich niemand verwehren. Nur in einem Punkt haben sie sich festgelegt, und in gerade diesem Punkt ist ihnen doch tatsächlich Unzutreffendes nachzuweisen: Sie gaben ihrem Werk den Untertitel *The intelligent earthling's guide to life in the universe* – doch welcher wirklich *intelligente* Erdenbewohner würde sich wohl einer solchen Führung anvertrauen?

V. Spekulation extraterrestrische Intelligenzen

»Ein modernes astronomisches Handbuch schätzt die Zahl der unserer eigenen im weitesten Sinn vergleichbaren *technischen* Zivilisationen allein in unserer Milchstraße auf etwa eine Million.«[1] Allein schon in unserer Milchstraße – man bedenke das – eine ganze Million!

Nun bleibe zwar zunächst dahingestellt, ob sich diese Milchstraßenkalkulation bei näherer Betrachtung nicht etwa als eine Milchmädchenrechnung herausstellt (S. 142f.). Tatsache ist, und das hier wiederholte Zitat belegt dies wohl zur Genüge, daß eine nicht unbeträchtliche Zahl von Naturwissenschaftlern nicht nur von der Existenz außerirdischen Lebens, sondern auch vom Vorkommen kosmischer Intelligenzen überzeugt ist.

Weil es aber in ihren Reihen mehrere gibt, die über die Gabe verfügen, sehr geschickt und überzeugend zu formulieren, und da sich den Massenmedien hier ein publizistisch überaus ergiebiges Feld eröffnete, kam es schließlich dazu, daß sich angeblich »unser Bewußtsein heute um die Erkenntnis zu erweitern beginnt, daß wir nicht die einzigen sind, auf die es ankommt im ganzen weiten Universum. Späteren Generationen wird auch diese Einsicht wieder selbstverständlich, wenn nicht trivial erscheinen.« So drückt das Hoimar von Ditfurth aus[2], und er liegt damit durchaus auf der Linie jener anderen Publizisten, die völlig ohne Bedenken so tun, als ob das Problem heute im wesentlichen gelöst, die Frage kaum noch strittig sei. Häufiger Tenor derartiger Bemerkungen: Die Wissenschaftler sind sich heute darüber im klaren, daß ... Und dabei wird dann nicht etwa von »Vermutung« oder »Mutmaßung« gesprochen, sondern von »Erkenntnis« und »Einsicht«. Wird solches aber nur genügend häufig wiederholt, hat wieder einmal der stete Tropfen den Stein gehöhlt, und niemand kommt mehr auf die Idee, kritisch nachzuprüfen, auf welcher wissenschaftlichen Basis die

»Erkenntnis« oder »Einsicht« – die eigentlich nur eine Vermutung ist – denn letztlich beruht.

Wenn man alles, was bisher über dieses Thema zusammengeschrieben wurde, der reizvollen, aber unmaßgeblichen Arabesken entkleidet, so bleiben zur Zeit nur zwei Argumente übrig, die kurzgefaßt etwa das Folgende besagen:

(1) Chemische Experimente mit präbiotischen Verbindungen (S. 183) haben ergeben, daß sich Leben auf der Erde spontan durch Zusammenschluß von organischen Molekülen bilden konnte und vermutlich auch tatsächlich gebildet hat. Wenn sich dies so verhält und wenn organische Moleküle nachweislich im Weltraum auftreten, so könnte man in der Tat vermuten, daß Leben unabhängig auch außerhalb der Erde entstanden ist. Als weiteren, sodann aber ziemlich willkürlichen Kurzschluß hört man dann wohl auch: »Experimente in präbiotischer Chemie legen es nahe, daß Leben ein häufiges Phänomen im Universum ist«[3] – ein Schluß, mit dem nichts Geringeres als »eine kopernikanische Wende der Biologie« vollzogen sei.

(2) »Alle fossilen Funde der Erde zeigen eine progressive Tendenz in Richtung auf Intelligenz. Daran ist nichts geheimnisvoll: Kluge Organismen überleben im großen und ganzen eher und hinterlassen mehr Nachkommen als dumme ... der allgemeine Trend ist klar und müßte auch für die Entwicklung intelligenten Lebens auf anderen Planeten gelten.«[4] Soweit der amerikanische Astronom Carl Sagan, wahrscheinlich der agilste und zugleich populärste im Kreise jener Wissenschaftler, die unermüdlich die Idee von den kosmischen Intelligenzen propagieren, mit welchen man Kontakt aufnehmen müsse.

Nun verhält es sich keineswegs so, daß alle hier vorgebrachten Prämissen untrüglich wären. Vielmehr wird sich in einem späteren Abschnitt dieses Buches noch zeigen, daß manche von ihnen gewiß nicht zutreffen: Hinterlassen zum Beispiel die klugen Schimpansen mehr Nachkommen als die dummen Bakterien? Hätte das Leben auf unserer Erde etwa geringere Chancen, erhalten zu bleiben und sich fortzupflanzen, wenn es die menschliche Intelligenz nicht gäbe? Doch wie dem auch sei, *denkbar* sind die oben genannten Schlußfolgerungen allemal. Allerdings zugleich auch völlig unbewiesen. Insofern sind sie nicht etwa Gegenstand einer Einsicht, einer Erkenntnis, eines Wissens, sondern einer Spekulation, eines reinen Glaubens.

Ich habe – mit einer einzigen Ausnahme – noch keinen Zoologen, Botaniker oder Paläobiologen getroffen, der sich dazu bereit gefunden hätte, den Gedanken an außerirdische Intelligenzen völlig ernst zu nehmen. Was aber das extraterrestrische Leben generell betrifft, so bestand bei diesem Personenkreis eine zumindest reservierte Haltung. Das traf dort nicht mehr ohne weiteres zu, wo es der betreffende Wissenschaftler noch nicht mit komplexen, ganzheitlich zu verstehenden Lebewesen zu tun hat, sondern mit deren kleinsten Bausteinen, den Molekülen oder Molekülabschnitten. Gemeint sind die Vertreter der Molekularbiologie, der Biochemie sowie gewisser Bereiche der Physikalischen Chemie; in deren Kreisen scheint die Bereitschaft, an extraterrestrisches Leben zu glauben, schon eher zu bestehen: Die Amerikaner Lesley E. Orgel sowie Gerald Feinberg und Robert Shapiro wurden bereits erwähnt, und neben manch anderem sind auch die prominenten Chemiker C. Ponnamperuma[3] und Stanley L. Miller, aber auch Isaac Asimow zu nennen.

Auch bei den für den »Geist« Zuständigen, nämlich bei den Psychologen und Psychiatern, finden sich einige, die dem Gedanken an eine Existenz kosmischer Intelligenzen aufgeschlossen gegenüberstehen, wie z. B. das bereits in anderem Zusammenhang genannte amerikanische Psychiater- und Anthropologin-Ehepaar Jonas und Jonas.

Ein anderes Beispiel stellt der bei uns durch seine didaktisch hervorragend gemachten populärwissenschaftlichen Fernsehsendungen bekannt gewordene Psychiater Professor von Ditfurth dar. Dieser setzte sich wiederholt und recht nachdrücklich für die hier diskutierte Hypothese ein. Und wenn er sich auch gegen astrologische Scharlatanerie seinerzeit mit aller Schärfe ausgesprochen hatte, so meint er im Fall der extraterrestrischen Intelligenzen denn doch, daß der ursprünglich wissenschaftliche Ausgangspunkt der Hypothese (S. 133 f.) völlig ausreiche, um sie als seriös auszuweisen: »Wer alle diese Überlegungen unvoreingenommen zu Ende denkt, kann nur zu einem Ergebnis kommen: Es wimmelt da oben über unseren Köpfen von Leben, Bewußtsein und Geist.«[5] Setzt man nun dieses »da oben« mit unserem Milchstraßensystem gleich, so ergibt sich ein merkwürdiges Phänomen: Dann »wimmelten« nämlich da oben nach der Annahme von 1973 allenfalls 120000 Zivilisationen[5], nach der neueren Angabe von 1981 wäre diese Schätzung aber durch die stolze Zahl von einer Million[1] zu ersetzen – – – Bevölkerungsexplosion auch in der Galaxis?

Weitaus die größte Zahl der Experten für exobiologische Intelligenzforschung finden wir sodann in der Astronomie und deren Spezialzweigen, insbesondere in der Astrophysik bzw. der Radioastronomie. Und mir will scheinen, daß dort auch der Ursprung des neuen Paradigma zu suchen ist. Vor allem Amerikaner und Russen, Engländer und ursprünglich Deutsche gehören diesem Kreis an: Josif Samuilowitsch Schklowskij[6] und Nikolaj S. Kardaschew vom Sternberg-Observatorium, Vsevolod Troitskij aus Gorki, Frank D. Drake und Carl Sagan von der Cornell University in Ithaca, New York State, Thomas Gold, R. N. Bracewell, Fred Hoyle, Sebastian von Hoerner, der Mathematiker Freeman J. Dyson und wie sie alle heißen mögen.

Als der gewandteste, ideenreichste und unternehmungslustigste unter ihnen, als eine Art von Schrittmacher kann Carl Sagan gelten, Professor für Astronomie und Weltraumforschung, Pulitzer-Preisträger, laut TIME-Magazine[7] der *»showman of science«*, der wissenschaftliche *Entertainer* von Format. Und vor allem: Bei ihm sollte George Gaylord Simpsons Vorbehalt »Sie wissen nicht, wovon sie sprechen« wohl nicht ganz zutreffen, denn Sagan hat während seines Studiums tatsächlich mehrere Biologie-Semester absolviert. Er müßte also wissen, wovon er spricht, wenn er den Begriff *life as we know it* relativiert, wenn er – lange vor Feinbergs und Shapiros Carbaquistenschelte[IV/21] – den »Kohlenstoff-Chauvinismus«, den »Sauerstoff-Chauvinismus« usw. jener Biologen kritisiert[8], die sich auf Spekulationen hinsichtlich einer dubiosen anderen Sorte von Leben nicht einlassen wollen.

Der Name Carl Sagans wird uns in den nächsten Abschnitten häufiger begegnen, daher mag man sich fragen, was das für ein Mann ist, dessen Aktivitäten in der eigenen Fakultät angeblich als »Sagans Zirkus« belächelt wurden[7] und von dem das TIME-Magazine berichtet: »Während sie mit Verwunderung – und zweifellos mit ein wenig Neid – den wirbelnden Star namens Sagan beobachten, meinen manche seiner Kollegen, daß er die Grenzen der Wissenschaft überschritten hat. Sie beschweren sich, er sei von Ehrgeiz getrieben. Sie sagen ferner, daß er übertreibt, daß er oft versäumt, die Verdienste anderer Wissenschaftler bei deren Arbeiten zu würdigen, und daß er die Trennlinie verwischt, die zwischen Tatsachen und Spekulationen besteht.«[7]

In der Tat eine facettenreiche Persönlichkeit. Einerseits zweifelsohne ein ernster Wissenschaftler, der über einen weiten Fundus seriöser Kenntnisse verfügt und der sehr engagiert den verschiedenen Formen der Grenz- und Pseudowissenschaften von Mystizismus und Magie eine Absage erteilt: »Dazu gehören unter anderem die Astrologie ...; das ›Geheimnis‹ des Bermuda-Dreiecks ...; Geschichten von Fliegenden Untertassen; der Glaube an frühe Astronauten; das Photographieren von Geistern; ... Scientologie; ... das Gefühlsleben und dic musikalischen Vorlieben von Geranien; ... die flache und die hohle Erde; das Krümmen von Bestecken, ohne sie zu berühren; die Katastrophenlehre von Velikovski; Atlantis und Mu; Spiritualismus ...«[4] Carl Sagan bezichtigt derartige Ausgeburten des Aberglaubens zu Recht: »... ihre allgemeine Beliebtheit zeugt von Mangel an intellektueller Strenge, fehlender Skepsis und dem Bedürfnis, Experimente durch Wünsche zu ersetzen.«[4] – – – Wie gesagt, einerseits ein zum Teil kritischer, durchaus ernst zu nehmender Wissenschaftler. Andererseits aber auch ein charmanter Hansdampf der Publizität in allen Medien, ein Tausendsassa, wo es gilt, das Interesse des breiten Publikums an den Ergebnissen der wissenschaftlichen Forschung zu wecken.

Zweifellos ist das letztere sehr verdienstvoll, und gewiß sollte anerkannt werden, daß Sagan es auf eine gewinnende und höchst anregende Weise versteht, dem Laienpublikum sozusagen plaudernd wissenschaftliche Zusammenhänge nahezubringen. Und doch scheint mir hier auch eine gewisse Gefahr zu bestehen, der freilich nicht nur Carl Sagan gelegentlich erliegt: Es ist richtig, daß die Dinge, damit sie Laien wirklich verständlich und einsichtig werden, aller nicht unmittelbar wichtiger Details entkleidet werden, daß sie also weitgehend vereinfacht werden müssen. Nur, es gibt eine Grenze, jenseits welcher die Simplifikation mehrdeutige Eindrücke zuläßt und sogar irreführend werden kann.

Ähnliches gilt dort, wo nicht genügend deutlich wird, was innerhalb des Dargebotenen als Tatsache aufgefaßt werden darf und was eine persönliche Spekulation des Berichtenden darstellt. Und gerade an diesem Punkt erscheinen mir bei Sagans Aktivitäten manchmal Bedenken gerechtfertigt: Nur allzu schnell und unkritisch faßt der Laie als erwiesene Tatsache auf, was in den Darlegungen eines Kompetenten nicht mit der gebotenen Vorsicht und Klarheit als pure Vermutung und vorläufige Arbeitshypothese kenntlich gemacht wird.

Sehr deutlich mag dies – als Beispiel – in einer Rezension zum Ausdruck kommen, die sich zu Sagans und Agels Buch *»The cosmic connection«* folgendermaßen äußert: »Der Autor ist kein publicitysüchtiger Allerweltsschreiber, sondern Professor für Astronomie und Raumforschung ... Dies sei vorausgeschickt, um klarzustellen, daß es sich hier nicht um ein spekulatives Buch handelt ...« [8] Auf diese Weise wird aus einer mit leichter Hand entworfenen Mischung aus erhärteten Fakten und einleuchtend formulierten Spekulationen eine »im besten Sinne populär-wissenschaftliche Untersuchung« [8]; und welchem Laien könnte man dann wohl verübeln, daß er beide – Tatsachen und in den Wissenschaftsjargon gekleidete Phantasien – nicht mehr auseinanderzuhalten vermag! Das aber ist um so bedauerlicher, als sich Carl Sagan selbst keinerlei Illusionen hingibt, wenn er die *»depressing observation«* zitiert, derzufolge angeblich *»no one ever lost money by underestimating the intelligence of the American public«* [9]. Gerade dann aber sollte doch wohl alles vermieden werden, was dieser Situation auch nur im geringsten Vorschub leisten könnte.

Botschaften, die keine waren

Carl Sagans hauptsächlichstes Anliegen ist es, mit extraterrestrischen Zivilisationen – von deren Existenz er überzeugt ist – dadurch in Kommunikation zu treten, daß zunächst von unserer Seite aus Information in das Weltall geleitet wird. Eine komplementäre Methode würde natürlich darin bestehen, daß wir unsererseits Nachrichten aus dem Universum empfangen, also Botschaften, die von technisch hochstehenden Zivilisationen ausgestrahlt würden.

Eine Zeitlang hatte es bereits den Anschein, als ob sich tatsächlich weit draußen im unermeßlichen Weltraum unbekannte Wesen darum bemühen würden, mittels Radiosignalen mit uns in Verbindung zu treten. Das war jene Begebenheit, in deren Verlauf das zunächst noch halb scherzhaft gemeinte Schlagwort von den »grünen kleinen Männchen« bekannter wurde. Und dies ist die Geschichte einer wissenschaftlichen Entdeckung, die zunächst viel Verwirrung ausgelöst hat[10]:

Im Auftrag ihres Lehrers, des Radioastronomen Antony Hewish, war die Studentin Jocelyn Bell am Observatorium des englischen Cambridge damit befaßt, jene Strahlungsimpulse zu registrieren, die von den quasistellaren Radioquellen des Weltraums (Quasare = *quasi-stel-*

lar radio sources) ausgehen. In schneller und dichter Folge gab das Radioteleskop die Daten wieder, die es eingefangen hatte: die aus dem Kosmos stammenden und in den Registrierstreifen des Schreibers festgehaltenen Impulse, aber auch Interferenzen, elektrische Störungen, die aus dem irdischen Alltagsleben stammten – doch diese ließen sich immer wieder identifizieren und ausscheiden.

Bei der Durchsicht Hunderter von Diagrammen stieß Miss Bell im November 1967 sodann auf eine merkwürdige Besonderheit: Impulse, die im Gegensatz zu denen der Quasare mitten in der Nacht auftraten und die mit Sicherheit nicht etwa von menschlicher Einwirkung herrühren konnten, weil sie nämlich mit den Sternen kreisten, weil also die Position ihrer Quelle im Weltraum konstant blieb.

Besonders beunruhigend aber erschienen das ungewöhnliche Tempo und die Präzision der Impulse, welche regelmäßige Intervalle von etwa einer und einem Drittel Sekunde einhielten. Waren es etwa Signale, die von einer kosmischen Zivilisation ausgesendet wurden? Der Gedanke lag nahe, wurde eine kurze Zeit lang auch tatsächlich erwogen. Doch Professor Hewish und Miss Bell waren nüchterne Engländer, Realisten, welchen der so stark ausgeprägte Sinn für Romantik abging, über den etwa der Russo-Amerikaner Carl Sagan verfügt. Sie blieben skeptisch, sie informierten die Presse zunächst noch nicht, und wenn sie der entdeckten Radioquelle die Bezeichnung LGM1 verliehen – als Anspielung auf die *Little Green Men* –, so geschah dies keineswegs in vollem Ernst.

Schon im Dezember wurde in Cambridge eine weitere Quelle der gleichen Art entdeckt, und später, im Januar 1968, war die Zahl der nunmehr bekannten bereits auf vier derartige kosmische Objekte angestiegen. Damit aber war die Wahrscheinlichkeit, es könne sich um gezielt abgesetzte Signale extraterrestrischer Intelligenzen handeln, beträchtlich zusammengeschrumpft. Auch den Bonner Radioastronomen Wolfgang Priester und Michael Grewing erschien es »außerordentlich unwahrscheinlich, daß es sich bei ihnen (den Radioquellen) um fremde Zivilisationen handelt«[11].

Anfang Januar 1969 gelang es, im Krebs-Nebel die erste Radioquelle dieser Art sogar sichtbar zu machen. Und heute scheint wenigstens ein Teil der Rätsel gelöst zu sein: Die Erzeuger der so auffälligen Radioimpulse – Pulsare werden sie heute genannt – stellten sich als Sterne einer ganz besonderen Art heraus. Pulsare werden heute im Anschluß an

Thomas Gold als Neutronensterne gedeutet, als Himmelskörper, die zu einer ganz ungewöhnlichen, so enormen Dichte zusammengeschrumpft sind, daß sie fast nur noch aus Neutronen bestehen.

Etwas weiteres kommt allerdings noch hinzu, nämlich die deutende Erklärung für die regelmäßige Periodizität der Radioimpulse. Man vermutet, daß es sich um schnell rotierende Neutronensterne handelt, von deren magnetischen Polen Elektronen in zwei Strahlungskegeln nahezu mit Lichtgeschwindigkeit in den Weltraum hinausgeschleudert werden. Bei der Rotation des Sterns machen natürlich die beiden Strahlungszonen die Umdrehungen um die Sternachse mit: Etwa so, wie die rotierenden Scheinwerferkegel eines Leuchtturms das Auge des Betrachters in regelmäßigen Intervallen erreichen, treffen die Strahlungsimpulse des Pulsars im irdischen Radioteleskop ein[12].

Die Pulsare »pulsieren« also nicht, sondern sie rotieren. Jedenfalls sind sie gewiß keine überdimensionalen, gigantischen Radio-Emissoren, die von kleinen grünen Männchen betrieben werden, welche etwa den Drang verspüren, sich den Erdenkindern zu offenbaren. So sonderbar das auch klingen mag: Als dem Professor Antony Hewish im Jahre 1974 für die wissenschaftliche Untersuchung der Pulsare der Nobelpreis verliehen wurde, erhielt er ihn auch deshalb, weil die kleinen, periodisch verteilten Spitzen auf den Registrierstreifen im Schreiber seines Radioteleskops eben *keine* Botschaften der Etis, der Citroens oder anderer schlauer Bioide waren.

OZMA oder das Warten auf Godot

Die Suche nach derartigen Botschaften aus dem Universum hatte allerdings schon viel früher begonnen, nämlich in den späten 50er Jahren. Am bekanntesten – vielleicht wegen des auffälligen *nom de guerre* – wurde dabei das Unternehmen in Green Bank, West Virginia.

Am *National Radio Astronomy Observatory* in Green Bank hatte der junge amerikanische Astronom Frank D. Drake die Genehmigung erhalten, drei Monate lang das Gerät für die Fahndung nach Signalen von extraterrestrischen Zivilisationen einzusetzen. Das vieldiskutierte Projekt erhielt die Bezeichnung OZMA, unter Verwendung des Namens der Königin eines Märchenreiches Oz, das aus einem Kinderbuch bekannt war und das auch in einem Hollywoodfilm vorkam. Jenseits der Wolken sollte es liegen, im unirdischen Raum: *Somewhere over the rainbow . . .*, besagte Judy Garlands Lied.

Im Verlauf dieses Unternehmens OZMA peilte Drake zwei Sterne an, die ihm vielversprechend erschienen, weil beide unserer Sonne an Masse, Leuchtkraft, Temperatur und möglicherweise im Entstehungsalter ähneln. Daher schien es Drake wahrscheinlich zu sein, daß auch sie Planeten besitzen und daß auf diesen vielleicht Zivilisationen entstanden sein könnten, die über potente Radiosender verfügen.

Es handelte sich um die Sterne Tau Ceti (im Sternbild des Walfisches) und Epsilon Eridani, beide von unserer Erde rund 12 und 11 Lichtjahre entfernt. Im Mai, im Juni und im Juli 1960 suchte Drake unverdrossen nach künstlichen, etwa von diesen Himmelskörpern ausgehenden Signalen. Doch die Mühe war vergeblich, Tau Ceti und Epsilon Eridani schwiegen beharrlich.

War das Projekt OZMA also ein Mißerfolg? Ja und nein. Einerseits mußte es ergebnislos abgeschlossen werden, andererseits aber wirkte es sich wie der Auslöser des Nachahmungstriebes aus, der ja offenbar in jeder Gruppe sozial lebender höherer Wirbeltiere besteht: Fängt einer an, folgen früher oder später auch die anderen nach. In diesem Fall vor allem einige russische Astronomen, die 1965 überzeugt waren, sie hätten vom Himmelskörper CTA 102 künstliche Radioimpulse erhalten. Allerdings konnte diese Auffassung nicht beibehalten werden.

Es folgte sodann ein größeres Projekt, wenn man so will, ein sowjetisches Gegenstück zu OZMA. Die Untersuchungen wurden an der Universität in Gorki durchgeführt; sie nahmen die Zeitspanne von Oktober 1968 bis Februar 1969 ein, und sie erstreckten sich auf elf sonnenähnliche Himmelsobjekte und den Andromeda-Nebel. Natürlich lieferten sie den Nachweis von Radioimpulsen. Aber künstliche Signalfolgen waren nicht dabei.

Dennoch wurde während einer amerikanisch-russischen Arbeitstagung im Astrophysikalischen Observatorium Bjurakan bei Jeriwan im September 1971 die Empfehlung ausgearbeitet, der Versuch einer Kontaktaufnahme mit extraterrestrischen Zivilisationen möge fortgesetzt (und natürlich den Erfordernissen entsprechend finanziert) werden. Entscheidend war dafür die überwiegende Meinung, es sei nunmehr eine ausreichende Wahrscheinlichkeit für die Existenz extraterrestrischer Intelligenzen gegeben – ein Urteil, das nach allen vorherigen Fehlschlägen erstaunlich anmuten dürfte.

Vielleicht ermutigt durch das Kommuniqué der Konferenz von Bjurakan hat es in der Folgezeit immer wieder Versuche gegeben, außerirdische künstliche Signale aufzufangen und als solche zu identifizieren. Auch hat es an voreiligen Erfolgsmeldungen nicht gefehlt. Doch trotz der stetigen Verbesserung und Verfeinerung der Instrumente, trotz der Möglichkeit, jetzt größere Reichweiten zu erzielen, mußte es bisher dabei bleiben: Fehlanzeige, Befund negativ.

Ein angestrebter Höhepunkt der Planung war dabei bis in die jüngste Zeit hinein ein überaus ehrgeiziges und kostspieliges NASA-Projekt, das Unternehmen »Cyclops«. Nicht einzelne Radioteleskope oder kleinere Gruppen solcher Instrumente sollten die Suche fortsetzen, sondern eine überdimensionale kreisförmige Riesenanlage, aus Hunderten von Radioteleskopen bestehend, alle zentral gesteuert und alle im Kollektiv wirkend wie eine einzige gigantische Parabolantenne von mehreren Kilometern Durchmesser. Mit dem Bau eines Vorläufers, genannt *Very Large Array*, ist in New Mexico seinerzeit bereits begonnen worden; heute umfaßt er 27 Radioteleskope.

Cyclops, ein Projekt, so kühn (und vermutlich auch so sinnlos) wie der Turmbau zu Babel. Den Angaben von R. Breuer zufolge wurden noch vor wenigen Jahren die Kosten für ein derartiges Riesenobjekt allein schon bei einem Durchmesser von zehn Kilometern auf etwa achtzehn Milliarden Mark geschätzt[3]. Was da aufzubringen wäre, ist gewiß keine Bagatellsumme. Und gleichzeitig mit dieser Erwägung erhebt sich natürlich die Frage nach den Erfolgsaussichten. Eine Frage, deren Antwort die Planer der NASA bereits vorwegnahmen, als sie ihre Projektstudie mit einem Zitat von F. D. Drake einleiteten, das an Optimismus nicht zu überbieten ist: »In dieser Minute fallen mit fast absoluter Sicherheit Radiowellen auf die Erde, die von anderen intelligenten Zivilisationen ausgesandt wurden.« – – – Mit fast absoluter Sicherheit? Ja, wenn das so ist, dann laßt uns großzügig sein! Dann kann es auf ein paar bescheidene Millionen oder Milliarden nicht ankommen, denn selbst dem ärmsten Rentner werden doch wohl die Pieptöne der kleinen Intelligenzler von Epsilon Eridani interessanter erscheinen als die Beibehaltung seines unmaßgeblichen Lebensstandards. Merke: Cyclopen waren gefräßige Riesen. Und der prominenteste unter ihnen war einäugig!

Das Weltall nach Botschaften kosmischer Intelligenzen aus dem Märchenland Oz oder anderen luftigen Staatsgebilden abzusuchen ist zwar kostspielig, aber zugleich auch problematisch. Schließlich könnte es doch sein, daß diese »Intelligenzen« sogar so intelligent sind, sich gar nicht erst zu exponieren und eventuell zu gefährden, und zwar dadurch, daß sie auf sich aufmerksam machen. Vielleicht wahren sie strikte Funkstille, lauern aber ihrerseits mit ihren Radioteleskopen auf verräterische Signale aus dem Weltraum.

Dann aber wäre ihnen künftig gewiß Erfolg beschieden, denn unser menschlich-allzumenschlicher Drang zur Selbstdarstellung hat uns schon längst dazu verleitet, lauthals in das Universum hinauszuposaunen, daß es uns gibt und wo wir zu finden sind: Zum größten Bedauern des Elfenkönigs Oberon singt die gestrandete Rezia so naiv, penetrant und laut, die Rettung sei nahe, bis man auf dem vorbeiziehenden Seeräuberschiff tatsächlich auf sie und ihren Heldentenor Hüon aufmerksam wird – mit allen unangenehmen Folgen[13]. *Si tacuisses,* wäre es dir besser ergangen.

Ist Schweigen Gold? Als das im Durchmesser über dreihundert Meter erreichende Radioteleskop von Arecibo auf Puerto Rico, das von der Cornell University betrieben wird, nach längerem Umbau erneut in Funktion genommen wurde und zum zweitenmal eingeweiht werden sollte, hatte man sich zur Feier dieser Gelegenheit etwas ganz Besonderes ausgedacht: das Überreichen einer kosmischen Visitenkarte an Unbekannt, eine Selbsteinschreibung im *Who is Who* des Weltalls. Innerhalb von fast drei Minuten wurde im November 1974 eine Botschaft aus 1679 Impulsen abgesetzt, und zwar in der Richtung eines Kugelhaufens von Sternen, der 24000 Lichtjahre von uns entfernt dem Sternbild des Herkules angehört.

Zweifellos war die Auswahl eines Sternhaufens eine überaus geschickte Maßnahme – erreichte doch dadurch das Strahlenbündel des Radioteleskops gleichzeitig eine nunmehr weitaus größere Zahl von Himmelsobjekten als je zuvor. Allerdings müßten die Astrophysiker der Herkuloten, um die irdische Arecibo-Botschaft tatsächlich zu entdecken, ihr Gerät gerade zur exakten Zeit der Ankunft unserer Nachricht für mindestens drei Minuten auf diejenige Position ausgerichtet haben, welche die Erde 24000 Jahre zuvor, also im Jahre 1974, beim

Senden der Botschaft eingenommen hatte. Daß aber alle diese Vorbedingungen erfüllt werden sollten, ist überaus unwahrscheinlich. Und damit nun erübrigt sich eigentlich auch jede Sorge, die Biedermänner der Cornell University könnten von Arecibo aus potentielle Brandstifter aus dem Herkules-System erreichen und auf schlimme Gedanken bringen. Doch selbst wenn dem so wäre, könnte man ruhig schlafen: 24 000 Jahre sind eine lange Zeit; ob es denn beim Eintreffen der Arecibo-Signale wohl die irdische Absenderzivilisation überhaupt noch geben wird?

Und dabei wurde diese Botschaft (Abb. 2) doch mit so viel wissenschaftlicher Umsicht, so viel Scharfsinn, so viel Liebe zum Detail konzipiert und mit dem Einsatz von so viel menschlicher Logik! Die Impulse wurden als Binär-Signale abgesetzt, also als »An-aus-Stöße«, die als Bits im Binär-Code jeweils durch die Symbole 1 und 0 oder die Zeichen »Schwarzquadrat« und »Leerquadrat« wiedergegeben werden können. Die Entzifferung, so meinten die Urheber der verschlüsselten Botschaft, sollte eigentlich nicht schwierig und in einer Reihe von Erkenntnisschritten zu erzielen sein:

Erstens muß erkannt werden, daß die übermittelte Information graphisch im zweidimensionalen Bild rekonstruiert werden muß und nicht etwa in einer dreidimensionalen Struktur. Zweitens darf nicht verborgen bleiben, daß die Gesamtzahl der Bits (1679) das Produkt der beiden Primzahlen 23 × 73 ist. Drittens müßten daraufhin die Bits der Reihe nach in einem Gitter angeordnet werden, das ein Rechteck aus 73 Zeilen zu je 23 Bits ergibt. Viertens müßten die Signale in die Symbole Schwarzquadrat / Leerquadrat überführt werden, so daß nach Art eines Bilderrätsels ein Piktogramm entsteht, das sich nun aus Symbolgruppen mit Informationswert zusammensetzt.

Sind alle diese Schritte der Decodierung vollzogen, müßte – fünftens – erkannt werden, daß es sich bei der übermittelten Botschaft um ein Gemisch aus konkret Bildhaftem und aus Angaben zu abstrakten Begriffen handelt. Und erst dann, nach allen diesen Etappen, könnte man – sechstens – daran gehen, die einzelnen Symbolgruppen als solche abzugrenzen und auszudeuten.

Das Piktogramm der Botschaft enthält, wie unsere Abb. 2 erkennen läßt, die sehr stark generalisierte Darstellung einer menschlichen Gestalt sowie die bis zur Unkenntlichkeit schematisierte Wiedergabe unseres Sonnensystems, des Radioteleskops von Arecibo und der Dop-

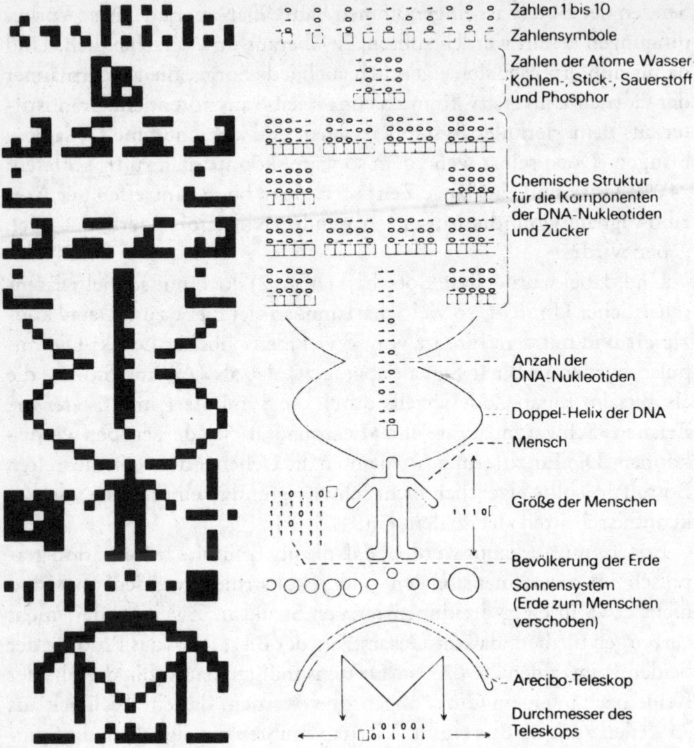

Abb. 2: Graphische Struktur der Arecibo-Botschaft.

pelhelix-Struktur des DNA-Moleküls. Daneben sind – in dem bei uns auf der Erde gebräuchlichen Binär-Code – die Zahlen eins bis zehn eingesetzt, die Atomzahlen unserer wichtigsten chemischen Elemente, die Zahl der vier Milliarden von Bestandteilen des DNA-Moleküls, die Kopfzahl der Weltbevölkerung und anderes mehr.

Diese raffinierte Methode der Verschlüsselung ist ursprünglich von dem bereits mehrfach erwähnten Astronomen Frank Drake entwickelt worden, der in diesem auf dem Binär-Code basierenden Piktogrammstil schon zuvor theoretische Nachrichten entworfen hatte. Diese sind sodann von Wissenschaftlern – Spezialisten für das Decodieren verschlusselter Nachrichten oder für Probleme der elektronischen Datenverarbeitung – mit einiger Mühe entziffert worden. Wohlgemerkt, von irdischen Wesen, deren intellektuelle Leistung und deren kognitive Fähigkeiten auf einer Logik beruhen, die in ihrer Eigenart und in dieser spezifischen Grundstruktur beim Entziffernden genauso ausgebildet waren wie bei dem, der die Information verschlüsselt hat.

Lincos, Pioneer und Lageos

Vor allem aber traf zu, daß sowohl die Verschlüsselnden als auch die Entziffernden geistig darauf eingestellt waren, sich desselben Kommunikationsmittels zu bedienen, nämlich der menschlichen Sprache und somit auch eines Denkens, das spezifisch und untrennbar eben mit dieser Sprache verbunden ist[14]. Wenn man aber vom SETI (**S***earch for* **E***x*tra**t***errestrial* **I***ntelligence)* übergehen will zum CETI (**C***ommunication with* **E***x*tra**t***errestrial* **I***ntelligence)*, muß man einen Weg suchen, der es ermöglicht, sich ohne diese Einschränkung verständlich zu machen.

Als Ausweg aus dieser Schwierigkeit des anthropozentrischen Festgelegtseins bot sich LINCOS an, die sogenannte **lin***gua* **cos***mica* aus der Gedankenfabrik eines holländischen Mathematikers. Freilich ist diese *language for cosmic intercourse* keine eigentliche, echte Sprache, sondern ein nicht-verbales Verständigungsmittel – eine Konstruktion, von der ihr Schöpfer hofft, sie ermögliche eine Kommunikation selbst mit solchen Partnern, die vom Wortschatz und der Sprachstruktur des Absenders der Nachricht keine Ahnung haben.

Das Verfahren ist kompliziert und langwierig. Mit Hilfe codierter Radiosignale wird der Empfänger schrittweise in die Grundlagen der Logik und der mathematischen Zusammenhänge eingeführt. Die Lektionen wenden sich dann jenen einfachsten Grundbegriffen zu, die dem menschlichen Denken immanent sind und dieses mitbestimmen; Begriffe wie z. B. »weshalb?« und »weil«, »vielleicht« und »notwendig«, »schnell« und »langsam«, »heute, gestern, morgen« oder »vermuten« und »wissen«, »vorausgesetzt, daß« und viele andere. Im Verlaufe weiterer Lektionen sollen sodann, schrittweise aufbauend, auch die Fähigkeiten zum Verständnis komplizierterer menschlicher Denkvorgänge entwickelt werden.

Letztlich wird bei dieser Methode erwartet, daß der den Fernkursus

Absolvierende zunächst den Sinn der ausgestrahlten Impulse und Symbole errät und daß er bei der Steigerung der Anforderungen durch die Anwendung der erlernten menschlichen Logik seine Fähigkeiten im Erraten laufend verbessert.

Zweifellos hat die Methode manches für sich. Und doch wird man sich fragen, ob hier nicht wieder einmal Georg Christoph Lichtenbergs Sottise zutrifft: »bei wachender Gelehrsamkeit und schlafendem Menschenverstand ausgeheckt«. Verläßt man nämlich die Theorie und wendet man sich der Alltagspraxis zu, stellen sich schwerwiegende Bedenken ein.

Lincos meint, ohne Rückfragen auskommen zu können, die ja anfangs besonders nötig wären. Doch muß sehr bezweifelt werden, ob es Lernen, das nicht auf dem Rückkopplungsprinzip beruht, das also nicht Lernen am Erfolg oder Nichterfolg ist, überhaupt geben kann. Selbst wenn solches Lernen möglich sein sollte, muß bedacht werden, daß der außerirdische Eleve, der von diesem Kursus zu profitieren bereit ist, die gesamte Serienfolge absolvieren müßte, weil die Lektionen ja aufeinander aufbauen. Gelingt seinem Radioteleskop der Kontakt erst nach der fünften oder sechsten Lektion, fehlen ihm alle Grundlagen und Voraussetzungen.

Diese ersten Schritte müßten aber auch unter einem anderen Aspekt als entscheidend gelten: Bei Signalmustern muß ja nicht unbedingt eine sinnvolle Bedeutung der Aussage vorausgesetzt werden (auch das reine Ornament, auch die musikalische Harmonie stellen sich als Signalmuster dar). Erfüllt der Extraterrestrier die Erwartung nicht, schon bei der ersten Lektion bei den einfachen Signalmustern hinter diesen eine praktische Bedeutung zu vermuten, sind alle weiteren Schritte vergeblich. Doch muß er außerdem ja auch den Prozeß des Ratens und Erratens einleiten – und dieser setzt Logik ja bereits voraus, zumindest die zweiwertige (»alle Lösungen sind entweder richtig oder unrichtig, ein Drittes gibt es nicht«).

Von der Eignung des Lincos-Systems scheint der Urheber des Plans, den Raumsonden *Pioneer 10* und *Pioneer 11* eine Nachricht mitzugeben, jedenfalls nicht überzeugt gewesen zu sein, denn er ging anders vor: Er kombinierte den bereits altgewohnten Binär-Code mit rein bildlichen Darstellungen. Der Autor dieser Botschaft – Carl Sagan natürlich – erreichte es, daß sie tatsächlich, jeweils in eine vergoldete Aluminiumplatte eingraviert, im März 1972 der Sonde *Pioneer 10* und im

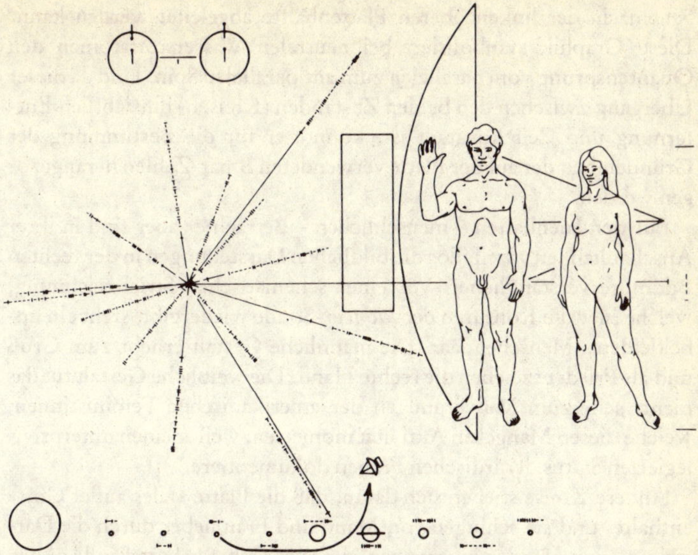

Abb. 3: Graphische Darstellung der *Pioneer*-Botschaft.

Juni 1973 *Pioneer 11* beigegeben wurde. Man hat vorausberechnet, daß die Raumkapseln nach ihrer planetarischen Mission im Jahre 1987 unser Sonnensystem verlassen und sodann für nahezu unbegrenzte Zeiten frei durch den Raum schweben würden. Vielleicht, so meinten Sagan und die NASA, würden daher die beiden Kosmogramme extraterrestrischen Wesen Kunde von unserer Existenz übermitteln.

Wie nun sieht diese Botschaft aus? Im linken Teil der Bildmitte (Abb. 3) fällt eine radialstrahlige Figur auf; ihr Zentrum stellt die Position unseres Sonnensystems dar. Diese ergibt sich aus der Richtung und der Länge der Strahlen, welche jeweils die Richtung eines von vierzehn Pulsaren angeben. Bei jedem von ihnen ist seine für ihn charakteristische Impulsfrequenz mit binären Symbolen angegeben.

Am unteren Rand erscheint eine schematische Darstellung unseres gesamten Sonnensystems, und zwar mit dem eingezeichneten Start und Flugverlauf der Sonde. Bei jedem der neun Planeten stehen die astronomischen Daten, in den Symbolen des Binär-Codes ausgedrückt, wobei die benützte Grundeinheit »eins« aus dem graphischen

Schema in der linken oberen Plattenhälfte abgeleitet werden kann. Diese Graphik symbolisiert bei neutralen Wasserstoffatomen den Quantensprung vom parallelen zum antiparallelen Spin. Und da dieser Übergang zwischen den beiden Zuständen (Kreisen) hinsichtlich Entfernung und Zeit konstant ist, konnte er für die Bestimmung der Grundeinheit der auf der Platte verwendeten Binär-Zahlen herangezogen werden.

Für den laienhaften – menschlichen – Betrachter aber sind in ihrer Anschaulichkeit zweifellos die bildlichen Darstellungen in der rechten Bildmitte verständlicher. Vor einer schematischen Strichzeichnung, welche hier die Konturen der *Pioneer*-Sonde wiedergibt, steht ein unbekleidetes Menschenpaar. Die männliche Gestalt erhebt zum Gruß und als Friedenszeichen die rechte Hand. Die weibliche Gestalt tut das nicht, sehr zum Mißvergnügen der amerikanischen Feministinnen, welche diesen Mangel an Aktivität monierten, weil er einen unterprivilegierten Status der irdischen Frauen dokumentiere.

Andere Kreise stießen sich daran, daß die Platte »alles außer Gott« enthalte, und sie schlugen vor, Mann und Frau lieber durch die Darstellung von Händen zu ersetzen, die zum Gebet gefaltet sind[8]. Auch um die Darstellung der Frisur des Mannes rankt sich eine kleine wahre Anekdote, sehr bezeichnend im Lichte des *genius loci*: Um rassischen Empfindlichkeiten und Protesten vorzubeugen, sollten die beiden Figuren »panrassisch« dargestellt werden, so unter anderem mit Hilfe typischer Mongolenfalten in den Augenlidern der Frau. Und was die Haartracht des Mannes betraf, so wurde sie – nicht untypisch für den von einem *faculty member* stammenden Entwurf – ursprünglich im Afrolook konzipiert. Doch während der technischen Umsetzung der Skizze verwandelte sich diese Frisur – wiederum nicht untypisch – unter den Händen des Graveurs in eine nun nicht mehr wollhaarige, brav westlich-bürgerliche Façon.

Hoffen wir nun, daß beim Auffinden der so informativen Platte unsere kosmischen Kollegen, die extraterrestrischen *eggheads*, Kenntnis vom irdischen Sexualdimorphismus haben, sonst könnte es leicht zu dem folgenden Fehlschluß bei ihnen kommen: »Der galaktische Analysenbericht besagt: Offensichtlich wird der Planet Erde ausschließlich von zwei biologischen Spezies bevölkert. Beide laufen nackt herum, was auf ein allgemein heißes Klima schließen läßt. Dieses mag auch durch die in der linken Bildmitte schematisch angedeutete Sonnen-

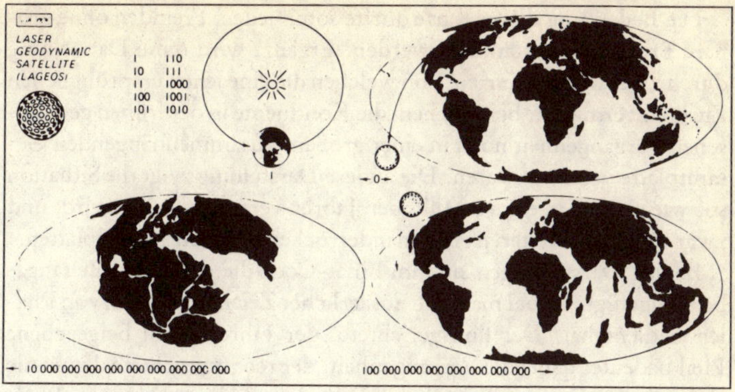

Abb. 4: Graphische Darstellung der *Lageos*-Botschaft.

strahlung und die über dieser skizzierte Sonnenbrille dokumentiert sein. Die mikromorphe und breithüftige Spezies scheint im gemeinsamen Biotop eine dominante Stellung einzunehmen. Dafür spricht, daß die erhobene Rechte des dargestellten Exemplars der anderen, größerwüchsigen Spezies den Sklavengruß ausdrückt: ›Ich bin wehrlos und friedlich und zu manueller Fronarbeit verpflichtet.‹«

So eindeutig können – man verzeihe die Ironie – irdische Kosmogramme sein!

Bessere Chancen, zutreffend interpretiert zu werden, hat jedenfalls eine andere Botschaft, und zwar die, welche 1973 dem NASA-Satelliten LAGEOS *(**La**ser **Geo**dynamic **S**atellite)* mit auf den beschwerlichen Weg gegeben wurde. Seine Aufgabe besteht in der Durchführung von geowissenschaftlichen Messungen, insbesondere solcher, aus welchen der Verlauf und das Tempo des Driftens der irdischen Kontinentalplatten hervorgehen. Da diese Veränderung ein extrem langsamer Prozeß ist, wurde der Satellit von vornherein so konstruiert, daß er eine entsprechend lange Zeitspanne, nämlich etwa acht Millionen Jahre, überdauern dürfte.

Auf der ihm mitgegebenen Metallplatte (Abb. 4) sind in flächentreuer Projektion drei topographische Weltkarten eingraviert. Die eine gibt die Konfiguration und Verteilung der Kontinente so wieder, wie sie dem gegenwärtigen Stand entsprechen. Daß die Gegenwart gemeint ist, geht ferner auch daraus hervor, daß in diesem Kartenbild schematisch dargestellt wird, wie *Lageos* die Erde verläßt.

Die Bedeutung dieser Karte dürfte somit jedem Fremden ohne größere Probleme verständlich werden. Ergänzt wird diese Darstellung durch zwei weitere Karten, von welchen die eine jenen ursprünglichen Zustand vermittelt, bei welchem die Kontinente in der frühen geologischen Vergangenheit noch in einer großen, zusammenhängenden Gesamtplatte vereinigt waren. Die andere Darstellung zeigt die Situation so, wie sie sich in etwa 8 Millionen Jahren verändert haben wird, und zwar nach dem weiteren Auseinanderrücken der Kontinentalplatten.

Beiden Darstellungen sind im Binär-Code die jeweiligen Zeitangaben beigefügt, wobei man sich zusätzlicher Zeichen in Form von Pfeilen bedient hat. Der linksgerichtete, der Jahresanzahl beigegebene Pfeil bedeutet dabei die Vergangenheit, der rechtsgerichtete deutet die Zukunft an. Doch selbst für den Fall, daß die Bedeutung der Pfeile unklar bleiben sollte, ist vorgesorgt, denn das Zukunftsbild wird zusätzlich dadurch gekennzeichnet, daß die Rückkehr des Satelliten auf die Erde dargestellt wird.

So könnte man geneigt sein anzunehmen, daß zumindest die Botschaft des *Lageos* im Universum verstanden würde, vielleicht auch noch das eine oder andere anschaulichere Detail in den anderen verschlüsselten Nachrichten. Dennoch sei erneut Skepsis angemeldet: Kann man denn wirklich davon überzeugt sein, daß sich kosmische Intelligenzen – falls es sie geben sollte – von denselben Grundformen und Verfahrensmustern des Denkens leiten lassen wie wir? Die allgemeinen Schemata der menschlichen kognitiven Strukturen, wie Linearität des Denkens und dessen logische Grundstrukturen, sind uns angeboren: Darin ist Konrad Lorenz, G. Vollmer[15], H. Mohr, F. Wuketits und anderen Ethologen beizupflichten. Sie sind in unserem Erbgut verankert, sie sind das Ergebnis einer langen und komplizierten Evolution. Anzunehmen, daß sie bei anderen Wesen im Kosmos ein zweites Mal, und zwar in derselben Weise, zustande kamen, wäre abenteuerlich.

Wenn schon nicht F. D. Drake, so ist dies doch dem biologisch besser geschulten Carl Sagan durchaus bewußt: »Natürlich erwarte ich nicht, daß ihre Gehirne den unseren anatomisch oder physiologisch oder sogar chemisch ähnlich sind. Ihre Gehirne haben eine andere Entwicklungsgeschichte in einer anderen Umwelt hinter sich.«[16] Wie wahr! Und wie erstaunlich, wenn er, dies alles bedenkend, trotzdem zu einem Schluß kommt, der in seinem gläubigen Optimismus entwaffnend ist: »Doch ich halte es für ziemlich wahrscheinlich, daß unsere Gehirne und Maschinen und ihre Gehirne und Maschinen einander am Ende sehr gut verstehen werden.«[16]

Die menschlich-allzumenschliche Komödie

Es hat den Anschein, als ob von allen bisher entworfenen oder auch abgesandten Kosmogrammen die dem *Lageos* mitgegebene Botschaft in ihrer fast eindeutigen Abfassung die relativ klarste sei. Doch es gibt auch das andere Extrem, nämlich das Ergebnis eines anspruchsvollen, sehr ehrgeizigen Unternehmens, das in Gang gesetzt wurde, als es darum ging, 1972 zwei neue Raumkapseln – *Voyager 1* und *2* – mit Botschaften von der Erde zu versehen.

Wenn Dante Alighieris »Göttliche Komödie« eine großartige epische Wiedergabe des aus christlicher Sicht betrachteten mittelalterlichen Weltbildes darstellt, so wird man die *Voyager*-Botschaft[17] als den Versuch werten können, das menschliche Weltbild der Gegenwart aufzuzeigen, und zwar aus säkularer Sicht sowie unter Anwendung modernster Mittel. Doch damit hört die Möglichkeit eines Vergleichs auch schon auf, und es beginnen die Gegensätze.

Der ernsten, allegorischen Dichtung der *Divina Commedia* steht hier ein wunderliches Konglomerat gegenüber, das einerseits versucht, sachliche Information über die Menschheit und ihren Lebensraum zu vermitteln, das andererseits jedoch auch unfreiwilliger Komik nicht entbehrt. Molière steht sie näher als Dante, diese menschliche, gelegentlich allzumenschliche Komödie: nüchterne wissenschaftliche Aussagen, informative Wiedergaben kultureller und zivilisatorischer Details, tief bewegende Harmonien als Ausdruck menschlichen Fühlens und menschlicher Kunst – – – aber auch etwas Exzentrik, viel naiv Anthropozentrisches, gelegentliche Kulturpatriotismen und nicht zuletzt auch einige Manifestationen kleinbürgerlichen Pochens auf persönliches Prestige und ein Schulbeispiel für innenpolitische Kompetenzkonflikte – ein *Quodlibet* aus facettengleich abwechselnden Licht- und Schattenseiten des menschlichen Charakters.

Eine jede der beiden *Voyager*-Sonden trägt auf einer mit Gold überschichteten kupfernen Bild-Ton-Platte eine Botschaft von entsprechender Spieldauer. Die aus Aluminium bestehende Schutzhülle zeigt eingravierte informative Symbole: eine Gebrauchsanweisung aus schematisierten Zeichnungen und aus technischen Daten, die im Binär-Code wiedergegeben sind. Daneben markiert den Herkunftsort jene bereits bekannte Pulsarkarte, die auch schon bei den Kosmogrammen von *Pioneer 10* und *11* Verwendung gefunden hatte. Selbstverständlich ist dem Ganzen ein entsprechender Tonabnehmer beigefügt.

Eingedenk der Tatsache, daß es nach dem eigenmächtigen Absetzen der Arecibo-Botschaft international einiges Murren gegeben hatte, gingen Frank Drake und Carl Sagan – assistiert von einer ganzen Arbeitsgruppe – diesmal vorsichtiger vor, und zwar in engster Fühlungnahme mit der Verwaltung der Vereinten Nationen. Das gab deren damaligem Generalsekretär Kurt Waldheim die Chance, zwar ungebeten, aber unabweisbar eine persönliche Botschaft unterzubringen. Doch dies setzte nun eine ganze Kettenreaktion des »Ich auch«-Komplexes in Gang[17]: Wenn der, dann aber auch Präsident Jimmy Carter! – – – Und wenn dieser, dann aber auch der US-Senat oder wenigstens ein Auszug aus dessen Namensliste! – – – Wenn aber das, dann doch dasselbe nochmals für das Repräsentantenhaus! – – – Und wenn solches, dann wieder zurück zum Weltmaßstab, dann auch die mündlichen Grußbotschaften von UN-Delegierten im *Outer Space-Programm* der Vereinten Nationen:

Die französische Delegierte deklamiert Baudelaire, der schwedische Vertreter kontert aussichtslos mit einem Gedicht von Harry Martinson, ein anderer hat steif »die Ehre, die Grüße des Volkes und der Regierung des Irans zu übersenden«. Und schließlich wird es noch gravitätischer: »Als Präsident des Komitees der Vereinten Nationen für den äußeren Weltraum und Vertreter Österreichs freue ich mich, Euch auf diese Weise …«[17] (Die gute alte Kaiser-Franz-Josef-Mischung aus Würde und Leutseligkeit!) Der nigerianische Delegierte sieht sich von spiritistischen Anwandlungen ergriffen und versichert den Außerirdischen, daß man von ihrer Gegenwart überzeugt sei, denn »wir in Afrika glauben, daß wir Euch haben, und Ihr seid allwissend«. Auch der Vertreter Ägyptens adressiert die Extraterrestrier als »Dschinn«, der Australier produziert sich unnötigerweise in Esperanto, und … und … und … Nebenbei gesagt: Die Platte enthält auch die akustischen Grüße der Buckelwale[17], und das ist voller Ernst *(on behalf of my nation, the whales)*. Nun ja, … *satiram non scribere!*

Dann ist da noch der inoffizielle Teil der Grüße, wohlabgesetzt von dem der Würdenträger und abgefaßt in fünfundfünfzig Sprachen der Erde. Er ist überaus wichtig, und Mrs. Salzmann-Sagan meint überzeugt: »Der Grußteil der Schallplatte ist eine Verherrlichung des menschlichen Geistes.«[18] Diese Verherrlichung des menschlichen Geistes kam so zustande, daß man in Ithaca, N. Y., und der weiteren Umgebung mit einiger Mühe Leute zusammensuchte, welche die vorgesehenen Sprachen beherrschten. »Sie erhielten keinerlei Anweisungen, was sie sagen sollten, als daß es ein Gruß an mögliche Außerirdische sei und daß er kurz sein müsse.«[18] Und so erkennt man denn, während sich das Ohr, vom Sumerischen, Akkadischen und Hethitischen ausgehend, dem Quechua, dem Telugu und dem sambischen Ila zuwendet, in wie vielen Sprachen der Welt man doch das so vielsagende und feinsinnige »Hallo!« zum Ausdruck bringen kann.

Nur wenige tanzen aus der Reihe. Ihren Höhepunkt aber erreicht die Verherrlichung des menschlichen Geistes dort, wo man die Extraterrestrier nicht pauschal, sondern mit der Gabe feinsten Einfühlungsvermögens, höchst differenziert, würdigt: »Liebe türkisch sprechenden Freunde, mögen die Ehrenbezeigungen des Morgens über Euren Häuptern sein!«[17] – (Was auf deutsch gesagt wurde? Keine Sorge, es ging noch glimpflich ab, denn eine Frau Renate Born sprach schlicht und ergreifend die Worte: »Herzliche Grüße an alle!«)

Bleiben wir beim Akustischen, so wäre noch anzumerken, daß das Repertoire der Platte auch averbalen Lärm bietet, nämlich eine Symphonie der Geräusche dieser Erde, arrangiert in evolutionsbezogener Anordnung. Diese betont den Ablauf der Entwicklung von der Kosmogonie über das Geologische, das Biologische und das Technologische bis hin zur reinen menschlichen Psyche.

Die Autorin dieser Tonreportage, die amerikanische Schriftstellerin Ann Druyan[19], beginnt mit »Sphärenmusik«, einer computerkomponierten Vertonung der Keplerschen mathematisch-astronomischen Abhandlung *Harmonice mundi*. Dann grollen Vulkane und Erdbeben, dröhnt der Donner, blubbern Schlammblasen. Wind braust, Regen prasselt, Brandung tost. Tiere erscheinen: Ein Hund bellt, es ist ein Wildhund. Schritte – Herzklopfen – befreiendes Lachen – *jubilate*, der Mensch ist da!

Grüße in der Sprache der Kalahari-Buschmänner sollen an das Jäger-Sammler-Stadium erinnern, Klicken von Stein auf Stein an die erste Herstellung von Werkzeug. Wieder bellt ein Hund. Derselbe? Nein, er bellt ja zahm, jetzt ist er domestiziert. Landwirtschaftliche Geräusche, also erster Ackerbau. Offenbar mühsam, denn ein Ticken von Morsezeichen besagt: *Per aspera ad astra!* Dann Transportgeräusche, Schiff, Eisenbahn, Auto, Düsenflugzeug, Raketenstart.

Das anschließende »wunderbare Geräusch« ist ein Kuß, der »sich prima anfühlt und auch so klingt«[19]. In konsequenter Weiterführung der Thematik Laute von Kleinkind und Mutter. Sodann abschließend die Höhepunkte: Auf einem Tonband elektronisch kombiniert und komprimiert das Elektrokardiogramm, das Elektroenzephalogramm und das Oszillogramm der Augenbewegungen unserer Poetin, aufgenommen als Abbilder ihrer inneren Regungen bei einer einstündigen Meditation. Danach als Schlußpunkt die Signale eines Pulsars. Was tut es, daß dieses tiefsinnige Finale bestenfalls wie das mißtönende Kratzen einer Grammophonnadel klingt, Hauptsache bleibt doch die bedeutungsschwere Hintergründigkeit: »Die elektronischen Autogramme eines Menschen und eines Sternes wirken bei solchen Aufnahmen nicht allzu verschieden und symbolisieren unsere Verwandtschaft zum und Schuldigkeit gegenüber dem Kosmos.«[19] Am Mysterium dieses *Happening*, da besteht kein Zweifel, werden die extraterrestrischen Quizteilnehmer gewiß lange herumzurätseln haben!

Die sachliche Information schließlich geht aus dem enzyklopädisch aufgefaßten Bildteil hervor, der aus 118 Schemazeichnungen, Schwarzweißfotografien und Farbaufnahmen besteht. Sie sind, wenn man unterstellt, daß sich außerirdische Intelligenzen für die gleichen Dinge interessieren wie wir, nicht schlecht ausgewählt, sind informativ, belehrend, geben Typisches wieder.

Das fängt mit einem »Lexikon« an: Die ersten elf Bilder vermitteln (zunächst im Binär-Code, nach seiner graphischen Umwandlung in arabische Ziffern sodann mit deren Hilfe) mathematische Definitionen, Erklärungen physikalischer Einheiten, astronomische Informationen über die Sonne, unser Planetensystem und die Erde als Himmelskörper. Die drei anschließenden Bilder enthalten Grundinformationen über die Molekularstruktur und Replikation der DNA, zum Ausdruck gebracht mittels der in der irdischen Biochemie gebräuchlichen Symbole und Diagramme. Es folgt in neun Bildern ein Atlas der Anatomie des Menschen, in fünf weiteren Bildern eine Unterrichtung über den Prozeß der menschlichen Fortpflanzung und Embryologie.

An diesen trocken naturwissenschaftlichen Teil schließt eine bunte

Folge von Bildern an, die kaleidoskopartig Eindrücke vermitteln, welche sich auf die Phänomene unserer geologischen Umwelt beziehen, auf unsere Fauna und Flora, sodann auf kulturelle und zivilisatorische Einzelheiten und schließlich auf den Stand unserer Technik. Ein Farbfoto »Sonnenuntergang« hebt hervor, daß wir ein romantisches Gemüt haben, die beiden letzten Fotos (»Streichquartett« und »Geige plus Partitur«) belegen unser Kunstverständnis.

Den Abschluß des Programms bildet 87 Minuten lang eine Auswahl aus der Musik der irdischen Völker, eine Musik der Erde, gespielt für den äußeren Weltraum. Glücklicherweise gelang es, den einzigen indiskutablen unter den eingereichten Vorschlägen abzubiegen: Man entschloß sich, das Beatles-Opus *Sergeant Pepper's Lonely Hearts Club Band* doch nicht aufzunehmen. Und da die übrigen 27 Kompositionen zumeist mit glücklicher Hand und künstlerischem Verständnis ausgewählt sind, kann dieser Teil der Botschaft sich wirklich sehen oder, besser gesagt, hören lassen.

Die europäische klassische Musik ist durch Bach, Beethoven, Mozart und Strawinski gut vertreten. Georgische und aserbeidschanische Volksmusik, mexikanische und peruanische Folklore, Musik aus Afrika, Australien, Neuguinea. Javanisches *gavelan*, ein japanisches *shakuhachi*-Stück, eine indische *raga*. Ferner chinesische Musik, Gesang der Navajo-Indianer, Panflöten von den Salomonen – das Beste aus aller Welt. Ein Blues von Louis Armstrong fügt sich nahtlos ein, Chuck Berrys »Johnny B. Goode« mag vielleicht gerade noch halbwegs akzeptabel erscheinen, und nur bei Blind Willy Johnsons Stöhnen wird man sich fragen, ob hier nicht einiger extravaganter Äußerlichkeiten wegen ein Bruch in Kauf genommen worden ist.

Allerdings, ob Musik, ob diese *menschliche* Musik fremden, nichthumanen Wesen etwas bedeuten könnte, das muß wohl fraglich bleiben. Manche aus Sagans und Drakes Arbeitsgruppe meinten zwar, »daß einige ästhetische Prinzipien menschlicher Kunstformen, insbesondere der Musik, auf physikalischen Konstanten und auf der mathematischen Ordnung der Natur beruhen. Demnach können verschiedene geistige Wesen, die dasselbe Universum betrachten, Kunstformen mit ähnlichen Merkmalen produzieren.« Also schien die Erkenntnis nahezuliegen, »daß gewisse hochorganisierte Gebilde wie Fugen ... überall in der bewohnten Galaxis den Gemütern zugänglich sein müßten«[17].

In dieser Form dürfte die geäußerte Ansicht allerdings nicht ganz zutreffen. Gewiß beruhen Prinzipien beispielsweise der europäischen klassischen und der indischen Musik auf physikalischen Konstanten. Und doch wollte es mir als Europäer lange Zeit nicht gelingen, auch nur die geringste innere Beziehung zur Musik des indisch-pakistanisch-afghanischen Raumes zu gewinnen. Andererseits verursachte dem Gehör eines indischen Kollegen, wie er mir einmal gestand, die europäische Musik anfangs fast körperliches Unbehagen. Es wäre somit ein kühner Physikalismus, wollte man ästhetische Grundelemente des menschlichen Kunstempfindens ausschließlich auf physikalische Konstanten und mathematische Ordnungsmuster zurückführen, die ja weltweit und selbst im Universum durchweg gleich wären. Noch wesentlich bedeutsamer ist, im Zusammenhang mit den Bewertungskriterien und Normen der Ästhetik, die kulturelle Prägung, die Tradition. Andererseits spielt aber auch noch die biologisch-ethologische Disposition eine gewisse Rolle, beruht doch das Grundempfinden für Ästhetik zum Teil auf angeborenen Reaktionsweisen der Bewertung, die durch spezifische Auslöser freigesetzt werden[20].

Ob aber noch so intelligente Extraterrestrier uns in ihren angeborenen Reaktionsweisen und ihrer tradierten kulturellen Prägung so weitgehend ähneln, daß sie für den auf der Voyager-Platte dargebotenen Satz aus Bachs Brandenburgischen Konzerten Verständnis aufbringen, das muß wohl bezweifelt werden – trotz aller auch bei ihnen gültigen physikalischen Konstanten.

Doch auch im Falle des übermittelten Bildteils dürfte es wohl einige Probleme geben: Was sollte zum Beispiel ein Extraterrestrier wohl mit dem Bild einer längsgeschnittenen Schneckenschale beginnen, wenn er zuvor nie eine Schnecke gesehen hat? (Ich erinnere mich meiner Schwierigkeiten, Studenten des wüstenhaften Binnenlandes Afghanistan, welche nie das Meer kennengelernt hatten, begreiflich zu machen, was ein Hai ist.) Und was sollte sich wohl ein Extraterrestrier beim Bild der im Sprung fotografierten Delphine denken? (Wie Seevogel lebende fliegende Fische? Es sind aber wasserlebige Säugetiere.) Im Diagramm des DNA-Moleküls war das Symbol C bereits für den Kohlenstoff präokkupiert; es stand somit für das Cytosin nicht mehr zur Verfügung. Also wurde für dieses Nukleotid das Zeichen S eingesetzt. (Werden sich die Extraterrestrier denn nicht über den vielen Schwefel in der DNA wundern?)

Wie verblüfft und ratlos werden unsere Extraterrestrier gar vor jener Darstellung stehen, welche die Silhouette eines Menschenpaares zeigt, denn die Leibesmitte des weiblichen Wesens ist durchsichtig gehalten, in ihr erscheint die Schattenkontur eines kauernden Mini-Menschleins. Eine Schwangere? Oder eine den Infantizid praktizierende Kannibalin? (Lange Zeit standen die Paläontologen vor einem ähnlichen Problem, da man gelegentlich Ichthyosaurier-Skelette gefunden hatte, in deren Körperhöhle sich vollständige Skelette von Jungtieren befanden: Kannibalismus oder Lebendgeburt von Embryonen?)

Wie dem auch sei, neben dem musikalischen Abschnitt ist der Bildteil noch das Beste an der ganzen Voyager-Botschaft. Ein wenig einfältig mag einem das Melodrama »Geräusche der Erde« vorkommen, etwas peinlich berührt könnte man sich durch einige der offiziellen Grußbotschaften fühlen und wohl auch angesichts des reichlich dürftigen Formats der meisten inoffiziellen. Und doch haben Sagan, Drake und die NASA es noch gut mit uns gemeint. Denn was würden wohl die Damen und Herren Extraterrestrier von uns denken, wenn das *Voyager*-Repertoire so aufrichtig gewesen wäre, auch die andere Seite unserer Wirklichkeit preiszugeben?

Neben Baudelaire auch Asterix und Obelix? Neben Mozarts Arie der Königin der Nacht Donald Ducks quäkendes Gequassel? Neben dem »Streichquartett« ein tobendes Fußballpublikum? Neben der Anmut der balinesischen Tänzerin das zerschundene Gesicht eines Boxers? Neben der Idylle »Erdbeerblatt mit Tautropfen« der in der Ölpest verendete Seevogel, die im Säureregen verkümmerte Fichte? Und Schlimmeres, nicht weniger Wahres: *mondo cane*-Bestialitäten auf Leinwand und Bühne? Der mit dem Blut des geopferten Hahnes besudelte Candomblé-Anhänger in Rio, der in Trance besinnungslos zukkende Woodoo-Gläubige auf Haiti? Wegen ihrer Freiheitssehnsucht Gefolterte? Verhungernde im Sahel, ein Schnappschuß aus Hiroshima? – – – Nichts dergleichen. Was sind wir doch für Heuchler, selbst noch gegenüber unseren »Brüdern im All«!

VI. Argumente und Einwände

Spekulationen mögen amüsant sein und ihr Publikum finden. Was sie wirklich wert sind, erweist sich jedoch erst, wenn man sie einer genaueren Prüfung unterzieht. Und da nicht einzusehen ist, warum das im Fall der Annahme einer Existenz von extraterrestrischem Leben oder gar kosmischen Zivilisationen nicht gelten sollte, empfiehlt es sich, nunmehr das *Pro* und *Contra* zu betrachten.

Das immer wieder vorgebrachte »Warum eigentlich nicht?« kann als Beweis natürlich nicht in Betracht kommen, da es, nicht nur aus der Sicht des kritischen Wissenschaftlers, lediglich eine Frage, aber kein diskussionswürdiges Argument darstellt. Worauf sonst aber stützen sich die Erwägungen all jener, die sich für die Wahrscheinlichkeit des Existierens kosmischer Intelligenzen ausgesprochen haben? Wodurch fühlen sie sich zu ihrer Annahme veranlaßt?

Zur Rechtfertigung der genannten Hypothesen gibt fast jeder dieser Autoren, soweit sie sich als Wissenschaftler für sie eingesetzt haben, drei Argumente an, die man alle in elementarer Verkürzung durch drei Stichworte kennzeichnen kann:

Für die Wahrscheinlichkeit einer Existenz von außerirdischen Intelligenzen, so meinen Befürworter dieser Spekulation, sprechen

– der Automatismus, mit dem bei entsprechenden Voraussetzungen und im geeigneten Milieu Leben zwangsläufig entstehen müsse,

– der Automatismus, mit dem die sodann anschließende Evolution der Organismen unausweichlich zur Herausbildung von Intelligenz führen müsse, und

– die statistische Wahrscheinlichkeit, mit der nach der sogenannten Green-Bank-Formel sodann technische Zivilisationen allein schon in unserem Milchstraßensystem auftreten müssen.

Alle drei Argumente erscheinen auf den ersten Blick überzeugend oder klingen zumindest plausibel. Dennoch sollten wir sie, wie angekündigt, einer näheren Prüfung unterziehen.

Automatismus der Biogenese?

Wir wissen heute aufgrund von Experimenten, daß sich die Grundbestandteile der chemischen Bausteine, aus welchen sich alle Lebewesen zusammensetzen, spontan herausbilden. Diese Grundbestandteile (nennen wir sie organische Mikromoleküle) entstehen als Resultate chemischer Prozesse immer dann, wenn bestimmte anorganische Verbindungen unter spezifische Umweltbedingungen und zugleich unter den Einfluß bestimmter Energieeinwirkungen geraten. Auf Einzelheiten dieser Vorgänge wird später einzugehen sein (S. 183). Hier sei lediglich hervorgehoben und betont, daß die organischen Mikromoleküle, wenn die spezifische chemophysikalische Ausgangssituation gegeben ist, tatsächlich automatisch entstehen.

Vergleichbares trifft auch bei der nächsthöheren Einheit, also den eigentlichen chemischen Bausteinen der belebten Organismen, zu. Diese Bausteine (nennen wir sie Makromoleküle) entstehen durch den gleichfalls spontanen Zusammenschluß der bereits erwähnten organischen Mikromoleküle. Dabei liegen ganz ähnliche Voraussetzungen vor; auch hier kommt es auf die chemische Ausgangssituation und auf die Energieeinwirkung an. Und auch hier erfolgt die Synthese automatisch, wenn entsprechende chemophysikalische Vorbedingungen gegeben sind.

Manche geologischen Indizien sprechen dafür, daß die beiden Prozesse in der frühen Vorzeit auch auf unserer Erde abliefen, und die meisten von uns Naturwissenschaftlern nehmen an, daß diese Vorgänge die beiden ersten Schritte auf dem Weg zur Entstehung des Lebens gewesen sind. Nun wollen aber manche der exobiologisch Engagierten darüber noch hinausgehen, indem sie aus den obengenannten Erkenntnissen die folgenden Schlüsse ziehen:

(a) Wenn sich auf der Erde organische Mikromoleküle und sogar Makromoleküle bei einer spezifischen chemophysikalischen Konstellation automatisch gebildet haben, dann *muß* es an allen Stellen des Weltraums, an denen die gleichen Ausgangsbedingungen bestanden, gleichfalls zur Entstehung dieser organischen Bausteine gekommen sein.

(b) Da es auf der Erde nach der Bildung dieser Bausteine zur Entstehung des Lebens gekommen ist, *muß* das gleiche im Universum überall dort passiert sein, wo derartige Bausteine existieren.

Die beiden Schlüsse klingen, das wird man zugeben müssen, zunächst durchaus vernünftig. Dazu kommt noch die Tatsache, daß die moderne Forschung im Weltraum tatsächlich Moleküle – und unter diesen sogar organische Moleküle – nachgewiesen hat. Wie aber steht es mit diesen im einzelnen, was liegt da tatsächlich vor?

Zunächst sei erwähnt, daß derartige Verbindungen in Meteoriten festgestellt worden sind: Der bekannte Allende-Meteorit, der 1969 in Mexiko aufschlug, enthielt Aminosäuren. Und im vielleicht noch bekannteren, 1968 in Australien niedergegangenen Murchison-Meteorit konnte der amerikanische Biochemiker Cyril Ponnamperuma gleichfalls Aminosäuren (die in razemischer Mischung vorlagen) nachweisen. Aus einer bestimmten Sorte von Meteoriten – den sogenannten kohligen Chondriten – konnten selbst Grundbestandteile von Nukleinsäuren isoliert werden, so z. B. Adenin, Guanin und Cytosin.

Darüber hinaus wurde sogar die Ansicht laut, man habe in Meteoriten »Mikrofossilien« gefunden. Bedenkt man nun, daß die Bezeichnung Fossil ausschließlich für solche Gebilde reserviert ist, die körperliche Überreste oder Spuren von Lebensäußerungen ehemals lebender Organismen darstellen, so wird einen die erwähnte Behauptung natürlich aufhorchen lassen. Dennoch handelt es sich ganz offenkundig um einen Irrtum: Wie auch H. Wänke hervorhebt[1], stellen derartige Pseudofossilien »Assoziationen von organischen Molekülen mit verschiedenen Mineralen« dar – mit fossilen Lebewesen haben sie nichts zu tun.

Ferner sei bedacht, daß im Fall von Meteoriten niemals mit letzter Sicherheit eine Kontamination durch irdisches Material ausgeschlossen werden kann: Der Mighei-Meteorit war 1889 in der Ukraine aufgefunden worden; 1972 entdeckten die Geochemiker Vinogradov und Vdorykin in ihm ein höchst komplexes organisches Molekul[2] – – – nach über 80 Jahren, während welcher das Objekt gewiß nicht steril gelagert gewesen sein dürfte! Und natürlich liegt jeder Meteorit vor seiner Bergung lange genug im Boden, um durch irdische Aminosäuren und andere organische Verbindungen verunreinigt werden zu können.

Weniger problematisch ist die Situation bei der anderen Art des

Nachweises. Stark vereinfacht könnte man die hier gegebene Situation wie folgt beschreiben: Wenn in den interstellaren Gas- und Staubwolken des Universums Moleküle aus einem Rotationszustand in einen anderen übergehen, entstehen Spektrallinien, die radioastronomisch als Rotationsspektren registriert werden können. Und da jedes Spektrum für eine Molekülart charakteristisch ist, kann aus ihm deren chemische Zusammensetzung erschlossen werden. Mit Hilfe dieser Methode ist im interstellaren Raum eine ganze Reihe von organischen Molekülen identifiziert worden, wobei zu den interessanteren etwa Blausäure, Formaldehyd, Ameisensäure und eine Hexose gehören.

Daß Verbindungen wie die genannten in dieser so reaktionswidrigen, ja feindlichen Umgebung überhaupt entstehen, ja sogar weiterexistieren können, war gewiß überraschend. Man versuchte sich dies damit zu erklären, daß man annahm, sie kämen in besonders dichten Interstellarnebeln – den Dunkelwolken – zur Ausbildung, in welchen sie von hochenergetischer kosmischer und weiterer Strahlung ein wenig abgeschirmt werden. Bei der Bildung dieser Moleküle, so vermutete man ferner, mögen bis zu einem gewissen Grad die Staubpartikel der Wolken katalytisch mitgewirkt haben.

So weit, so gut, doch dem Radioastronomen und gleichzeitigen *science-fiction*-Autor Fred Hoyle in England ist dies alles noch viel zu wenig. Fred Hoyle und mit ihm Chandra Wickramasinghe erweitern neuerdings ihre »Hypothese der extraterrestrischen Krankheitskeime« (S. 98) um weitere kühne Behauptungen: Obwohl sie anfangs, noch zurückhaltend, nur überzeugt sind, »daß die Staubteilchen vorwiegend eine biochemische Zusammensetzung haben müssen«[3], steigern sie sich sodann schnell und rundheraus zu der nun uneingeschränkten Aussage: »Wir zweifeln nicht mehr daran, daß diese Staubteilchen Bakterien sind.«[3] Und in einem Interview geht Fred Hoyle noch einen verbalen Schritt weiter: »Wir konnten schlüssig zeigen, daß diese Staubteilchen im Weltraum Bakterien sind.«[4]

Das sind sehr bestimmte, sehr weitgehende Behauptungen. Was steht dahinter? Wie tragfähig ist die Basis, auf die sie sich stützen? Nun, was vorliegt, ist dieses:

(1) Die beiden Autoren vermuten aufgrund der Polarisationseigenschaften der kosmischen Staubpartikel, daß diese stäbchenförmig sind – – – und auch manche Bakterien sind stäbchenförmig.

(2) Die meisten dieser Staubteilchen haben einen Durchmesser von

etwa 0,7 µm – – – und auch manche Bakterien haben einen solchen Durchmesser.

Nun würde man diese beiden Argumente allein gewiß nicht ernst nehmen können, doch Hoyle und Wickramasinghe verfügen noch über ein weiteres: Unter den aus dem interstellaren Raum kommenden Spektren war 1977 auch das des Kohlenhydrats Zellulose entdeckt worden – – – »und die Zellwände von Bakterien bestehen aus einem Stoff, der in seinen Emissions- und Absorptionseigenschaften von Wärme der Zellulose ähnlich ist«[3]. Doch aus diesem Zellulosespektrum nun tatsächlich auf eine bakterielle Natur der Staubteilchen schließen zu wollen, das erscheint – da diese organische Verbindung ja ganz besonders für die Zellwände von Pflanzen charakteristisch ist – gewiß noch abenteuerlicher, als wenn man den Schluß ziehen wollte, die interstellaren Wolken würden Kakteen und Himmelschlüssel in sich bergen.

Noch ein weiteres Argument wird sodann als Stütze zitiert, und zwar eine graphische Übereinstimmung zwischen einerseits der Verteilung der bei der Infrarotstrahlung tatsächlich gewonnenen Meßwerte und andererseits den theoretisch errechneten Durchgangsspektren dieses »biologischen Modells«. Allerdings muß auch hier der Interpretationseifer auf den Boden der nüchternen Beurteilung zurückgeholt werden: Mir will scheinen, daß bei diesen Kurven nichts anderes vorliegt als die Übereinstimmung zwischen einerseits dem realen und andererseits dem errechneten Durchgangsspektrum einer organischen molekularen Verbindung. Von einer Bakterie, also einem voll durchorganisierten einzelligen Lebewesen, kann gar keine Rede sein – *voilà, tant de bruit pour une omelette!*

Am Ende dieses Abschnitts muß also die folgende Bilanz gezogen werden: Es ist richtig, daß organische Mikromoleküle und Makromoleküle bei entsprechender Ausgangssituation automatisch entstehen. Im extraterrestrischen Raum sind bisher allerdings nur organische Mikromoleküle (z. B. Aminosäuren) nachgewiesen worden, aber keinerlei unmittelbar lebensrelevante Makromoleküle, wie etwa Proteine oder Nukleinsäuren. Erst recht fehlt jeder sichere Nachweis von biologischen Zellen.

Mit anderen Worten: Nachgewiesen wurden bisher einige der kleinen Grundbestandteile der chemischen Bausteine der Lebewesen, noch nicht einmal diese Bausteine selbst, geschweige gar die einfachsten unter diesen belebten Organismen.

Unter diesen Umständen ist der Automatismus nur bei der Genese dieser kleinsten Grundbestandteile uneingeschränkt erwiesen. Für die eigentlichen chemischen Bausteine ist er für den kosmischen Raum zwar bisher noch unbestätigt, aber gleichwohl wahrscheinlich. Doch für das einfachste lebende System – also für die aus diesen Bausteinen aufgebaute biologische Zelle – ist hinsichtlich eines auf das Universum bezogenen Automatismus der Genese eine Aussage beim derzeitigen Kenntnisstand völlig unmöglich. Wer einen derartigen Automatismus der Biogenese behauptet, sagt mithin mehr aus, als er aufgrund der bisher vorliegenden Tatsachen und Erkenntnisse verantworten kann.

Automatismus in der Genese von Zivilisationen?

Wie steht es nun mit der Behauptung, wo auch immer es zur Entstehung von Leben gekommen sei, müsse sich dieses – wie auf der Erde – in seiner Grundtendenz so weiterentwickelt haben, daß es ganz automatisch Intelligenz hervorbrachte? Kann dies tatsächlich um so sicherer angenommen werden, als »kluge Organismen im großen und ganzen eher überleben und mehr Nachkommen hinterlassen als dumme« (S. 107)? Können wir daher tatsächlich »annehmen, daß es überall dort Intelligenz gibt, wo Leben existiert«[5]? Und ist somit wirklich mit einer kosmischen Selektion zu rechnen, die – parallel zum Geschehen auf der Erde – als Endergebnis sozusagen zwangsweise eine hochentwikkelte Technik zur Folge hat?

Alle in diesen Fragen angesprochenen Erwägungen klingen logisch; auf eine durchwegs theoretische Weise sind sie es ja auch. Und doch ist der Gedankengang nicht zu Ende geführt, scheint er einer nur pseudohistorischen, im Grunde physikalistischen Grundeinstellung zu entspringen: Bei völlig übereinstimmenden Ausgangsbedingungen und gleicher Versuchsanordnung ist zwar im allgemeinen zu erwarten, daß ein wiederholtes Experiment immer wieder das gleiche und mithin prognostizierbare Ergebnis liefern wird. Doch das gilt nicht mit derselben Ausschließlichkeit für die Produkte historischer Prozesse, bei denen ja stets eine nichtvorhersehbare Zufallskomponente beteiligt ist. Das Leben aber ist das Produkt eines historischen Vorgangs, und seine weitere Entwicklung ist es erst recht. Daher kann es keinesfalls als ausgemacht gelten, daß die Evolution des Lebens bei anderen Gelegenheiten stets dasselbe Zwischenergebnis – nämlich Intelligenz und Technologie – erzielen würde, geschweige denn automatisch erzielen muß.

Im übrigen widersprechen der anfänglichen Behauptung sogar die Verhältnisse auf unserer Erde selbst. Bereits der Zoologe Joachim Illies wies darauf hin, »daß die höheren, intelligenteren Tierformen, die sich langsam im Verlauf der Erdgeschichte entwickelten, keineswegs alle soviel besser angepaßt oder soviel vollkommener organisiert waren, daß sie ihre Vorgänger notwendig verdrängen mußten«[6]. Und mein Hinweis darauf, daß Bakterien im Prinzip nicht weniger angepaßt und hinsichtlich ihrer Reproduktion nicht etwa weniger erfolgreich sind als die Spezies *Homo sapiens*, liegt auf derselben Ebene.

Allerdings dürfen wir die Dinge nicht allzu differenziert, nicht allzu nahe betrachten, denn mit schwindendem Abstand verringert sich ja auch der generelle Überblick. Betrachten wir den Stammbaum des Tierreichs in seiner Gesamtheit, dann kann uns nicht entgehen, daß der Ansatz zur Herausbildung von »Intelligenz« mehrfach – mindestens dreimal (S. 232; Abb. 13) – erfolgte. Zumindest bei diesen Gelegenheiten setzte also die Tendenz zum »Gescheiterwerden« ein. Doch ging es in anderen Stammeszweigen auch ohne sie: Optimierung wird im allgemeinen tatsächlich angestrebt, aber nicht in jedem Fall, nicht immer und nicht unausweichlich.

Selbst auf unserem eigenen Planeten hat sich aus dem seit langer Zeit vorhandenen Leben Intelligenz nicht überall herausgebildet. Joachim Illies hebt durchaus zutreffend hervor: »In Australien haben sich keine Menschen entwickelt, überhaupt keine Tiere von höherer Intelligenz, nämlich: überhaupt keine höheren Säugetiere.«[6] Auf dem australischen Kontinent blieb die Entwicklung tatsächlich auf dem Niveau der Beuteltiere stehen. Auf den beiden amerikanischen Kontinenten stockte die Evolution ein wenig später, nämlich beim Erreichen jener Stufe, welche die noch-nicht-menschlichen Primaten einnehmen. Weder in Australien noch auch in den beiden Amerikas kam es also zur Entwicklung von Intelligenz und Zivilisation als ursprünglichen, bodenständigen Erscheinungen (sie tauchten sekundär auf, erst im Zuge der Einwanderung des Menschen aus Asien).

Doch selbst dort, wo Intelligenz und die Grundlagen einer kulturellen Weiterentwicklung durchaus gegeben waren, führten sie nicht überall – also nicht automatisch – zur Ausbildung einer sich vor allem auf das Gebiet der Technik spezialisierenden Zivilisation:

Die indianischen Hochkulturen Amerikas haben komplexe Religionen, eine weit entwickelte Astronomie und künstlerisch Exzellentes hervorgebracht. Aber ihre Haustierhaltung blieb auf Hund und Truthahn beschränkt, ihre Menschen kamen niemals auf die Idee, Zugtiere zu verwenden. Der Pflug wurde nicht erfunden, man blieb beim Pflanzstock. Niemals wurde Glas- oder Metallgerät hergestellt. Und vor allem: Obwohl das Funktionieren von Walzen bekannt war, obwohl das Rad bei einer Art von Spielzeug Verwendung fand, obwohl bei den Töpfern der Mayas der *kabal* (ein Trägerblock) mit den Füßen hin- und hergewendet wurde, kam doch niemand auf den so naheliegenden Gedanken, das Rad in seinen vielfältigen technischen Möglichkeiten zu nutzen: am Wagen, an der Seilwinde, im Flaschenzug, als Töpferscheibe usw. Nach einer tausendjährigen Entwicklung trotz des Bestehens von Hochkulturen noch nicht einmal die einfachsten Grundlagen einer zur Mechanisierung weiterführenden Technik!

Auch in den süd- und ostasiatischen Kulturen ist es ursprünglich zu keiner differenzierteren, nämlich auf die Entwicklung von Kraftmaschinen beruhenden Technik gekommen. Zwar haben die Chinesen noch vor den europäischen Zivilisationen Papier und Seide, Kompaß und Porzellan, ja sogar das Schießpulver erfunden (es wurde allerdings nur für die Geräuscherzeugung bei Zeremonien eingesetzt). Zwar haben sie und auch die Inder auf dem Gebiet der gewerblichen Gebrauchsgegenstände das Notwendige entwickelt und einfache Maschinen aus Hebeln, Rollen, Treträdern, Göpelwerken konstruiert. Doch zu einer auch nur mittelmäßig fortgeschrittenen Technik von Dampf-, Wärme-, Verbrennungskraftmotoren kam es nicht.

Als drittes Beispiel möchte ich die *Aboriginals* erwähnen, die vor 25000 Jahren, vermutlich aus Südostasien kommend, in Australien eingewandert waren. Eine eigentliche Technik ist – selbst in ihren Anfangsstadien – bei ihnen nicht entwickelt worden; erste Ansätze gelangten über die Herstellung von allereinfachstem Gerät und primitiven Waffen niemals hinaus: Die Zivilisationstendenz der *Aboriginals* stagnierte auf der Stufe, die es dem Steinzeitmenschen ermöglicht hatte, sich unter den Bedingungen des Lebens im Jäger- und Sammlerstadium zu behaupten und sein Leben im wesentlichen ungefährdet zu fristen.

Welche Ursachen dafür verantwortlich sind, daß in diesen und anderen Fällen der Weg zur technisch entwickelten Zivilisation nicht beschritten wurde, ist schwer zu beurteilen, zumal es sich jeweils um ganze Komplexe aus kausalen Verknüpfungen gehandelt haben dürfte. Innerhalb dieser aber werden wohl zwei Faktoren eine besondere Bedeutung erlangt haben, nämlich einerseits ein Mangel an soziokulturellen Vorbedingungen und anderenteils eine drastische Behinderung durch weltanschauliche, philosophische, religiöse Schranken (siehe auch S. 249).

Im ersteren Fall, dem der soziokulturellen Voraussetzungen, waren einfach die allerersten Grundbedingungen nicht gegeben. Nomaden und Halbnomaden leben mit leichtem Gepäck; jedes für ihre spezifische Lebensweise nicht unbedingt erforderliche Utensil ist Ballast, und das ist eine Situation, die gewiß nicht zum technischen Experimentieren ermutigt. Daher ist bei Völkern im Stadium der Jäger und Sammler noch nicht einmal mit frühen Schritten in Richtung Technik zu rechnen – das Seßhaftwerden und der Übergang zum Ackerbau stellen offenbar indispensable Voraussetzungen dar.

Was aber den anderen Faktor betrifft, den der mentalen Schranken und Tabus, so war es wahrscheinlich eine metaphysisch motivierte Abneigung gegen die unspirituelle Natur und das eindeutige, überprüfbare objektivierte Wissen, die eine Entwicklung der Technik nicht aufkommen ließ. Wurden der Bann, die Faszination, die von einem auf Jenseitiges fixierten Götter- und Dämonenglauben ausgingen, so übermächtig, daß sie dem natürlichen und diesseitig bezogenen »Neugierverhalten« und dem explorativen »Spielverhalten« den Boden entzogen, diesen beiden Vorbedingungen für das menschliche Forschen und Experimentieren? Im Falle der amerikanischen indianischen Hochkulturen dürfte dies zutreffen und ebenso bei jenen süd- und ostasiatischen Kulturen, die sich unter dem Einfluß des Buddhismus, des Hinduismus, des chinesischen Universismus entwickelt haben.

Eine der wichtigsten Voraussetzungen für das empirisch orientierte Forschen und damit für die Einleitung einer Entwicklung zur Technik bestand zweifellos in der Emanzipation des Geistes von den erwähnten metaphysischen Zwängen und von der weltabgewandten Naturverachtung der Mystik. *»The mystics of the world, whether Hindu, Christian or Muslim, belong to the same brotherhood and have a striking family likeness«*, meint zu Recht der indische Philosoph S. Radhakrischnan[7]. (Und so wird verständlich, daß sich die naturwissenschaftlich fundierte Entwicklung zur eigentlichen Technik auch im Einflußbereich des Christentums erst nach dem Zurückdrängen der Mystik einstellen konnte.)

Keineswegs verwunderlich erscheint mir ferner, daß diese Entwicklung dort ausblieb, wo – wie etwa in Indien – die intellektuelle Elite ihr Ideal in der weltentsagenden Askese und Philosophie suchte. *»There is the Path of Wisdom for those who meditate and the Path of Action for those who work«* [8] – und zugleich: *»Physical action is far inferior to an intellect concentrated on the Divine. Have recourse then to the Pure Intelligence! It is only the petty-minded who work for reward.«* [8] So kam es dazu, daß der geringgeschätzte einfache Mann durch seiner Hände Arbeit den erleuchteten *Swami* oder *Guru* ernährte, dieser aber seine geistigen Gaben ausschließlich für den Monolog mit der Transzendenz einsetzte.

Die Bedürfnisse der Gesellschaft, die auf explorativem und inventivem Gebiet bestanden, blieben dann unberücksichtigt, mußten unberücksichtigt bleiben, wenn die mit den erforderlichen Geistesgaben Versehenen ihre Aufgabe allein im weltentrückten Meditieren erblickten oder wenn sie zugunsten einer intuitiven Grundphilosophie das Forschen und Wissen abwerteten. »Brich mit der Weisheit und verwirf die Klugheit«, forderte das Heilige Buch des Lao-tse: »Vom Wissen nicht wissen, ist Höchstes!« Ständig solle dafür Sorge getragen werden, »daß die Leute unwissend und wunschlos sind«, ja sogar dafür, »daß die, welche wissen, nicht zu handeln wagen«[9].

Geringschätzung der materiellen Natur und des diesseitigen Wissens, mystische Hingabe an das Numinose, weltabgewandter Spiritualismus – sie alle mögen zu jenen Barrieren gehören, welche die Entwicklung zur eigentlichen Technik zu blockieren vermochten. Doch was auch immer die tatsächlichen Gründe gewesen sein mögen, so werden die hier angestellten Überlegungen jedenfalls gezeigt haben, daß die Entwicklung einer bodenständigen, technischen Zivilisation selbst bei bereits vorhandenen Grundstrukturen des Lebens keineswegs als ein biologisch sozusagen vorprogrammierter Prozeß gelten kann. Schon die bioevolutive Herausgestaltung von Intelligenz ist, wie wir sahen, keine Selbstverständlichkeit. Und wo sie dennoch entstand, war ihr keineswegs vorausbestimmt, daß naturwissenschaftliches Forschen und technologisches Konstruieren zu einem ihrer Schwerpunkte werden würden. Das Entstehen technischer Zivilisationen folgt somit keineswegs einer gegebenen Automatik; es hängt zum Teil von den biologischen Voraussetzungen ab, noch mehr jedoch von kultur- und geistesgeschichtlichen Faktoren, die von Ort zu Ort stark variieren.

Die famose Green-Bank-Formel

Es zeigt sich somit, daß diese beiden Entwicklungsgänge – das Entstehen des Lebens und die Herausbildung einer technischen Zivilisation – wie jedes historische Geschehen Prozesse mit einer oder mehreren Zufallskomponenten darstellen. Sie sind also nicht prognostizierbar, und sie entziehen sich jedem Versuch einer exakt quantifizierenden Beurteilung.

Dennoch erweckt die so oft zitierte Green-Bank-Formel den Eindruck, man könne die Häufigkeit extraterrestrischer Zivilisationen, die unser Milchstraßensystem bevölkern, mittels einer Gleichung erfassen, von der Erich von Däniken in der englischen Ausgabe seiner »Erinnerungen an die Zukunft« beteuert: *»... the Green Bank formula is a mathematical formula and thus far removed from mere speculation.«* [10]

Im November des Jahres 1961 fand im exobiologischen Mekka, dem bereits mehrfach erwähnten *National Radio Astronomy Observatory* in Green Bank (West Virginia), eine kleine Arbeitstagung statt. Bei dieser Gelegenheit wurde unter der maßgeblichen Mitwirkung von Frank Drake und Carl Sagan eine Gleichung entwickelt, aus welcher die Zahl der technologisch weit entwickelten Zivilisationen des Milchstraßensystems hervorgehen soll. Diese Formel bildet heute weithin die Grundlage für alle an das Laienpublikum gerichteten Beteuerungen: Da oben, über unseren Häuptern, da wimmle es nur so von intelligenten Sozietäten.

Sie sieht in der Tat höchst beeindruckend aus. Betrachten wir sie näher und fühlen wir ihr einmal ein wenig auf den Zahn!

Die Zahl N der technischen Zivilisationen unserer Galaxis ist von einer Reihe von Faktoren abhängig, wobei die Gleichung ihrer gegenwärtigen Fassung entsprechend [11]

$$N = R \quad f_g \, f_p \quad n_e \quad f_l \, f_i \, f_a \quad L$$

lautet. Dabei bedeutet R die jährliche Entstehungsrate von Sternen unserer Galaxis; f_g stellt die Quote der sonnenähnlichen Sterne dar, f_p den Anteil, der Planeten besitzt; n_e steht für die Anzahl von Planeten, welche die Voraussetzungen für eine Biogenese erfüllen; f_1 entspricht der Zahl der Planeten mit tatsächlich erfolgter Biogenese; f_i gibt die Zahl der Planeten wieder, auf welchen sich Intelligenz entwickelte, f_a die Anzahl der technologisch fortgeschrittenen Zivilisationen; L bedeutet die mittlere Lebensdauer dieser Zivilisationen.

Mit diesem Rezept in der Hand haben sich nun mutige Astrophysiker an die Aufgabe gewagt, die entsprechenden Kalkulationen tatsächlich durchzuführen. Natürlich hat man – Sorgfalt geht schließlich über alles! – bei den verschiedenen Faktoren jeweils die geschätzten Minimalzahlen und hiervon getrennt auch die Maximalzahlen eingesetzt, so daß eine untere und eine obere Grenze der ermittelten Wahrscheinlichkeit festgestellt wurde.

Was nun die dabei errechneten Zahlen betrifft, so erscheinen sie in ihrer Präzision zunächst einmal höchst beachtlich. Allerdings werden sich kleinliche Pedanten vielleicht daran stoßen, daß die Angaben so unterschiedlich ausgefallen sind: Däniken zitiert[10] eine Minimalzahl, die 40 beträgt, und eine Maximalzahl von 50 Millionen. R. Breuer nennt (ohne sich diese Zahl zu eigen zu machen) immerhin noch 10 Millionen. Isaac Asimow[12] gibt 530000 an; wie bereits erwähnt, zitiert Hoimar von Ditfurth zunächst 120000, später dann eine runde Million.

Das ist eine sehr beträchtliche Schwankungsbreite. Sollte die so vertrauenerweckend aussehende Gleichung vielleicht doch nicht so verläßlich sein, wie dies so manchem Arglosen erscheinen mag? Wie sieht das in den Details aus, in denen bekanntlich der Teufel steckt?

Hier diese Details: Für den Faktor R kann eine Zahl angegeben werden, die zwar nur theoretisch erschlossen, aber offenbar realistisch ist. Sie beträgt 10. Ebenso theoretisch, aber fortlaufend immer willkürlicher angesetzt sind die Schätzungen bei allen weiteren Faktoren. So gehen z. B. die Meinungen über die Anzahl der Planeten, die in unserer Galaxis die Voraussetzungen für eine Biogenese erfüllen, recht beträchtlich auseinander. Allen diesen Urteilen aber ist gemeinsam, daß sie weitgehend subjektiv sind. Und was die Faktoren f_1, f_i und f_a betrifft, so dürfte man eigentlich, wenn man gewissenhaft vorgeht, in allen diesen Fällen lediglich 1 einsetzen, denn von wie vielen Planeten außer der Erde sind denn das Leben, die Intelligenzen oder eine technologisch fortgeschrittene Zivilisation tatsächlich bekannt? Setzt man aber eine höhere Zahl ein – ganz gleichgültig welche –, so führt man als

Prämisse ein, was eigentlich als Resultat gesucht wird. Für L aber dürfte, wenn es recht zugehen soll, überhaupt keine Zahl angegeben werden, denn die einzige uns wirklich bekannte Zivilisation ist doch unsere eigene. Und da deren Lebensdauer bisher noch nicht abgeschlossen wurde, kann über diese überhaupt nichts ausgesagt werden. Dennoch wird für diesen Faktor verallgemeinernd ein Wert von 10 Millionen Jahren angegeben[11, 12]. Allerdings nennt Sebastian von Hoerner 100000 Jahre[13], gibt Frank Drake nur 10000 Jahre an[14]. Kleine, unwesentliche Differenzen?

So sieht das also bei Licht besehen aus, und man fragt sich: Wie zuverlässig ist eigentlich eine Formel, deren Prämissen zum Teil das Endergebnis vorwegnehmen wollen? Wie seriös ist eigentlich eine Gleichung, die Daten enthält, welche frei und subjektiv geschätzt oder, genauer gesagt, erraten werden müssen? Und wie verläßlich ist eine Formel, die zum Abschluß einen Faktor enthält, für den ein völlig aus der Luft gegriffener Wert eingesetzt werden muß? Doch viele Unentwegte stört das nicht: *The Green Bank formula is a mathematical formula and thus far removed from mere speculation!*

Des Kaisers neue Kleider

Haben wir in den beiden vorausgehenden Abschnitten die sachlichen Argumente diskutiert, so bleibt es uns – der Vollständigkeit wegen – leider nicht erspart, jetzt auch auf ein unsachliches einzugehen.

Psychologisch geschickte Werbeagenten wissen: Man kann den potentiellen Käufer, Klienten, Wähler im gewünschten Sinn beeinflussen, wenn man den Namen des angebotenen Objekts oder Begriffs wiederholt in eine Assoziation mit emotional positiv besetzten Begriffen bringt: Die »junge« Margarine, die »Spaß macht« und schmeckt – – – Die zarte »after seven«-Schokolade mit *snob appeal* – – – Die »männliche« Zigarette des romantisierten harten Urwaldburschen – – – Der »fortschrittliche« Blablakratismus, die babig»soziale« Unitätspartei, die »öko«potente Aktionsinitiative, um nur einige (vorsichtshalber fiktive) Beispiele zu nennen.

Umgekehrt kann bekanntlich das Herstellen einer Assoziation mit negativ besetzten Begriffen den Erfolg zeitigen, daß bei der sodann verunsicherten Zielgruppe ein vom Propagandisten beabsichtigtes

Tafel 1: Der Pseudo-Astronaut von Palenque (Süd-Mexiko).
Links: Das Relief auf dem Sarkophag des Mayafürsten Pacal.
Rechts: Der die Krypta mit dem Sarkophag enthaltende »Tempel der Inschriften« (7. Jh. n. Chr.).
(Aufnahme des Verfassers)

Tafel 2: Der Pseudo-Atlantide und Gigant von Bahmian (zentrales Afghanistan). Monolithische Darstellung des Buddha Vairocana aus dem 5.–6. nachchristlichen Jahrhundert. (Der Größenmaßstab ergibt sich aus dem VW-Fahrzeug neben dem linken und der Person vor dem rechten Fuß der Statue.)
(Aufnahme des Verfassers)

Tafel 3: Die Pseudo-Astronauten von Tiahuanacu (Bolivien).
Der Fries des sogenannten Sonnentors zeigt anthropomorphe Gestalten (Sonnengott? Götterboten?). Er ist präinkaisch (erste nachchristliche Jahrhunderte?).
(Aufnahme des Verfassers)

Tafel 4: Zyklopenbauten der Pseudo-Astronauten in den peruanischen Anden. Inka-Kultur, 13. bzw. 14. Jh. n. Chr.
Unten: Detail der Mauerwälle von Sacsayhuaman bei Cuzco. Man beachte die feine Verfugung, selbst bei einspringenden Winkeln.
Oben: Die befestigte Bergsiedlung Machu Picchu (Pfeil: zu Bauzwecken verfügbares, anstehendes Gestein).
(Aufnahme Machu Picchu: Verfasser; Sacsayhuaman: Prof. Dr. Oberem, Bonn)

Tafel 5: Der Stammbaum der tierischen Organismen.
(Stark vereinfachte Darstellung. HOHLT. = Hohltiere; KL = Kieferlose; UCH = Ur-Chordatier.)
(Vorlage und Aufnahme des Verfassers)

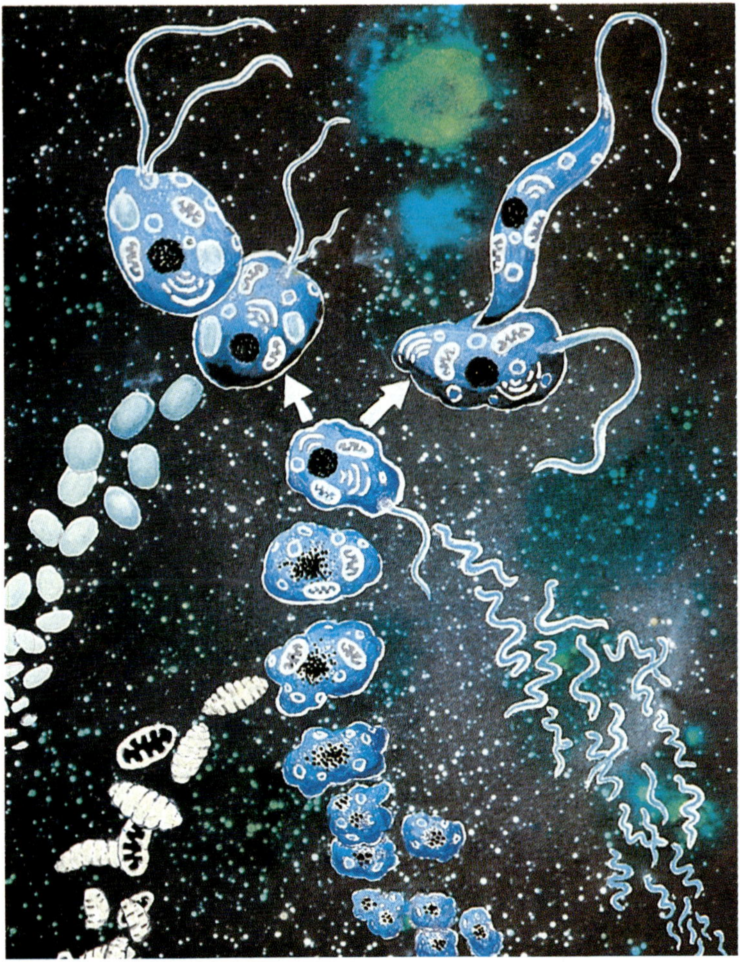

Tafel 6: Bei Entstehung der höher organisierten, kerntragenden Biozelle (Eukaryontenzelle) nach der Endosymbionten-Hypothese.
In der primitiven Archaebakterienzelle (von der Mitte des unteren Bildrandes aufsteigende Serie von Individuen) wird die Erbträgersubstanz, die DNA, zunehmend konzentriert und zu einem kompakten Zellkern zusammengefaßt. Außerdem nimmt die Archaebakterie verschiedene andersartige Bakteriensorten in sich auf, welche zu dauernden, jeweils in spezifischer Weise funktionierenden »Organen« werden: Mitochondrien (aus der unteren linken Ecke aufsteigende Serie), Geißeln (aus der unteren rechten Ecke), Chloroplasten (aus der linken Randmitte entspringend). Der volle Status der Eukaryontenzelle ist etwa in der Bildmitte erreicht, die Pfeile deuten die evolutive Aufspaltung in pflanzliche (links) und tierische Einzeller (rechts) an.
(Vorlage und Aufnahme des Verfassers, nach einer graphischen Idee von H. v. Ditfurth)

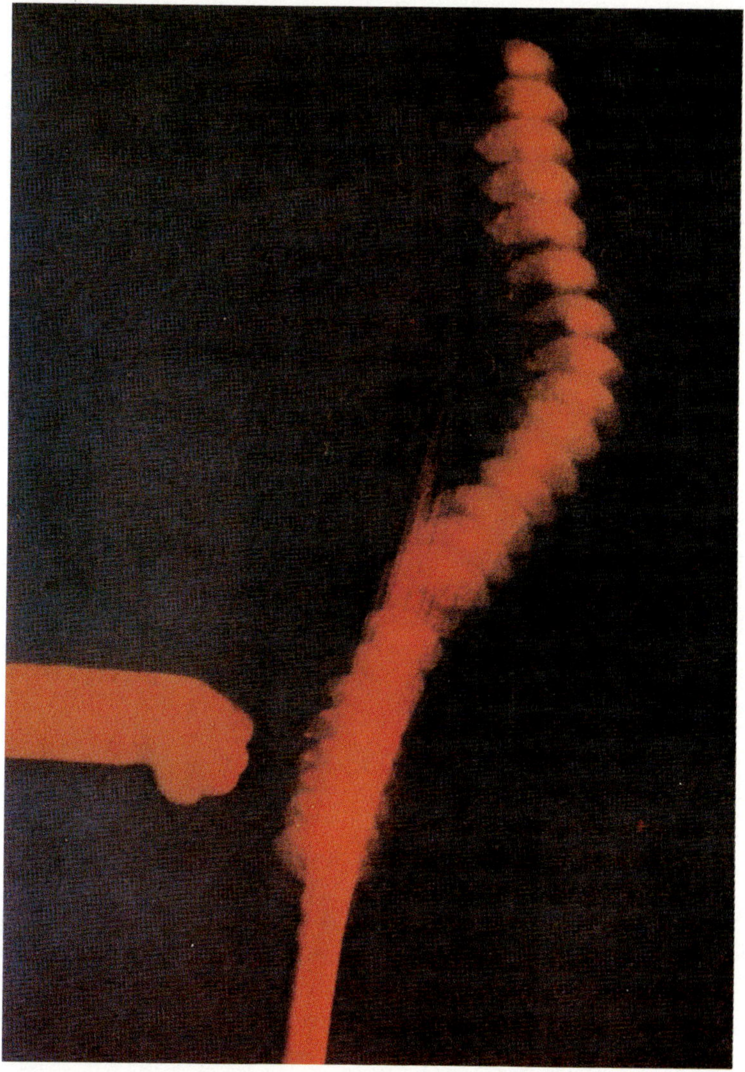

Tafel 7: Anfänge der Wahrnehmung.
Während seines vertikalen Wachstums nimmt der einzellige Algenpilz *Phycomyces* die Nähe eines mechanischen Hindernisses wahr, nämlich einer horizontal stehenden Stahlnadel. Er reagiert durch Ausweichen.
(Aufnahmefolge in Abständen von je 4 Minuten, fotografiert bei Rotlicht, für welches der Pilz »blind« ist, so daß es sein Verhalten nicht beeinflußt; Abstand des Sporenkopfs von der Stahlnadel = 1 mm.)
(Aus: M. Delbrück: K.A.F.-Lectures 10 [1974], Steiner Verlag, Akad. Wissensch. Lit., Mainz; Aufnahme: Dennison)

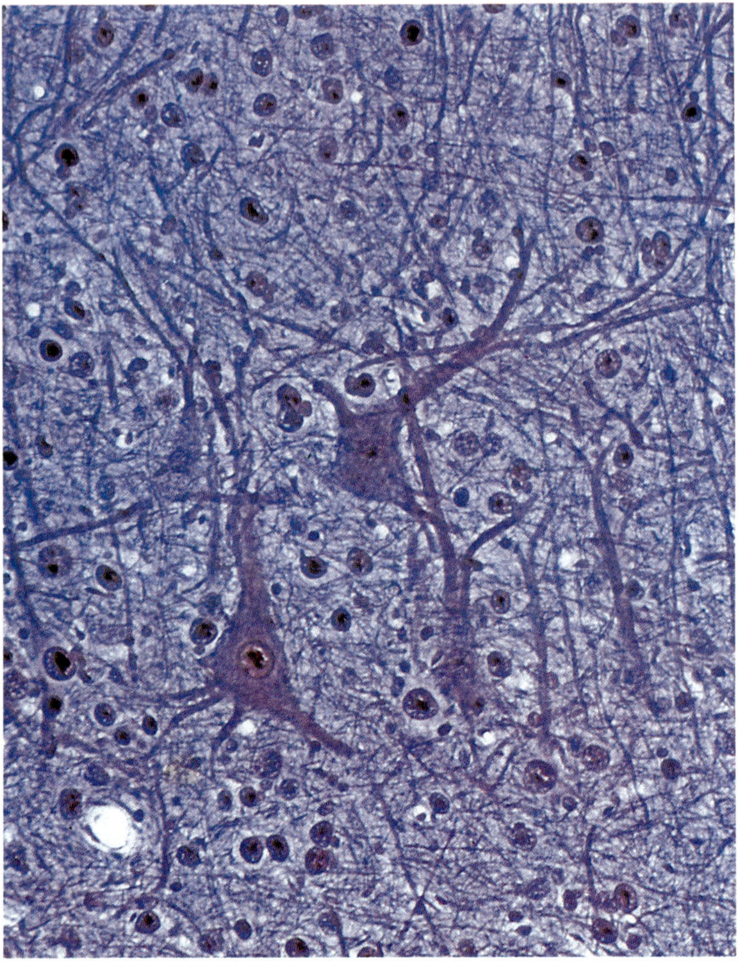

Tafel 8: Die hochgradige Vernetzung der Leitungsbahnen im Gehirn eines Säugetiers. Der Bildausschnitt deckt eine Fläche von etwa 0,6 × 0,4 mm der Gehirnrinde ab. Teils nur randlich, teils median angeschnitten sind mehrere Nervenzellen (Pyramidenzellen). Auch die Verzweigung der Dendriten sowie die ungeheure Dichte und Anzahl der Fortsätze wird deutlich (die horizontalen sind quergeschnitten und erscheinen daher als dicke schwarze Punkte). Man bedenke, daß jeder dieser Stämme ein Bündel aus mehreren hundert Fasern darstellt, welche als die eigentlichen Leitungsbahnen der Impulse dienen.
(Schnittpräparat aus der Gehirnrinde einer Hauskatze. Lichtmikroskopische Aufnahme, Präparat angefärbt, etwa 320fach vergrößert.)
(Präparat und Aufnahme von Prof. Dr. Fleischhauer, Bonn)

Meideverhalten hervorgerufen wird: Wer die Ixpartei wählt, ist »konservativ« – – – Wer wissenschaftliche Objektivität fordert, ist ein »atheistischer Materialist« – – – Wer vor Überfremdung durch unlimitierte Einwanderung warnt, verrät »kleinbürgerliche Ängste«, usw.

Des Kaisers (nicht existente) neue Kleider, so beteuerten in Christian Andersens Märchen die listigen, mit allen Wassern gewaschenen Weber, sollten die wunderbare Eigenschaft besitzen, daß sie für jeden Menschen unsichtbar seien, der nicht für sein Amt tauge oder der unverzeihlich dumm sei. Und natürlich hatte dieser Trick Erfolg; denn wer im ganzen Reich mochte schon gern als dumm oder amtsuntauglich gelten? – – – Carl Sagan dekretierte: »Die Auffassung, das Leben woanders müsse im wesentlichen dem unseren ähnlich sein, nenne ich chauvinistisch.«[15] Und natürlich hatte der Trick Erfolg, denn wer möchte schon gern als Chauvinist gelten? Theoretisch dürfte jetzt also ungestraft als »Leben« auch alles das bezeichnet werden, was dem auf der Erde beheimateten Leben eben nicht ähnlich ist!

Eine bis zu einem gewissen Grad vergleichbare Argumentation kam auch bei uns auf, ja sie wurde sogar so vehement vertreten, daß die von ihr ausgehende Bedrohung noch heute wie ein Damoklesschwert über dem Haupte eines jeden Vermessenen schwebt, der eine abweichende Meinung äußern wollte: »Welch unglaubliche, nur durch eine kaum überbietbare, wahrhaft anthropozentrische Naivität zu entschuldigende Arroganz steckt doch hinter der gedankenlosen Selbstverständlichkeit, mit der wir davon ausgehen, daß das Universum, daß die Geschichte der Natur und daß die Evolution des Lebens auf der Erde 13 Milliarden Jahre lang ohne Geist, ohne schöpferische Phantasie, ohne Intelligenz habe auskommen müssen – weil es uns noch nicht gab«[16] – jedenfalls auf unserem Planeten, denn jenseits von diesem müsse es dies alles sehr wohl schon gegeben haben. Nichtirdische Lebensformen und planetarische Kulturen, sie dürfen nicht bezweifelt werden, denn man bedenke, »... wie lächerlich anmaßend der Glaube wäre, daß es im ganzen unermeßlich weiten Kosmos allein uns Menschen als denkende Wesen gebe«[16]. Er wäre ein Zeichen von »Größenwahn«[13]!

Auf diese Weise wird ein jeder mögliche Zweifler von vornherein eingeschüchtert und die eigene Lehre gegen die Kritik immunisiert. Traut sich danach noch jemand, tatsächlich den extraterrestrischen Geist sowie die planetarischen Kulturen anzuzweifeln und sich dadurch der angedrohten Bezichtigung von Lächerlichkeit und Anmaßung auszusetzen? Wagt es danach noch jemand, den angekündigten Vorwurf von kaum überbietbarer Naivität und unglaublicher Arroganz zu riskieren?

Doch sollte man sich wohl fragen, ob es nicht eher anthropozentrisch und überheblich erscheinen muß, wenn unser eigenes Charakteristikum als denkende Wesen zum Maß und Muster für das genommen wird, was so oder ähnlich anderwärts im Universum angeblich zu erwarten sei. Auch scheint sich mir durchaus die Frage zu stellen, wer hier eher als elitär eingestellt gelten muß: der sich im Besitz des Wissens Glaubende oder der Zweifelnde? Die beschworene Arroganz, auf welcher Seite mag sie zu finden sein? Fontenelle ließ es schon im 18. Jahrhundert durchblicken: »Seyn wir zufrieden, daß wir zu dem kleinen auserwählten Haufen derer gehören die sie [die Extraterrestrier] glauben und breiten wir unser Geheimnis nicht unter dem Pöbel aus!«[17] – Und Fontenelle, man wird sich erinnern, gehörte wahrlich nicht zu den Zweiflern!

»Milliarden für den Mond von hinten?«

Nicht zum »auserwählten Haufen«, sondern zum »ungläubigen Pöbel« gehören demnach jene Autoren, welche den ungebremsten Optimismus der Nachfolger von Fontenelle, Swedenborg und Däniken nicht zu teilen vermögen. Sie sind weitaus geringer an Zahl, diese Dissidenten, und so mag man sich vielleicht fragen, ob darin nicht vielleicht ein Erfolg der präventiven Einschüchterung zum Ausdruck kommt? Oder liegt es nur daran, daß die Mehrzahl der Wissenschaftler, die ja den Forschungsprogrammen der NASA und ähnlicher Institutionen ferner steht, keinerlei Veranlassung sieht, irgendeine Stellungnahme abzugeben?

Der Zoologe Joachim Illies hat sich zum Wert der Green-Bank-Formel vernichtend geäußert, als er von einem Taschenspielertrick und einer Übertölpelung unserer eigenen Logik sprach[18]. Und nach einer zurückhaltenden, eher skeptisch klingenden Diskussion der Gesamtproblematik stellt er fest, von der Wissenschaft sei »keine Aussage zu erwarten über die Wahrscheinlichkeit von intelligentem Leben auf anderen Sternen. Selbstverständlich kann sie solche Möglichkeiten nicht ausschließen – aber sie kann sie auch in keiner wissenschaftlichen Weise wahrscheinlich machen.«[19]

Auch der Kernphysiker Pascual Jordan äußerte Zweifel und war überzeugt: »Hier scheiden sich die Möglichkeiten wissenschaftlichen Denkens einerseits und uferloser Traumphantasie andererseits.«[20] Nicht ganz so kraß, aber ebenso nüchtern urteilte der Münchner Astrophysiker Reinhard Breuer, der zwar – im Gegensatz zu Jordan – mit dem Vorkommen einfachster Lebensformen im Kosmos durchaus rechnet, es aber andererseits für »subjektiv wahrscheinlich« hält, daß wir »die einzige technologische Zivilisation in der Milchstraße sind«[V/3].

Natürlich würde sich die ganze Diskussion erübrigen, wenn im Verlauf der Weltraumfahrten Klarheit geschaffen würde. Der spektralanalytische Nachweis von organischen Mikromolekülen, das so beliebte Durchrechnen von Computer-Modellen, die Beurteilung des stofflichen Gehaltes von Meteoriten und die Konstruktion imponierender Formeln – sie alle liefern doch nicht mehr als karge Anhaltspunkte, die zumeist alles andere als eindeutig sind. So wird man also versucht sein, Zuflucht bei dem alten probaten Rezept eines Jules Verne, eines Münchhausen zu suchen: Selbst hinfahren, selbst nachsehen!

Allerdings haben auch die Raumflüge bisher keine positiven Befunde ergeben. Wir wissen jetzt, daß der Mond ohne Leben ist und daß dies offenbar auch für den Mars gilt, der unter allen Planeten unseres Sonnensystems als Träger des Lebens noch am ehesten in Frage gekommen wäre. Die berühmten »Marskanäle« des Giovanni Schiaparelli lösten sich in nichts auf: Die Aufnahmen, welche 1976 an die Erde übermittelt wurden, zeigten eine weite, öde Steinwüste. In ihr führten die Raumroboter *Viking 1* und *Viking 2*, die mehrere tausend Kilometer voneinander entfernt auf dem Mars gelandet waren, drei Experimente durch: drei Analysen, mit deren Hilfe die Anwesenheit von lebenden Mikroorganismen nachgewiesen oder auch widerlegt werden sollte[21]. Die Resultate fielen allerdings höchst unbefriedigend und vieldeutig aus, Spuren biologischer Aktivitäten konnten nicht mit Sicherheit nachgewiesen werden.

Neueren Untersuchungen zufolge sind die Chancen eines Vorkommens von Leben auf dem Mars oder auch auf der Venus zu so gut wie Null zusammengeschmolzen. Mehr noch: Aufgrund der astronomischen Voraussetzungen, wie sie sich nach einer modernen Revision früherer Ansichten ergeben (S. 244), ist es mehr als unwahrscheinlich geworden, daß sich innerhalb des Sonnensystems Leben auf irgendeinem anderen Planeten als dem unseren entwickeln konnte.

Bleiben also nur noch die anderen Systeme in unserer Galaxis, bleibt ferner nur noch der riesenhafte extragalaktische Teil des Weltraums. Und bleiben vom Methodischen her nur noch zwei theoretische Möglichkeiten des Nachweises einer eventuell tatsächlichen Existenz von intelligenten und technisch begabten Extraterrestriern: Entweder sie bereiten uns das Vergnügen ihres Besuchs *in persona*, oder sie lassen uns freundlicherweise eine Nachricht zukommen.

Allerdings wäre das letztere nunmehr so gut wie nutzlos. Das Lauschen in den Weltraum sollen die sowjetischen Radioastronomen dem Vernehmen nach schon vor einigen Jahren aufgegeben haben. Und was die amerikanischen betrifft, so hat jetzt die systematische Suche nach künstlichen Signalen vermutlich auch bei ihnen ein Ende gefunden, da den betreffenden Programmen 1981 aus Sparsamkeitsgründen die Mittel gestrichen wurden[22].

Es ist verständlich, daß dies diejenigen auf den Plan rief, die in der einen oder anderen Weise – sei es wegen der Finanzierung ihrer Forschungen, sei es wegen publizistischer Tantiemen – bisher von der Extraterrestrier-Saga nicht schlecht profitiert hatten. Der öffentliche Aufruf *»Extraterrestrial Intelligence: An international petition«* [23] trägt allerdings auch die Unterschrift von einigen Wissenschaftlern, für die das alles ganz bestimmt nicht zutrifft. Doch wie dem auch sei, hier wird erneut nach einem Programm gerufen, dessen Finanzierung Kosten verursachen würde, die – so betont man jetzt schon bescheidener geworden – so gering wären, daß sie nicht mehr als »einige wenige Millionen Dollar pro Jahr im Verlaufe von einer oder zwei Dekaden« betragen.

Der deutsche Philosoph Hermann Lübbe hat seinerzeit auf das Unverständnis und die Kritik hingewiesen, welche in der Bevölkerung jene Aktion hervorgerufen hat, bei welcher einer Raumsonde erstmals ein Funkfoto von der Rückseite des Mondes gelang. Dieses kostspielige Unternehmen, so meinte Lübbe, gewährte »dem Laien theoretisch keine andere Erleuchtung als diese, daß der Mond von hinten im wesentlichen so aussieht wie von vorn. Und dafür ein Milliardenaufwand?« [24]

Milliarden für den Mond von hinten? Hundert Millionen Dollar für die Suche nach den so intelligenten Bewohnern des Wolkenkuckuckslandes Oz? Hermann Lübbe hat gewiß recht: Man muß kein verstiegener Moralist sein, »um Fragen dieser Sorte plausibel zu finden, und es liegt allzu nahe, jenen Aufwand in Relation zum Mangel an Mitteln zu setzen, mit dem wir in anderen Bereichen der Forschung zu kämpfen haben, an deren Nutzen – von der pränatalen Medizin bis zur Sicherung archäologischer Bodenschätze rechtzeitig vor ihrer Überbauung – niemand zweifelt«[24].

DRITTER TEIL

Was will ich? (fragt der Verstand).
Worauf kommt es an? (fragt die Urteilskraft).
Was kommt heraus? (fragt die Vernunft).

Immanuel Kant

Schade, daß man einen Teil seines Lebens damit verbringen muß, alte Zauberschlösser zu zerstören.

Voltaire (zitiert von F. M. Wuketits)

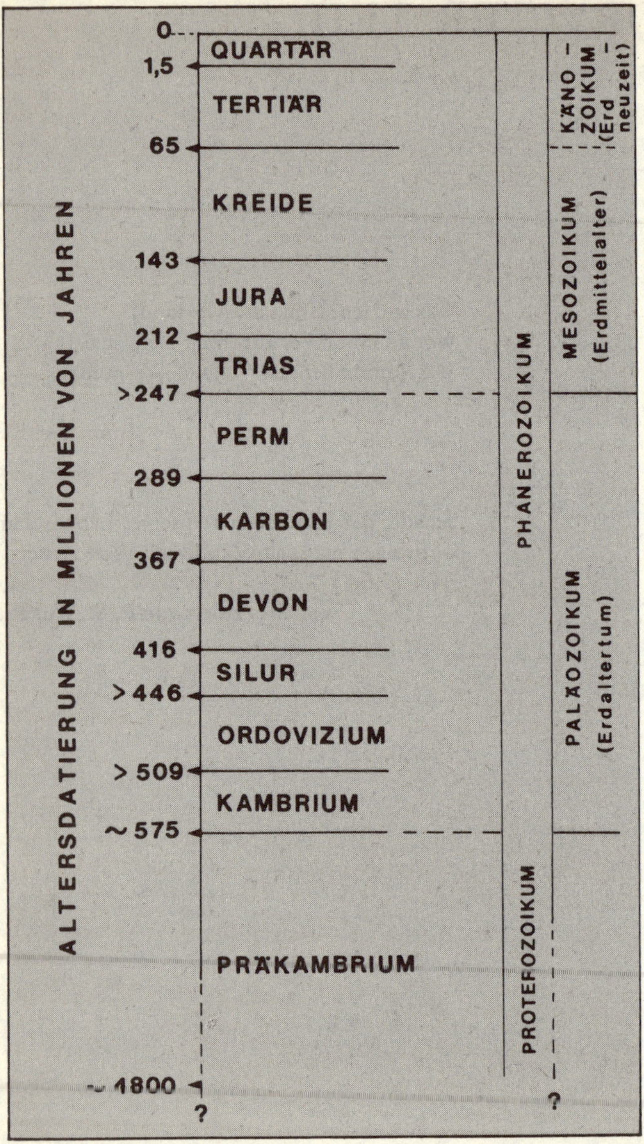
ALTERSDATIERUNG IN MILLIONEN VON JAHREN
0
QUARTÄR
1,5
TERTIÄR
65
KREIDE
143
JURA
212
TRIAS
>247
PERM
289
KARBON
367
DEVON
416
SILUR
>446
ORDOVIZIUM
>509
KAMBRIUM
~575
PRÄKAMBRIUM
~1800
?
PHANEROZOIKUM
PROTEROZOIKUM
KÄNO-ZOIKUM (Erd-neuzeit)
MESOZOIKUM (Erdmittelalter)
PALÄOZOIKUM (Erdaltertum)
?

VII. Das Leben – Schwierigkeiten einer Definition

»Leben, wie wir es kennen« – – – universaler »Sammelbegriff Leben«, innerhalb dessen das irdische nur eine eigene Variante darstellen soll – – – extraterrestrisches Leben als Bioid, also als etwas, das dem irdischen Leben als Analogon gegenüberzustellen sei – – – wohl kaum ein anderer Begriff der aktuellen geistigen Auseinandersetzung und Diskussion ist so zerredet worden wie der des Lebens. Was aber ist dieses Leben wirklich? fragen wir uns. Und schon sehen wir uns mit allen Schwierigkeiten und Widersprüchen konfrontiert, die sich dem Versuch einer Definition entgegenstellen.

Der Biologe W. Nachtigall betont, daß Lebenserscheinungen zwar meßbare und gleichsam begleitende Vorgänge des Lebens, nicht aber das Leben selbst sind. Dem wird man zustimmen, doch zögere ich schon bei der Bemerkung: »Mit naturwissenschaftlichen Methoden ist ›Leben‹ prinzipiell nicht erfaßbar.«[1] Äußert man sich nämlich so, impliziert man zugleich, hinter den Dingen stehe jeweils die abstrakte Platonische Idee, und so stehe sie folglich auch hinter dem vordergründigen Etikett, auf dem der Name »Leben« angegeben ist. Es mag sein, daß dies tatsächlich der Wirklichkeit entspricht. Vielleicht aber auch nicht?

Jedenfalls wird auf diese Weise – und das geschieht bei W. Nachtigall denn ja auch – der Begriff Leben der Philosophie überantwortet. Angeblich zuständigkeitshalber, als ob eine der Geisteswissenschaften im besagten Zusammenhang mit dem Belebten etwa sachkundiger wäre als die mit der Praxis vertraute Biologie. Doch selbst dort, wo sie sich mit zweckdienlichen Informationen versorgt hat, vermag die Philosophie bestenfalls hermeneutisch fundierte Betrachtungen anzustellen, Reflexionen, wie sie uns in höchst reizvoller Gestaltung etwa bei Thomas Mann entgegentreten:

»Was also war das Leben? Es war Wärme, das Wärmeprodukt formerhaltender Bestandlosigkeit, ein Fieber der Materie, von welchem der Prozeß unaufhörlicher Zersetzung und Wiederherstellung unhaltbar verwickelt, unhaltbar kunstreich aufgebauter Eiweißmolekel begleitet war. Es war das Sein des eigentlich Nicht–sein-Könnenden, des nur in diesem verschränkten und fiebrigen Prozeß von Zerfall und Erneuerung mit süßlich-schmerzlich-genauer Not auf dem Punkte des Seins Balancierenden. Es war nicht materiell, und es war nicht Geist. Es war etwas zwischen beiden, ein Phänomen, getragen von Materie, gleich dem Regenbogen auf dem Wasserfall und gleich der Flamme. Aber wiewohl nicht materiell, war es sinnlich bis zur Lust und zum Ekel, die Schamlosigkeit der selbstempfindlich-reizbar gewordenen Materie, die unzüchtige Form des Seins. Es war ein heimlich-fühlsames Sichregen in der keuschen Kälte des Alls, eine wollüstig-verstohlene Unsauberkeit von Nährsaugung und Ausscheidung, ein exkretorischer Atemhauch von Kohlensäure und üblen Stoffen verborgener Herkunft und Beschaffenheit. Es war das durch Überausgleich seiner Unbeständigkeit ermöglichte und in eingeborene Bildungsgesetze gebannte Wuchern, Sichentfalten und Gestaltbilden von etwas Gedunsenem aus Wasser, Eiweiß, Salz und Fetten, welches man Fleisch nannte und das zur Form, zum hohen Bilde, zur Schönheit wurde, dabei jedoch der Inbegriff der Sinnlichkeit und der Begierde war. Denn diese Form und Schönheit war nicht geistgetragen ...«[2]

Hier wird Literatur zur Philosophie, Philosophie zur Literatur, und hier werden beide zur Kunst, die dem Erfühlten das Wort erteilt und die im Sinne von Wilhelm Dilthey »versteht«. Allerdings: »erklärt« hat sie damit nicht das geringste, und so wird man sich fragen müssen, ob es uns weiterbringt, wenn das Leben als »eine infektiöse Erkrankung der Materie« erschaut wird oder wenn es dem geistigen Auge des Philosophierenden als ein »...Fortschritt auf dem Abenteuerpfade des unehrbar gewordenen Geistes, Schamwärmereflex der zur Fühlsamkeit geweckten Materie ...«[2] erscheinen will.

Es sei allerdings gleich hinzugefügt, daß andererseits auch die Manie mancher Naturwissenschaftler, die Abstraktion bis ins Extreme zu treiben, nichts hervorbringt, was das intuitiv Erahnte an Informationsgehalt etwa zu übertreffen vermöchte. Was eigentlich besagt mehr, Thomas Manns dichterische, intuitive, wortgewaltige Betrachtung oder J. S. Haldanes Definition, die da mit dürren Worten nicht mehr aussagen will, als daß das Leben ein aktives Aufrechterhalten einer normalen und spezifischen Struktur sei[3]? (Dieses trifft ja letztlich auch bei einem stalaktitischen Tropfstein zu, dessen chemische Bindungskräfte beim Wachstum an den submikroskopisch winzigen Kanten und auf den Kristallflächen höchst aktiv die normale innere [aragonitische] und äußere [»abwärts gerichtete«] Struktur des Gesamtaggregats aufrechterhalten.)

Doch es geht ja hier nicht darum, ob die Definition in ihrer Formulierung besonders konkret oder völlig abstrakt, eloquent oder wortkarg ist, sondern darum, ob sie zutreffend ist. Kann dies, wie so oft beteuert wird, wirklich nur dann gewährleistet sein, wenn man die Bestimmung des Begriffs Leben dem Philosophen überträgt? In diesem Fall nicht etwa dem philosophierenden Dichter, sondern dem sozusagen »von Amts wegen« Philosophierenden?

Kürzlich haben sich Robert Spaemann und Reinhard Löw im Rahmen ihrer engagierten Apologie des teleologischen Denkens mit dem Phänomen Leben auseinandergesetzt, wobei sie die bisherigen Versuche, sich einer Definition naturwissenschaftlich zu nähern, einer unverhohlenen Kritik unterzogen. Quintessenz: »Natürlich *bedient* sich das Leben des Mechanischen, des Physikalisch-Chemischen, der Selbstregulation ... aber es geht nicht darin auf.«[4] Nun mag zwar diese Behauptung einem selbstgesetzten Vor-Verständnis entstammen und als Glaubenssatz nicht falsifizierbar sein, doch wollen wir sie *for the sake of argument* gelten lassen, begierig zu erfahren, wie denn wohl – nach der strikten Ablehnung der anderen Bemühungen – die beiden Philosophen zu einer eigenen fundierten Definition gelangen mögen.

Unsere Erwartungen, so will mir scheinen, werden allerdings enttäuscht. Zwar werden wir darüber belehrt, daß »das einzig sichere Kriterium für Leben unser *Selbstvollzug* des Lebens« sei und daß wir »Analogien dieses so in seiner Fülle erfahrenen Lebens anderen Wesen zuschreiben«[4]. (Analogien! Als ob der Begriff Leben etwa teilbar wäre!) Doch sucht man vergebens nach einer Definition, welche die naturwissenschaftlichen Versuche einer Umschreibung zu ersetzen vermöchte: Eine eigentliche Begriffsbestimmung bleibt uns auch diese teleologisch-philosophische Betrachtung letztlich schuldig, die möglicherweise *versteht*, aber offenbar gleichfalls nicht *weiß* und ganz gewiß nicht *erklärt*, was Leben ist. So mag sich also mancher von uns fragen, ob der von Spaemann im Vorwort gerügte Satz des Roger Bacon wirklich so abwegig ist, der meint, daß die Betrachtung natürlicher Prozesse unter dem Aspekt ihrer Zielgerichtetheit steril ist und »wie eine gottgeweihte Jungfrau« nichts gebiert.

Wenn nun aber das naturwissenschaftliche Bemühen durch das philosophische abgelehnt wird, dieses letztere seinerseits aber unproduktiv bleibt (oder bleiben muß), sollten wir dann nicht für wahrscheinlich halten, daß unsere Frage nach dem Wesen und der Definition des Begriffs Leben gar nicht beantwortet werden kann, weil sich uns diese Erkenntnis etwa ganz grundsätzlich entzieht?

Anorganisches Leben? Lebende Moleküle?

Muß uns der Begriff Leben als ein *ignorabimus* gelten, eine Erscheinung aus der »Wir-werden-es-niemals-ergründen«-Kategorie? Der Inhalt eines unlösbaren Rätsels, eines nicht zu lüftenden Geheimnisses – ist das die Bedeutung des Begriffs Leben? Oder ist das Rätsel gelöst, das Geheimnis bereits gelüftet, die Idee hinter der Erscheinung als inexistent entlarvt? – – – »Du siehst, ein Hund, und kein Gespenst ist da!«[5]: Das Leben nichts als Fleisch und Blut und mithin eben doch nichts anderes als ein Resultat chemischer Prozesse?

Bei dem Kristallographen und Physikochemiker J. D. Bernal wird uns eine entsprechende Definition tatsächlich angeboten: »Leben bedeutet partielle, kontinuierliche, progressive, vielgestaltige und den Gegebenheiten nach wechselwirksame Selbstrealisation der Potenzen von Elektronenzuständen des Atoms.«[6] Das freilich ist eine recht radikale, eine extreme Auffassung, die nicht ohne Bedenken zur Kenntnis genommen werden kann. Will man das Phänomen Leben in so überspitzt reduktionistischer Weise auf eine Selbstrealisation der Potenzen von Elektronenzuständen zurückführen, landet man letztlich bei der Auffassung von Friedrich Engels, der im Phänomen Leben im Prinzip lediglich eine der Bewegungsformen der Materie erblicken wollte[7]. Man läßt das Leben dann *per definitionem* bereits im subatomaren oder atomaren Bereich beginnen – und öffnet auf diese Weise die Büchse der Pandora. Denn erweitert man den Geltungsbereich willkürlich bis weit hinein ins Anorganische, dann könnte unter dem Gütezeichen »nichtorganisches Leben« alles und jedes feilgeboten werden.

Vornehmlich würde es sich dabei wohl um rein physikochemische

Phänomene nach Art der auf S. 103f. erwähnten handeln: »Ob man eine solche Erscheinung noch Leben nennt, ist eine Frage der Definition. Mit Sicherheit wäre es kein *organisches* Leben, ja wahrscheinlich würden wir es als Leben kaum erkennen. Ein Raumfahrer, der mit seinem Stiefel in den Sand einer Planetenoberfläche tritt, könnte es vielleicht mit einem Schritt zerstören.«[8]

Entziehen wir, wie in diesem Zitat geschehen, dem Begriff Leben hinsichtlich seines materiellen Substrats jene Grundlage, die ihm spezifisch durch die organischen Verbindungen verliehen ist, dann verliert die Bezeichnung Leben allerdings ihre Aussagekraft – darüber sollte man sich im klaren sein. Was man dann in die Rubrik Leben einstufen will, wäre völlig der Laune und dem subjektiven Belieben des einzelnen überlassen. Daher ist es notwendig, darauf zu bestehen, daß die Bezeichnung »lebend« für solche Systeme reserviert wird, deren wesentliche Bausteine organischer Natur[9] sind, wobei Nukleinsäuren und Proteine die indispensablen Hauptbestandteile darstellen. *»I'm willing to bet my bottom dollar that if we find life somewhere else, it's going to be a nucleic-acid, protein life«*, meint der prominente Biochemiker Cyril Ponnamperuma[10]. Und: »Leben ist die Daseinsweise der Eiweiße«, philosophierte schon Friedrich Engels[7].

Von »lebenden« Polymeren spricht die Organische Chemie, wenn sie beliebig lange wachsende Moleküle oder Molekülsysteme meint[11], auf »lebende« Eiweißmoleküle weist der NASA-Wissenschaftler Ernst Stuhlinger hin[12]. Und in beiden Fällen zwingt offenbar das schlechte Gewissen dazu, das Wort »lebend« letztlich eben doch in Anführungsstriche zu setzen. Denn lebende Moleküle gibt es nicht: Das einfachste System, das alle Grundeigenschaften des Lebendigen besitzt, ist die biologische Zelle (S. 165), und diese rangiert, was die Komplexitätsstufe betrifft, weit über dem Niveau des einzelnen Moleküls.

Dissipative Struktur, chemischer Regelkreis?

Im Anschluß an ein 1979 in Schliersee veranstaltetes Rundgespräch über die Evolution der Planetenatmosphären und des Lebens kam es unter der Federführung des Bochumer Biologen U. Winkler zu einem schriftlichen Meinungsaustausch über die Definierbarkeit des Begriffs Leben. Bei dieser Gelegenheit[13] formulierte der Wiener Physikochemiker E. Broda als zweckmäßig die folgende Arbeitsdefinition: »Das Leben ist die Funktion dissipativer, vorwiegend organischer Systeme, die auf einer Anzahl von ineinandergreifenden spezifisch katalysierten Kreisprozessen beruhen.«

Im Prinzip ähnlich, aber in der Abstraktion maßvoller, äußerte sich der Hannoveraner Chemiker Peter Decker. Nach seiner Auffassung ist Leben »eine dissipative Struktur in einem von den 6000°C ›heißen‹ Quanten der Sonne angetriebenen offenen System, ein Netzwerk katalysierter chemischer Reaktionen, gekennzeichnet durch die Verwendung standardisierter Katalysatoren ..., deren Aminosäuresequenz von einem selbstreplizierenden Nucleinsäurecode gesteuert wird«[13].

In beiden Fällen nimmt die Definition auf den Begriff der dissipativen, also der »energiezerstreuenden« Struktur Bezug[14]. Lebewesen sind offene, quasistabile Systeme, die – fern vom thermodynamischen Gleichgewicht – Energie umsetzende und von ihr abhängende Komplexe darstellen. Sie befinden sich in einem Fließgleichgewicht, ganz so wie die scheinbar stehende Welle im dahinfließenden Bach, wie die Turbulenz im Strom, die beide nur so lange Bestand haben, wie der sie tragende Energiezufluß anhält. Allerdings besteht ein gewisser Unterschied zur sozusagen stehenden Welle des Bachs oder zur ebenfalls vergleichbaren Kerzenflamme: Diesen beiden wird die erhaltende Energie von außen zugeliefert, und zwar ohne eigenes Zutun. Die dissipative Struktur im engeren Sinn aber ist jene, die durch Eigenverstärkung ihrer Fluktuationsprozesse ihren Energie- und Massenumsatz in der Wechselwirkung mit ihrer Umwelt selbst in Gang hält und die sich somit stets selbst erneuert. Und insofern entspricht der Grundzustand eines Lebewesens tatsächlich dem eines echten dissipativen Systems.

Auch die anderen herangezogenen Kriterien erscheinen ohne weiteres als maßgeblich. Die Bedeutung der katalysierten chemischen Netz- und Kreisprozesse für die Entstehung und Aufrechterhaltung des Lebensvorgangs könnte allenfalls bestreiten, wer unerfahren ist oder sich – aus welchen Gründen auch immer – zu einem objektiven Urteil nicht bereit findet. Dennoch wird man sich schließlich fragen: Ist das alles?

Replizierende Information?

Dissipative Struktur, System von katalysierten Kreisprozessen – das sind Hinweise auf grundlegende, wichtige Eigenschaften des Lebens, abstrahierte Charakterzüge, die durchaus diagnostische Züge tragen. Doch sie sind nicht die einzigen. Dem Biochemiker – vor allem dem Göttinger Hans W. Kuhn – scheint noch bedeutsamer: Man sollte Systeme als lebend bezeichnen, »die sich durch Vervielfältigung, Mutation und Selektion in vielfacher Wiederholung an die vorgegebene Umwelt anpassen«[13]. Wobei, wie die weiteren Ausführungen erkennen lassen, der Replikation (also der identischen Vervielfältigung) als Voraussetzung für alles weitere die entscheidende Bedeutung beigemessen wird.

Hier mag es zunächst vollauf plausibel erscheinen, wenn H. Kuhn betont, »daß mit dem Auftreten des ersten Moleküls, das ... repliziert, ein *fundamentaler Umschwung* passiert: Eine Eigenschaft der Materie, die vorher auch nicht andeutungsweise da war, manifestiert sich ... Ich kann also den Umschwung, der zum Leben führt, nicht anderswo als in diesem fundamentalen Ereignis sehen.«[13] Aber es ist eine Sache, in diesem als Umschwung deklarierten Phänomen der Selbstreplikation nur einen Schritt zu sehen, der *zum* Leben *führt (sic!)*, und wiederum eine andere Sache, ihn zu benützen, um mit seiner Hilfe »ein Funktionsgefüge aus replikationsfähigen Molekülen ... schon als lebend zu betrachten«[13]. Nur auf diese Weise klar abzugrenzen, also exakt zu definieren, will mir nicht gerechtfertigt erscheinen, und zwar aus folgendem Grund:

Die Fähigkeit zur identischen Vervielfältigung – Replikation, wenn man so will – reicht, für sich betrachtet, zur Definition eines belebten Systems nicht aus: Wenn Öltröpfchen und Koazervate[15] eine gewisse Größe überschreiten, kommt es zu einer Reproduktion durch Teilung, und bei ihren Teilprodukten verhält sich dies ebenso. Wenn künstliche proteinoide Mikrosphären[16] über einen gewissen Schwellenwert hinaus an Größe zunehmen, so teilen sie sich in gleichwertige Tochtergebilde, die sich ihrerseits ebenso verhalten. In der Gegenwart von Trypsinogen und Pepsinogen replizieren die Enzyme Trypsin und Pepsin. A. Weiss hat am Beispiel von Schichtsilikaten nachgewiesen, »daß das Prinzip der Replikation, d. h. die spontane Selbstvervielfachung eines Informationsträgers, eine allgemeine Eigenschaft bestimmter makromolekularer Systeme ist«[17], und zwar nicht nur der belebten.

Unter allen diesen Umständen wird man dem Phänomen der Replikation bzw. Selbstreproduktion zwar zugestehen können, daß es auf dem Wege zur Entstehung des Lebens eine bedeutende Rolle gespielt hat. Aber so weit zu gehen, daß man es als entscheidendes Kriterium für den Begriff Leben ausgibt, das dürfte sicherlich nicht gerechtfertigt sein – denn dann wäre man ja gezwungen, auch den erwähnten Silikatkomplex, auch das Koazervattröpfchen, auch die künstliche Mikrosphäre als belebt zu bezeichnen. Das aber wäre so abwegig, daß es eine entsprechende Behauptung von ernst zu nehmender Seite bisher noch nicht gegeben hat.

Die sogenannte meaninglessness

Im Jahre 1938 behauptete der englische Biochemiker N. W. Pirie die Bedeutungslosigkeit, die *meaninglessness*, der Ausdrücke Leben und lebend. Diese Bezeichnungen seien sinnlos, weil die ihnen zugrunde liegenden Begriffe seiner Meinung nach nicht ausreichend definiert werden können.

In seinem Essay hatte Pirie den Übergang vom Nichtbelebten zum Lebenden mit dem von grün zu gelb oder von alkalisch zu sauer verglichen, und er meinte: »Wenn dieser Vergleich gültig ist, wäre es möglich, eine präzise, aber willkürliche Trennlinie zu ziehen. Doch da gezeigt wurde, daß ›das Leben‹ nicht etwa mit Hilfe einer einzigen Variablen – wie z. B. Farbe – definiert werden kann, ist der Vergleich nicht im engeren Sinn gültig, und eine jedwede Trennung würde aufgrund der Summe einer ganzen Zahl von Variablen durchgeführt werden müssen, von welchen eine jede gleich Null sein könnte.«[18] Eine solche Trennlinie zu ziehen aber erschien ihm wegen der hier gegebenen Komplexität als nicht durchführbar.

In durchaus analoger Weise läßt sich auch H. Kuhn von der angenommenen Kontinuität des Übergangs vom Zustand »unbelebt« zum Zustand »belebt« beeindrucken: »Die Situation ist ähnlich wie etwa die Frage der Definition ›Mensch‹. Ob man nun den Neandertaler als Mensch oder als Nichtmensch definiert, ist wissenschaftlich völlig belanglos und nichtssagend. Worte wie ›Leben‹ oder ›Mensch‹ verlieren ihren Sinn bei der Betrachtung allmählicher Übergänge.«[13]

Nun sei hier nicht besonders hervorgekehrt, daß die Frage der Zuordnung des Neandertalers den zuständigen Paläoanthropologen weitaus weniger Kopfzerbrechen verursacht hat als dem Biochemiker: Natürlich war der *Homo sapiens neanderthalensis* im Sinne der international gebräuchlichen Definition [19] ohne den geringsten Zweifel ein Mensch. Bedeutsamer ist aber die semantisch völlig unhaltbare Auffassung, im Falle allmählicher Übergänge würden Begriffsbezeichnungen ihren Sinn verlieren.

Allein schon die Praxis wäre geeignet, dies zu widerlegen: Da die Bezeichnung Leben bei dieser Auffassung ihren Sinn verloren hätte und da der Naturwissenschaftler ja mit sinnlosen Worten oder Begriffen nicht operiert, wäre z. B. der Biochemiker gehalten, bei allen seinen Aussagen diese Begriffsbezeichnung (oder auch einen Ersatz für sie) strikt zu vermeiden. Wie weit das praktisch durchführbar wäre, wird man sich leicht selbst ausmalen können, wenn man einmal prüft, wie oft in den Publikationen solcher Biochemiker, die sich mit der Entstehung des Lebens auseinandersetzen, der Ausdruck »Leben« oder »belebt« im Text erscheint.

Darüber hinaus aber wäre ein so restriktives Vorgehen auch völlig unnötig, denn unabhängig davon, daß es eben auch die erwähnten Übergänge gibt, wird doch kein Mensch ernstlich daran zweifeln wollen, daß ein Kieselstein unbelebt, eine Klapperschlange aber durchaus lebend ist und daß man für diese beiden einander entgegengesetzten Zustände auch die beiden unmißverständlichen Zustands- und Begriffsbezeichnungen benötigt. Daß im Falle bestehender Übergänge »Worte ihren Sinn verlieren«, entpuppt sich somit als eine durch nichts gerechtfertigte und semantisch nicht akzeptable Behauptung. Wieso eigentlich sollten die Begriffsbezeichnungen »rot« und »blau« ihren Sinn und ihre Bedeutung verlieren, nur weil es auch das violette Übergangsfeld gibt?

Im übrigen stellt sich die gesamte Streitfrage im wissenschaftlichen Alltag schnell als eine leere Logomachie heraus: Zwar bekennen sie alle, Physikochemiker, Biochemiker und manche Mikrobiologen, höchst freimütig, sie wüßten nicht, was Leben ist, man könne es nicht definieren, und es gebe doch so viele Übergänge, daß jeder Schnitt beliebig und willkürlich wäre. Wenn es dann aber zum Schwur kommt, wenn in der Theorie der Biogenese (der Entstehung belebter Strukturen aus anorganischen Vorläufern) diese Übergänge verbal abzuhandeln sind, dann zögern die Autoren bei ihrer Terminologie nicht im geringsten. Und was das Auffälligste ist: Dann stimmen ihre spontanen Terminologien sogar in höchst bemerkenswerter Weise überein: Die Entwicklungsstufen unterhalb der Biozelle werden ausnahmslos als »präbiotische Systeme« zitiert; völlig uneingeschränkt als »belebt«, als »Lebewesen« wird erstmals nur diese Biozelle selbst bezeichnet. Sollte das ein Zufall sein?

William von Occams Rasiermesser

Zur Bedeutungslosigkeit haben die Bezeichnung Leben ferner vor allem diejenigen unter den Verkündern von extraterrestrischen Intelligenzen verurteilt, die den Begriff Leben höchst eigenmächtig zum Sammelbegriff erklärten, wobei *life as we know it* als irdischer Spezialfall gelten soll. Sie gehen dabei so vor, als seien diese Auffassung und die ihr zugrunde gelegte uferlose Verallgemeinerung des Begriffs Leben eine Selbstverständlichkeit (so z. B. wenn dem Nobelpreisträger Jacques Monod und dem Kernphysiker Pascual Jordan sehr souverän eine herbe Rüge erteilt wird, nur weil sie, von der Erscheinung des Lebens sprechend, den Zusatz wegließen: »... des Lebens in der speziellen Form, in der es sich auf der Erde entwickelt hat«[20]).

Nun verhält es sich allerdings so, daß für den nüchtern und kritisch urteilenden Wissenschaftler eigentlich nicht die geringste Veranlassung besteht, den Gültigkeitsbereich oder die Reichweite des Begriffs Leben zu erweitern: Weder ist neben dem irdischen Leben irgendein anderes nachgewiesen worden, noch zeichnen sich ernst zu nehmende Indizien ab, die es wahrscheinlich machen würden, daß es noch ein zweites oder weiteres Leben anderer Wesensart oder Beschaffenheit gibt.

Es wird aber diese terminologische Ausweitung als logische Voraussetzung dann notwendig, wenn man einer Hypothese von der extraterrestrischen Intelligenz um jeden Preis den Anschein von Glaubwürdigkeit und Respektabilität verleihen möchte. In diesem Fall ist eine solche Erweiterung des Begriffs Leben eine *Ad-hoc*-Maßnahme und die Behauptung der Pluralität verschiedenster Sorten von Leben eine *Ad-hoc*-Hypothese. Das aber ist schlimm, das ruft förmlich nach dem Barbier und macht den Einsatz des berühmten Occamschen Rasiermessers erforderlich.

Der gegen seinen Papst opponierende Franziskaner William von

Occam aus Surrey starb 1349 in München, mit dem Kirchenbann belegt, doch unter dem Schutz Kaiser Ludwigs des Bayern stehend. Neben dem Wirken von Roger Bacon (gleichfalls einem Franziskaner) war es wohl auch seinem philosophischen Werk zu verdanken, daß in der abendländischen Kultur jene Scheidung von Philosophie und Wissenschaft gegenüber der Theologie und Religion eintrat, die in manchen anderen Hochkulturen unterblieb (S. 250). Daneben aber war vor allem auch seine Auseinandersetzung mit den Grundlagen der Logik und, wie wir heute sagen würden, mit der Wissenschaftstheorie von Bedeutung. Hier haben einige seiner Postulate eine Gültigkeit erlangt, die sich bis heute erhalten hat.

Seine Forderungen scheinen mir gerade in unserer heutigen Situation besonders aktuell zu sein: Man unterlasse es, unnötige und überflüssige Hypothesen in die Welt zu setzen! – Und: Wo eine einzige Annahme zur Erklärung genügt, ist es nicht erforderlich, mehrere Annahmen einzuführen. – Ferner: Wo mehrere Hypothesen konkurrieren, ist derjenigen der Vorzug zu geben, die mit der geringsten Zahl von Voraussetzungen auskommt.

Im Occamschen Sinn ist die Ausweitung der angeblichen Gültigkeit des Begriffs Leben auf unbekannte und fiktive weitere Fälle also vollkommen unnötig und überflüssig. Darüber hinaus aber ist sie auch schädlich. Schon der weise Konfuzius empfahl dringend, es möge darauf geachtet werden, »daß alle Dinge mit ihrem rechten Namen genannt werden. Wenn die Sprache nicht stimmt, dann ist das, was gesagt wird, nicht das, was gemeint ist. Ist das, was gesagt wird, nicht das, was gemeint ist, so kommen keine guten Werke zustande.« Diese Feststellung ist auch heute noch, nach zweitausendfünfhundert Jahren, zutreffend, und so ist es nicht verwunderlich, daß aus der Feder so manches sorglosen Autors, dem es unmöglich zu sein scheint, »die Wörter nicht in dem Besitz ihrer Bedeutung zu stören«[21], keine im Sinne des Konfuzius guten Werke hervorgehen, sondern solche, die unter den Folgen undisziplinierter Sprache und undisziplinierten Denkens leiden.

Die bis zum Überziehen gesteigerte Streckung eines Begriffs wird schuld an einem eintretenden Verlust seines Wirklichkeitsgehaltes. Eine leergewordene Sprechblase, eine sinnentleerte Worthülse bleiben zurück, ein Schritt in der Richtung auf das sprachliche Chaos und die Verwirrung der Begriffe ist getan. Wenn nach Thomas von Aquin »des

Weisen Amt heißt: Ordnen«, so sollte es nun nicht schwerfallen, das Ausmaß an Weisheit bei jenen unbedachten Schnelldenkern zu beurteilen, die in das System unserer Begriffe und Wörter so unbekümmert die Unordnung tragen.

Versuch einer Begriffsbestimmung

Wenn Bezeichnungen wie der soeben angesprochene »weitsichtige Weise« oder der »kurzsichtige Tor« zu Recht eine Tautologie genannt werden, so muß eine solche Einstufung als Tautologie in gleicher Weise auch für die Ausdrücke »irdisches Leben« oder »Leben, wie wir es kennen« zutreffen. Als sich einst ein junger Abgeordneter beim alten Bundeskanzler Adenauer über die Perfidie seiner Mitmenschen beklagte, meinte dieser resigniert: »Sie müssen die Leute schon nehmen, wie sie sind – andere gibt's nämlich nicht!« Nehmen wir also das Leben, wie es ist, das Leben so, wie wir es kennen – ein anderes gibt's wahrscheinlich nicht –, und versuchen wir, es zu definieren!

Doch selbst noch in diesem Fall werden uns unüberbrückbare Schwierigkeiten entgegentreten, Hindernisse, die sich daraus ergeben, daß es sich – ich deutete das bereits an – um ein so hochkomplexes, aufgrund seiner Entstehungsgeschichte so vielschichtiges Phänomen handelt. So viele Facetten, so viele Aspekte, so viele Charakterzüge – und sie alle erfordern Berücksichtigung. Was Wunder, daß der eine Definition suchende Naturwissenschaftler sein Heil im Abstrahieren sucht. Und doch lauert – auch dies sahen wir bereits – in der Abstraktion die Gefahr des Realitätsverlustes. Vermeiden wir also die Abstraktion, halten wir uns an das Konkrete!

Was eben dieses Konkrete betrifft, so wäre zunächst einmal festzuhalten, daß es im Bereich des Stofflichen Grundzüge gibt, in welchen die Einheitlichkeit alles Belebten deutlich zum Ausdruck kommt. Bei allen Lebewesen treten dieselben vier Basen der Desoxyribonukleinsäure (DNA), dieselben Aminosäuren der Eiweiße, dieselben Enzyme auf, stets handelt es sich (beim Vorliegen eines asymmetrisch plazierten Kohlenstoffs) um optisch in gleicher Weise aktive Verbindungen (Chiralität, Abb. 6). Auch die Grundprozesse sind im Prinzip überall dieselben: an die DNA gebundene Replikation und gelegentliche Mutation der genetischen Information, an die Proteine gebundene materielle Verwirklichung dieser Information, grundsätzlich an das Adenosintriphosphat (ATP) gebundene bio-energetische Grundvorgänge.

So können wir also als Zwischenergebnis zusammenfassend registrieren: Leben ist eine Eigenschaft, die denjenigen vom thermodynamischen Gleichgewicht fernen, im Fließgleichgewicht befindlichen Systemen zu eigen ist, die als ein Funktionsgefüge Molekül-Aggregate von DNA, Proteinen und Enzymen darstellen.

Sofort aber stutzen wir, denn als Definition reicht das ganz offensichtlich nicht aus; hier fehlt noch eine weitere, wichtige Voraussetzung. Die genannten Molekül-Aggregate müssen, wie der Frankfurter Mikrobiologe R. W. Kaplan betont[22], gegen die Außenwelt abgegrenzte, mithin selbständige Individuen sein, und das aus zwei Gründen: Zum einen, weil nämlich unabdingbar ist, daß ihre Bestandteile in steter Konzentration gehalten werden, und zwar konstant so nahe beieinander, daß dies für den Ablauf der lebenswichtigen Reaktionen ausreicht. Und zum anderen, weil nach erfolgter Mutation der DNA ein etwaiger Eignungsvorteil ausschließlich dem Aggregat selbst zustatten kommen muß, wenn es von der Selektion gegenüber seinen Konkurrenten bevorzugt werden soll.

Eine überaus wichtige Komponente stellt also bei der Kennzeichnung des Lebens auch die sogenannte Individuation dar. Überaus treffend hat dies Kaplan selbst ausgedrückt: »Alle Lebensprozesse, auch die vielfältigen, speziellen, haben letztlich diese 3 Effekte: Sie ›dienen‹ der *Erhaltung*, der *Vermehrung* und dem *Erbwandel* der lebenden Gebilde. Leben ist also charakterisiert durch Prozesse ..., welche diese 3 ›Grundfunktionen‹ haben, sowie durch die *Grundstruktur ›Zelle‹*, d. h. eines kleinen, begrenzten Stücks von Substanz ..., an und in dem sich diese elementaren Prozesse vollziehen.«[22]

Das Beharren auf dieser strukturell-morphologischen Komponente (es steht in gutem Einklang mit der Zelltheorie Schwanns und Schleidens) stößt allerdings bei manchen Physiko- und Biochemikern auf Kritik, und zwar überwiegend bei denjenigen, welche die Übergänge und Zwischenstufen zwischen den Zuständen hervorheben. Aber man tut gut daran, sich die behaupteten »Übergänge« genauer anzusehen, vor allem aber, die zu bewertenden Beispiele nicht unkritisch hinzunehmen, bei welchen es angeblich Ansichtssache sein soll, ob ein System nun als belebt oder unbelebt aufgefaßt wird.

So wurde z. B. das rote Blutkörperchen des Menschen problematisiert[13], weil es – wie bei allen Säugetieren – im ausgereiften Zustand keinen Zellkern mehr besitze, also keine vollgültige Zelle darstelle und doch lebe. Andererseits wurde auch auf die »entkernte *Acetabularia*-Zelle«[23] verwiesen, die trotz dieser Verstümmelung doch lebendig bleibe[13]. Allerdings vermögen diese Argumente nicht zu überzeugen. Bedenken wir doch, daß die roten Blutkörperchen nach Auflösung ihres Zellkerns nur noch reine Hämoglobintransportmittel mit einer beim Menschen auf höchstens 120 Tage berechneten Existenzdauer darstellen, Gebilde also, die zunächst – während der allmählichen Abnahme ihrer ohnehin geringen Stoffwechselaktivitäten – nichts anderes als langsam absterbende Zellüberreste sind. Während der Schlußphase sind sie trotz ihrer Funktionsfähigkeit als Hämoglobinträger eindeutig tote Gebilde, ebensowenig belebt wie etwa die verhornten Epithelzellen der Körperschuppen oder der Körperhaare, nachdem diese ihren Zellkern verloren haben. Sie sind eindeutig tote, nicht etwa lebende Objekte.

Bedenken wir ferner, daß auch die *Acetabularia*-Zelle nach der Entfernung ihres Kerns nicht unbeschränkt, sondern nur noch für eine zwar längere, aber dennoch begrenzte Zeit weiterzuexistieren vermag, daß also auch sie nicht im vollen Umfang lebt, sondern »im verlangsamten Zeitlupentempo« stirbt. Genauer formuliert, ließe sich sagen, daß sie sich vom Zeitpunkt der Entfernung ihres Zellkerns an im Zustand des Sterbens befindet.

Es erweist sich also, daß diese Einwände ihre Überzeugungskraft recht schnell einbüßen, wenn man sie kritisch durchdenkt. Auch die Viren und Viroide, die ja strukturell noch weit unter dem Komplexitätsgrad der vollständigen Zelle angesiedelt sind, sprechen, wenn man es recht bedenkt[24], keineswegs gegen die obligate Einführung des strukturellen Elements (Mindeststruktur: die Biozelle) in die Definition des Begriffs Leben.

Ein anderer Einwand mag sich vielleicht aus dem Hinweis darauf ergeben, daß die Individuation bereits eingetreten sein könnte, bevor eine Zelle im herkömmlichen Sinn entstand[13]. Das ist richtig, denn als individualisiert könnte zweifelsohne schon die präbiotische künstliche Mikrosphäre[16] bezeichnet werden, die ja durch eine wandähnliche periphere Verdichtung gegen das umgebende Milieu abgegrenzt ist. Doch stellt die Mikrosphäre ja noch kein Funktionsgefüge dar, denn es fehlen ihr die DNA und die Enzyme. Also muß es, wie auch immer man die Dinge wenden mag, doch dabei bleiben: Das einfachste, elementarste Gebilde, auf das alle Charakteristika des Lebens gleichzeitig zutreffen, ist und bleibt die Biozelle.

Daher ist es kein Zufall, daß eben diese Biozelle die einzige unter allen primitiven organischen Strukturen darstellt, deren Belebtsein stets unangefochten behauptet werden konnte. So trefflich sich über Abstraktes streiten läßt, so sehr zwingt doch das konkret Gegebene selbst kritikfreudige Skeptiker und gewohnheitsmäßige Opponenten zu einer einheitlichen Meinung. Darum nochmals: Bleiben wir beim Konkreten. Tun wir dies, so stellen wir fest: Unbestreitbar ist Leben jene Systemeigenschaft, die dem kleinsten primären und individualisierten Funktionsgefüge aus Nukleinsäuren und Proteinen zukommt, der Biozelle.

Hiervon ausgehend, gelangen wir zu einer Definition, die in ihrer schlichten Anspruchslosigkeit auf hintergründige Gedankentiefe und die hohe Kunst des eindrucksvollen Abstrahierens verzichtet, die aber als einzige den nicht zu unterschätzenden Vorteil aufweist, in evidenter Weise richtig zu sein. »Leben ist«, so habe ich einmal formuliert [13], »die Daseinsweise von Prokaryonten [25], Pflanzen und Tieren einschließlich des Menschen. Sie stellt den Gesamtkomplex von interdependenten Prozessen dar, der sich aus dem funktionsgerechten Zusammenwirken der Nukleinsäuren und der Proteine (einschließlich der Enzyme) einer Biozelle ergibt.« [13]

VIII. Prüfstand Evolutionsforschung

Wie bereits erwähnt, gehen die meisten Exobiologen und die famose Green-Bank-Formel davon aus, daß im gesamten Universum Leben zwangsweise überall dort entstanden ist, wo zwei Voraussetzungen erfüllt waren: Zum einen mußten die chemischen Grundbestandteile der Lebewesen in vergleichbarer Form vorhanden gewesen sein wie bei uns auf der noch primitiven Erde. Zum zweiten mußten die Bedingungen der Umwelt etwa jenen gleichen, die vor über 4 Milliarden Jahren auf eben dieser Erde herrschten.

In der Theorie mag dieser Gedankengang richtig sein. Es könnte wie auf der Erde auch anderwärts ein Entwicklungsgang stattgefunden haben, in dessen Verlauf aus anorganischen Verbindungen über mehrere Zwischenstadien hinweg ein organisches, hochkomplexes, aber noch präbiotisches System entstand. Wir nennen diesen Entwicklungsabschnitt die Chemo-Evolution.

Nun wird aber auch die Überzeugung geäußert, es müsse im Endeffekt sogar zur Herausbildung von Intelligenz gekommen sein. Das allerdings wäre nur möglich, wenn an dem bewußten Ort X des Universums eine Entwicklung stattgefunden hätte, welche sich zumindest in groben Zügen mit der auf unserer Erde sodann auch weiterhin abgelaufenen vergleichen ließe: Es müßte sich an die Chemo-Evolution ein langer weiterer Entwicklungsabschnitt angeschlossen haben: eine Bio-Evolution, während welcher nach der Entstehung der ersten Biozelle über zahllose tierische Zwischenstufen schließlich die zoologische Spezies *Homo sapiens* oder deren Äquivalent entstanden ist.

Schließlich müßte aus dieser Bio-Evolution eine sogenannte Psycho-Evolution hervorgegangen sein, in deren Verlauf sich auf materieller Grundlage sodann aus allereinfachsten Fähigkeiten der Sinneswahrnehmung – wiederum über unzählige Zwischenstadien hinweg – Bewußtsein und schließlich ein Gegenstück zur irdischen Intelligenz herausgestaltet haben.

So oder ähnlich, aber jedenfalls in den entscheidenden Grundtendenzen übereinstimmend, müßte die Entwicklung auf jenem fernen Stern abgelaufen sein, auf dem, manchen exobiologischen Vorstellungen zufolge, einmal einer, der nicht von unserem Fleisch und Blut ist, gleichfalls auf die Idee gekommen sein soll: *»cogito ergo sum«* – mit allen weitreichenden Folgen dieses Aha-Erlebnisses. Wenn das aber so ist, dann bietet sich uns hier eine Möglichkeit, nunmehr aus biologischer Sicht die Wahrscheinlichkeit abzuschätzen, mit der eine solche Entwicklung zur Intelligenz irgendwo im Kosmos noch einmal oder mehrfach stattgefunden hat: Wie groß sind die Chancen dafür, daß die bewirkende Evolution anderwärts in gleicher oder ähnlicher Weise ablief, aber jedenfalls so, daß sie schließlich Intelligenz produzierte?

Karl Raimund Poppers Mißgriff

Die irdische vergangene Evolution als Prüfstein? Gewiß! Aber die Chemo-Evolution und die vergangenen Teile der Bio-Evolution liefen ab, ohne daß einer von uns dabei war, und die gegenwärtige Bio-Evolution geht so unmerklich langsam vor sich, daß wir sie nicht eigentlich zu verzeichnen vermögen. Mit Händen greifbar ist Evolution also nicht. Wer einer geschriebenen Überlieferung von Mythen mehr vertraut als der – allerdings indirekten – wissenschaftlichen Evidenz, wird sich daher ohne Schwierigkeit auf den vom naiven Alltagsverstand diktierten Standpunkt des ungläubigen Apostels Thomas stellen können. Er glaube nur, was er sieht, wird er betonen.

Wie gesagt, unmittelbar erfahrbar ist Evolution tatsächlich nicht. Und dennoch hat sich die biologische Evolutionslehre aufgrund der überaus zahlreichen Zeugnisse, Indizien und fossilen Belege schließlich durchgesetzt. Es bedurfte erst unseres nostalgisch empfindenden, dem Irrationalismus zuneigenden Jahrzehnts, um erneut jenen Geist heraufzubeschwören, der schon Charles Darwin, Thomas Huxley und Ernst Haeckel das Leben schwer gemacht hatte.

Heute gehen die von diesem Geist Getragenen allerdings weit schlauer vor als ihre Viktorianischen Vorläufer. Öffentlich berufen sich die amerikanischen Creationisten und ihre bundesdeutschen Nachahmer nun nicht mehr auf die biblische Genesis – obwohl sie als Fundamentalisten deren Fassung oft wörtlich nehmen. Vor allem die deutschen vermeiden es sorgfältig, auf diese Schöpfungsgeschichte und den Sintflutmythos in unverdeckter Weise Bezug zu nehmen. Vielmehr haben sie jetzt eine weit wirkungsvollere Taktik entwikkelt, indem sie – ihre religiös-weltanschauliche Motivation verschweigend – nun sich selber als Wissenschaftler ausgeben (*»Creation Science«*) und den Eindruck erwecken, sie könnten die biologische Evolutionslehre mit sachlichen und fachlichen Argumenten widerlegen.

Auf die gravierendsten unter ihren irreführenden Behauptungen ging ich bereits bei anderen Gelegenheiten ein[1]. Hier sei nur ein zusätzlicher Punkt angesprochen, und zwar, weil er in seiner Absurdität eine fast bühnenreife Situationskomik bedingt. Nach der Methode »Haltet den Dieb!« gebärden sich nämlich jetzt die Anwälte des Creationsmythos wie um strenge Objektivität besorgte und bemühte Wissenschaftler, und nun bezichtigen umgekehrt sie die authentischen Biologen und Paläobiologen, in der Form der Evolutionstheorie eine unwissenschaftliche, eine metaphysische Hypothese zu vertreten.

Dabei berufen sie sich auf einen Leumundszeugen, der weithin als besonders vertrauenswürdig gilt, nämlich auf den bereits an anderer Stelle (S. 90) erwähnten prominenten Erkenntnistheoretiker Karl Raimund Popper. Der hat nun in der Tat einen unbedachten Ausspruch getan, welcher eines jeden Creationisten Herz höher schlagen läßt. In einem seiner Werke[2] meinte Popper 1976: »Ich bin zu dem Schluß gelangt, daß der Darwinismus keine überprüfbare wissenschaftliche Theorie ist, sondern ein metaphysisches Forschungsprogramm – ein möglicher Rahmen für überprüfbare wissenschaftliche Theorien ... Nun, in dem Umfang, in dem der Darwinismus denselben Eindruck erweckt (... daß nämlich eine endgültige Erklärung erreicht worden sei ...), ist er nicht viel besser als die theistische Auffassung der Adaptation; es ist daher wichtig zu zeigen, daß der Darwinismus keine wissenschaftliche Theorie ist, sondern metaphysisch.«

Das war eine sehr deutliche, bestimmte, von keinerlei Schwanken getrübte Stellungnahme. Zwei Jahre später allerdings, in einer weniger bekannten Abhandlung[3], widerrief der große Erkenntnistheoretiker, und willig attestierte er nun der evolutionären Theorie der natürlichen Auslese die Überprüfbarkeit und den logischen Status.

Doch nun war es zu spät: Noch im selben Erscheinungsjahr des ungenügend durchdachten Ausspruchs bemächtigte sich die »wissenschaftliche« Creationisten-Bewegung des hochwillkommenen Arguments[4]: die Evolutionslehre eine unfalsifizierbare und mithin unwissenschaftliche Theorie! Und das von philosophisch kompetenter Seite! Das war Wasser auf die Mühlen der *Creation Science*, war Manna vom Himmel, nach einhundertjährigem Darben in der Wüste. Doch während die amerikanischen Biologen und Paläobiologen sich noch rechtzeitig von ihrem Schock erholten, erwachten die europäischen erst, als das Metaphysikargument plötzlich mitten aus einer vorherigen Hochburg der Evolutionslehre ertönte, nämlich aus der Naturwissenschaftlichen Abteilung des bis dato so renommierten British Museum[5].

Dieses Ereignis nun rief den englischen Paläontologen Beverly Halstead auf den Plan, der in einem Artikel, welcher an Deutlichkeit nichts zu wünschen übrig ließ, nicht nur das Museum, sondern auch K. R. Poppers ursprünglichen Mißgriff einer geharnischten Kritik unterzog[6]. Zugleich wies er – die tieferen Wurzeln freilegend – auf jene betonte Zurückhaltung hin, die Popper (»Das Elend des Historizismus«) ganz allgemein gegenüber geschichtsbezogenen Geistesbereichen übe, eine Aversion, die sich offenbar auch auf die historisierende Paläobiologie oder auf das Studium der Erdgeschichte übertrage.

Darauf erfolgte umgehend, in Form eines Leserbriefs, ein weiterer Rückzieher des Wissenschaftstheoretikers: »Das ist ein Irrtum, und ich wünsche, hier zu bestätigen, daß diese und andere historische Wissenschaften meiner Meinung nach wissenschaftlichen Charakter besitzen: ihre Hypothesen können in vielen Fällen überprüft werden.«[7]

Doch was half das jetzt alles? In seiner ersten Stellungnahme war ja tatsächlich, wie manche meinten, das evolutionistische Kind mit dem falsifikatorischen Bade ausgeschüttet worden. Und völlig ungerührt von allem Widerrufen des in diesem Punkt etwas glücklosen Erkenntnistheoretikers wird Poppers ursprüngliche Stellungnahme von den Creationisten im Bedarfsfall doch immer wieder, auch heute noch, hervorgeholt und unter Berufung auf den doch so kompetenten Wissenschaftsphilosophen argumentativ benützt. So geschehen z. B. im März 1981 durch den Rechtsanwalt der Creationisten, den ehemaligen Rechtsberater des weiland kalifornischen Gouverneurs Ronald

Reagan: Vor dem Obersten Gerichtshof Kaliforniens versuchte er – unter anderem mit diesem Argument – zu erreichen, es solle dem staatlichen *Board of Education* zur Auflage gemacht werden, daß die Biologielehrer der öffentlichen Schulen im Unterricht der biologischen Evolutionstheorie die biblische Schöpfungslehre als wissenschaftlich gleichwertig gegenüberzustellen hätten.

Hier erweist sich nun eine der Folgen jener Konzeptionsschwäche, die ich (S. 92) Poppers Achillesferse genannt habe. Seine Falsifikationslehre berücksichtigt die stochastischen, also nur regelhaften Prozesse nicht ausreichend. Sie kann, wenn sie mit letzter Konsequenz angewendet wird, zu unsinnigen Urteilen führen: Die Astrologie vertritt zwar Nonsens, aber sie ist falsifizierbar, also müßte sie theoretisch als legitim wissenschaftlich klassifiziert werden! Die darwinistische Evolutionslehre sei nicht falsifizierbar, also sei sie eine metaphysische Hypothese und als solche nicht streng wissenschaftlich! Ein Kriterium, dessen kompromißlose Anwendung zu solchen absurden Ergebnissen führt, sollte wohl selbst eher kritisch betrachtet werden. Erkenntnistheoretische Berufsphilosophen haben dies längst und mehrfach getan. Es wird Zeit, daß auch jene unter den deutschsprachigen Biologen, die dem Philosophieren zuneigen, aus ihrer unkritischen erkenntnistheoretischen Euphorie erwachen.

Der evolutionstheoretische Unterbau

Daß die Evolutionstheorie entgegen Poppers ursprünglichem Fehlurteil und trotz der eilfertigen Wiederholung seines Arguments durch die Creationisten im Prinzip durchaus falsifizierbar ist, habe ich schon einmal dargelegt: Sie wäre sofort widerlegt, wenn es gelingen würde, nachzuweisen, daß in der erdgeschichtlichen Dokumentation die fossilen Spezies gänzlich ungeregelt verteilt oder sogar völlig im Gegensatz zu jener Aufeinanderfolge angeordnet seien, die als Konsequenz des Evolutionsprozesses zu erwarten ist.

Um nur zwei Beispiele von vielen anderen, möglichen zu nennen: Wer durch entsprechende Funde nachweisen würde, daß fossile Reste des Menschen schon in den Schichtgesteinen des Silurs, also zeitlich weit vor dem ersten Auftreten der einfachsten Säugetiere vorkommen, der hätte die Abstammungslehre damit *ad absurdum* geführt. –

Oder: Wer aufzeigen würde, daß fossile Vogelskelette bereits in den Gesteinsschichten des Kambriums vorhanden sind, daß Vögel also zeitlich lange vor dem Einsetzen der postulierten reptilischen Vorfahren existiert hätten, der würde die Evolutionstheorie tatsächlich entkräftet haben.

Falsifizierbar ist diese Theorie also durchaus, sie zu widerlegen wäre prinzipiell sicherlich möglich. Gelungen aber ist dies bisher niemandem, während andererseits eine überaus große Zahl von Beobachtungen aus den verschiedensten Naturbereichen für sie Zeugnis ablegt[8]. Daher wird verständlich, daß die überwiegende Mehrzahl aller Biologen und Paläobiologen (wenn sie hinsichtlich einzelner Details auch verschiedener Auffassung sein mögen[9]) keinerlei Veranlassung sieht, am wesentlichen Inhalt der Evolutionstheorie zu zweifeln.

Dieser mag aus den folgenden Sätzen hervorgehen:

– – – Alle Arten von Organismen entstehen, verändern sich oder vergehen im Rahmen eines viele Jahrmillionen währenden, historischen Entfaltungsprozesses, der in der Form einer Stammesentwicklung abläuft.

– – – Die stammesgeschichtlichen Zusammenhänge entsprechen dem Bild eines Stammbaumes, dessen Zweige das Entstehen und Vergehen ganzer Stammeslinien anzeigen.

– – – Das Leben dürfte vor mehreren Milliarden von Jahren aus anorganischen, unbelebten, aber präbiotischen Vorstufen entstanden sein.

– – – Eines des Produkte der Stammesentwicklung und zugleich das derzeit am höchsten organisierte Glied der biologischen Entwicklungskette ist der Mensch.

– – – Die Antriebskraft der biologischen Evolution ergibt sich aus dem Zusammenwirken der folgenden hauptsächlichen Faktoren: Veränderung des Erbgutes (Mutabilität) – – – Neuverteilung der Erbanlagen bei der Fortpflanzung (Rekombination) – – – natürliche Auslese in ihren verschiedensten Formen (Selektion) – – – Absonderung von Populationsteilen hinsichtlich ihrer Fortpflanzungsmöglichkeiten (Separation). – – – Von Fall zu Fall können auch noch einige weitere, untergeordnete Faktoren beteiligt sein[10].

Zwei Arten von Schlüsselphänomenen sind es, die jenen historischen Ablauf bestimmen und tragen, in dessen Rahmen das Leben entstand, sich entfaltete und immer komplexere Strukturen hervorbrachte (und zwar bis hin zur derzeit komplexesten, nämlich demjenigen Mechanismus, der Bewußtsein, ja sogar Intelligenz produziert). Diese beiden fundamentalen Prinzipien sind das Entstehen und das Aussterben der biologischen Arten – Phänomene, die ja dem Einsetzen neuer Stammeslinien bzw. dem Vergehen anderer Zweige zugrunde liegen. Ihr Wechsel, die dialektische Aufeinanderfolge von Entstehen und Veränderung oder Erlöschen, ist die elementare Erscheinung, aus welcher sich die Entwicklung der Lebewesen zwangsläufig ergibt[10].

Zwangsläufig? Ist die Evolution der Organismenwelt zwingend und unvermeidlich, oder ist sie etwa völlig dem blinden Zufall überlassen? Ihr Verlauf, folgt er automatisch streng vorgeschriebenen Bahnen, oder verhält er sich völlig unberechenbar, chaotisch? Die unbegrenzte Freiheit des Geschehens oder der eiserne Zwang – was trifft zu?

Seine Majestät der Zufall

»Plus on vieillit, plus on se persuade, que sa sacrée Majesté le Hazard fait les trois quarts de la besogne de ce misérable univers«[11], schrieb Friedrich der Große 1773 an Voltaire. Doch auch in der Folgezeit ist in deutschen Landen Seine Majestät der Zufall nicht etwa beliebter geworden: Das für chaotisch Gehaltene war den so penibel auf eine alles transzendierende höhere Ordnung fixierten Geistern schon immer suspekt, ganz gleichgültig, ob sie nun diese unsere Welt für die beste aller möglichen oder gleichfalls für miserabel hielten.

Zwar haben vereinzelt auch französische Denker der Neigung nachgegeben, den Zufall einfach wegdiskutieren zu wollen. Der Zufall: für Georges Bernanos »die Logik Gottes«, für Chamfort ein »Spitzname für die Vorsehung«, für Anatole France gar ein »Pseudonym Gottes, wenn er nicht selbst unterschreiben will«. Doch vor allem für den deutschen Gelehrten und Bildungsbürger schien der Begriff Zufall höchstens dann tolerabel, wenn er für »die in Schleier gehüllte Notwendigkeit« (M. v. Ebner-Eschenbach) ausgegeben werden konnte, wenn es also gestattet war, dem indeterminierten Wolf einen determinierenden Schafspelz umzuhängen.

So wird verständlich, daß Jacques Monod, als er vor einer Reihe von Jahren in seiner faszinierenden Betrachtung die Evolution als das Produkt aus »Zufall und Notwendigkeit« bezeichnete, aus den Kreisen gerade des deutschen Geisteslebens zumeist kühle Ablehnung entgegenschlug[12]. Sicherlich, weil gerade im Lande des unentwegt goetheanischen Naturidealismus die nüchtern realistische und erst recht die mechanistische Einstellung zum Bios kaum Tradition hat. Vielleicht aber auch, weil schon die Nennung des tabubehafteten Wortes ›Zufall‹ die unbewußte Aversion so nachdrücklich alarmierte, daß der nachträgliche Hinweis auf die gleichfalls genannte *nécessité* gar nicht mehr voll zum Bewußtsein kommen konnte?

Wir selbst sind, nur ein Ignorant könnte es leugnen, ein Ergebnis der Evolution. Kann, darf diese dann zufällig sein? »Wir möchten, daß wir notwendig sind, daß unsere Existenz unvermeidbar und seit allen Zeiten beschlossen ist. Alle Religionen, fast alle Philosophien und zum Teil sogar die Wissenschaft zeugen von der unermüdlichen, heroischen Anstrengung der Menschheit, verzweifelt ihre eigene Zufälligkeit zu verleugnen.«[13] – – – Unter diesen Umständen: Zufall? Nein, nicht doch! – Und trotzdem kommen wir nicht umhin, die keineswegs belanglose Rolle des Zufalls in der Evolution anzuerkennen:

Welchen Bruchteil aus dem Allel-Vorrat des Genpools der Population ein Individuum in sich vereinigt, ist gänzlich dem Zufall überlassen. Völlig zufällig, zumindest in bezug auf das einzelne Individuum, ist auch das Ergebnis jener Rekombination der Erbanlagen, die in der bisexuellen Fortpflanzung zustande kommt. Wenn in der Population Individuen etwa durch katastrophale Ereignisse vernichtet werden und sie Träger seltener Erbanlagen waren, wenn somit auf diese Weise solche Erbanlagen endgültig aus dem Evolutionsprozeß ausscheiden müssen, so ist auch dies ein Werk des Zufalls. Und ob eine geographische oder andersartige Separation von Populationsteilen tatsächlich eintritt – und mithin die Entstehung einer neuen Art überhaupt erst möglich macht –, ist gleichfalls vom Zufall abhängig.

Vor allem aber – und das ist gewiß entscheidend – muß festgestellt werden: Die Veränderung der ursprünglichen Erbanlagen erfolgt durch Ersetzen, Hinzufügen oder Ausmerzen von Nukleotiden der Gene oder ganzer Genkomplexe, und dies ist ein molekulares Ereignis, das sich in der Natur in absolut unvorhersehbarer Weise einstellt. Mutationen treten unter natürlichen Bedingungen spontan und zufällig auf, mögen sie nun nützlich oder schädlich sein.

Wer wollte angesichts dieser Lage wohl die Meinung vertreten, die Indeterminiertheit, der Zufall als solcher habe mit der Evolution nicht das geringste zu tun?

Monod verkündet also in voller Überzeugung und recht engagiert seine Botschaft, derzufolge »einzig und allein der Zufall jeglicher Neuerung, jeglicher Schöpfung in der belebten Natur zugrunde liegt« und nur »der reine Zufall, nichts als der Zufall, die absolute, blinde Freiheit (die) Grundlage des wunderbaren Gebäudes der Evolution«[13] bildet. Und doch sieht Monod sich zugleich veranlaßt einzuräumen, daß diese Grundlage »der Herrschaft des bloßen Zufalls entzogen unter die Herrschaft der Notwendigkeit, der unerschütterlichen Gewißheit tritt«[12], sobald es sich um den Bereich der großen Zahlen handelt.

Nun mag es sich zwar empfehlen, einiges an dem zitierten rhetorischen Rankenwerk zurückzustutzen, denn das »einzig und allein« sowie das »nichts als« müssen dem Fachkundigen ebenso als ornamentale Übertreibungen erscheinen wie die »unerschütterliche Gewißheit«. Richtig aber ist, daß vorwärtsschreitende Evolution tatsächlich mit jedem der Entwicklungsschritte eigene Freiheitsgrade aufgibt. Es geht ihr wie Mephistopheles: »Das erste steht uns frei, beim zweiten sind wir Knechte.«[14]

Weniger symbolisch ausgedrückt und etwas ausführlicher dargestellt: Jeder Evolutionsschritt in der Richtung einer Entwicklungstendenz – die in der Regel eine Anpassungstendenz ist – schließt automatisch, aber mit zunehmender Rigidität andere Möglichkeiten aus. Die natürliche Auslese tritt in Aktion, hier fördernd, dort unterdrückend, insgesamt jedenfalls in zunehmendem Maße Zwänge ausübend und die Richtung bestimmend. Schrittweise wird nun der freie Spielraum eingeengt, die Bedeutung des Zufalls verringert sich zugunsten der nun beständig zunehmenden Unerläßlichkeiten, die aus den selektionsbedingten Verboten und den gerade noch zur Verfügung stehenden Freiräumen resultieren.

Innovationen werden nun, bei fortschreitender Evolution einer Stammeslinie, immer schwieriger: Die an das Schwimmen angepaßten Meeressäuger (wie etwa die Delphine) haben endgültig die Chance vertan, sich etwa zu baumbewohnenden Organismen weiterzuentwickeln oder etwa zu den Luftraum bevölkernden Wesen (wie den Fledermäusen). Ein anderes Beispiel: Das Repertoire der Möglichkeiten eines so weit evoluierten Gens wie des für die Bildung von Hämoglobin zuständigen ist heutzutage so weit eingeschränkt, daß es jetzt z. B. nicht mehr für Myoglobin codieren könnte. Eine entsprechende Innovation, eine Umstellung, wäre nur dann möglich, wenn der vorherige historische Ablauf rückgängig gemacht werden könnte, wenn eine Rückkehr zum früheren, noch unspezialisierten Ausgangszustand und mithin der Versuch eines neuen Anfangs möglich wäre. Dieser Weg allerdings ist verlegt: Evolutionsvorgänge sind unwiderruflich, sind praktisch irreversibel.

Unter diesen Umständen kann es nicht ausbleiben, daß im Verlaufe der Evolution Limitierendes ständig an Bedeutung gewinnt und sich Abhängigkeiten verstärken. Evolution folgt daher keineswegs »nur dem reinen Zufall«. Andererseits ist sie aber auch gewiß kein Prozeß, der etwa von vornherein determinierten Bahnen folgen würde. Nicht Zufall *oder* Notwendigkeit, sondern eine eigentümliche Kombination aus Zufall *und* Notwendigkeit bedingt, trägt und steuert die biologische Evolution (und, wie ich meine, wahrscheinlich eine jede irreversible Entwicklung).

Alternativen und Optionen

So betrachtet, erweist sich zweierlei: (a) Es zeigt sich, daß die Ausrichtung eines speziellen Entwicklungsverlaufs nicht *a priori* vorgegeben ist, daß dieser also nicht etwa einer gesetzmäßigen Automatik folgt, denn stets mit im Spiel ist ja das Zufallselement. (b) Evolutionsverläufe sind aber auch nicht *rein* zufällig, denn sie kanalisieren sich selbst, und zwar insofern, als bei der gegebenen Irreversibilität jeder Entwicklungsschritt in eine Richtung zwangsläufig zahlreiche andere Möglichkeiten ausschließt.

So wandelte also die vergangene Bio-Evolution zwar auf sehr verschlungenen Pfaden, doch stets war, wenn man es recht bedenkt, ihr Verlauf von zwei strikten Spielregeln beherrscht. Sie lauten: Erstens, eine uneingeschränkte Rückkehr zu früheren Zuständen ist verwehrt. Zweitens, jeder Entwicklungsschritt erscheint wie eine (relativ) freie Entscheidung bei einer Wahl zwischen alternativen Möglichkeiten.

Ein stark verallgemeinerndes Beispiel mag dies in unserer Abb. 5 anschaulicher darstellen: Der abgebildete schematische Stammbaum beginnt an der mit dem Symbol α bezeichneten Stelle. Er enthält neben zahlreichen anderen auch eine Stammeslinie (oder Spezies), die mit

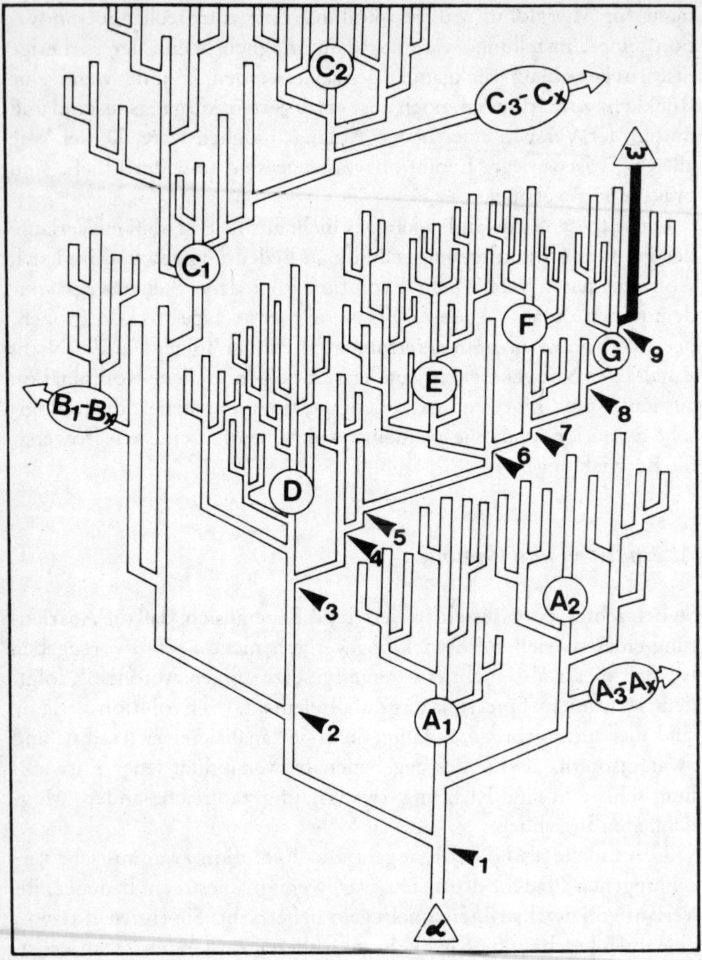

Abb. 5: Schema der Weichenstellungen (Pfeile) und der Kanalisierung innerhalb eines evolutiven Stammbaums.

Hilfe des Symbols ω hervorgehoben wird. Verfolgen wir nun den Werdegang dieser beliebig herausgegriffenen Stammeslinie ω, beginnend bei α, so treffen wir eine erste Weichenstellung bei Pfeil 1 an. Der möglichen künftigen Alternativen waren hier noch viele: alle Gruppen bei A_1, bei A_2, bei A_3 und so fort bis hin zu A_x, aber auch alle unter B, C, D, E, F und G zusammengefaßten. Bei dieser noch sehr beträchtlichen Freiheit wurde mit dem nun erfolgenden Evolutionsschritt so optiert, daß für den gesamten weiteren Verlauf die Alternativgruppen A_1, A_2, A_3 bis A_x als potentielle Evolutionsbahnen ausschieden. Bei der Weichenstellung Pfeil 2 fiel die Entscheidung dann so aus, daß die Alternativgruppen D, E, F und G offenblieben, jetzt aber auch alle Alternativen von B_1 bis B_x und von C_1 bis C_x als Möglichkeit ein für allemal entfielen.

Auch bei den weiteren Weichenstellungen, nämlich den Pfeilen 3, 4, 5, 6, erfolgten Optionen, doch wurden die Freiheitsgrade der Entscheidung jetzt relativ geringer, denn zusätzlich zu den erweiterten Alternativgruppen A, B und C wurden für den weiteren Entwicklungsgang nunmehr auch die Alternativgruppen D und E gesperrt. Nur die Alternativgruppen F und G standen als Möglichkeit noch zur Verfügung. Der weitere Verlauf entschied sich sodann an den Weichenstellungen der Pfeile 7, 8 und 9.

Mein Beispiel ist grob vereinfacht, denn der Übersichtlichkeit wegen sind an den Weichenstellungen jeweils nur zwei oder drei Alternativen angedeutet. Bei den realen Evolutionsverläufen der geologischen Vorzeit handelte es sich aber um weit mehr. Bedenken wir ferner, daß letztlich hinter jeder einzelnen der Alternativen jeweils ein ganzes Bündel von potentiellen weiteren steht (so an der Weichenstellung Pfeil 3 bei einer einzigen Option, nämlich der für D, allein schon die Anzahl von 15), dann wird klar, daß es sich beim realen abgelaufenen Evolutionsgeschehen insgesamt um viele Myriaden von Alternativen und um unübersehbare Mengen von Optionen gehandelt haben muß.

(An dieser Stelle sei eine kurze Verdeutlichung eingeschoben: Der Leser wird zwar schon den bisherigen Ausführungen entnommen haben, daß Evolution ein Prozeß ist, dem die evoluierenden Beteiligten unterworfen sind, der aber keineswegs aktiv, von ihnen selbst betrieben wird. Dennoch erscheint es mir angezeigt, besonders zu betonen, daß die hier und im folgenden benützten Ausdrücke »Wahl« oder »Entscheidung« oder »Option« u. ä. nur bildhaft zu verstehen sind. Sie stellen reine Metaphern dar und sind mithin nur im übertragenen Sinn aufzufassen; andererseits erscheinen sie – mit dieser Einschränkung – als unentbehrlich.)

Von der Entstehung des ersten belebten Organismus, der ursprünglichsten Zelle, bis hin zu der Intelligenz ausübenden Spezies *Homo sapiens* muß die Entwicklung aus einer astronomischen Zahl von Optionen bestanden haben. Und ihnen muß bereits im Rahmen der Chemo-Evolution eine keineswegs geringere Zahl vorausgegangen sein. Sie alle gedanklich nachzuvollziehen oder auch anhand der fossilen Dokumente lückenlos darzustellen ist aus mancherlei Gründen nicht möglich. Wohl aber sollen in den nachfolgenden Kapiteln zumindest einige besonders bedeutsame Optionen herausgegriffen werden, und zwar eine Auswahl aus denjenigen, die auf diesem langen Wege besonders wichtige Abschnitte einleiteten.

IX. Weichenstellungen: Wie das Leben entstand

Der lange Weg erstreckte sich über vier Milliarden Jahre! Und er enthielt – noch einmal sei es hervorgehoben – eine das menschliche Vorstellungsvermögen übersteigende Anzahl von Optionsschritten. Bevor wir aber, wie erwähnt, wenigstens einige der bedeutsamsten herausgreifen, sei erneut in Erinnerung gebracht, in welchem Zusammenhang diese Betrachtung steht: Wenn es auf einem fremden Himmelskörper intelligente und kommunikationsbefähigte Lebewesen geben sollte, müßten sie auf dem Wege derselben oder vergleichbarer Optionsfolgen entstanden sein.

Beginnen wir bei α – wobei wir die Vorgeschichte überspringen wollen, bei der (vermutlich auf eine wenig ergiebige Weise) diskutiert werden müßte, was denn nun tatsächlich am allerfrühesten Anfang war: »das Wort?« Oder »der Wasserstoff«[1]?

Alpha, das ist in unserer Sicht der Beginn jener Entwicklungsphase, welche die chemisch-präbiotische Evolution umfaßt und welche unmittelbar das eigentliche Entstehen des Lebens einleitet. Wir sprechen hier also von den frühesten und ursprünglichsten Optionen, die im Rahmen einer verwirrenden Vielzahl von alternativen Geleisen über zahlreiche Weichenstellungen hinweg die Bildung der ersten biologischen Zelle zur Folge hatten.

Wie entstand nun dieses Leben? Die verschiedenen Mythen der Völker geben vor, es ganz genau zu wissen: Es sei das Ergebnis einer Schöpfung, die auf Götter zurückgeht, unter anderem auf die große fruchtbare Erdmutter, heiße sie nun *Gaia* bei den Griechen, *Pachamama* bei den Andenvölkern oder *Tlazolteotl* bei den Völkern des mexikanischen Hochlands. Einem anderen großen Mythos zufolge, einer mit erstaunlicher Intuition erfühlten Allegorie, handelt es sich um einen Schöpfergott, der die verschiedenen Gruppen von Lebewesen

(Pflanzen, Wassertiere, Landtiere und Vögel, den Menschen) in einer Reihenfolge in die Welt rief, die durchaus eine gewisse Parallele zur jetzigen evolutionistischen Erkenntnis verrät.

Was aber gerade die Erschaffung des Menschen betrifft, so klingt auch hier wieder die Querbeziehung zur archaischen *Gaia* an: der Erdenkloß als Urstoff auch des Lebewesens. »... denn du bist Erde und sollst zu Erde werden«[2] – eine Symbolik, die unbewußt, aber ahnungsvoll vorwegzunehmen scheint, was die modernen Naturwissenschaften als in überaus hohem Maße wahrscheinlich erkennen: die Entstehung des Lebens aus unbelebter, anorganischer Materie.

Ob man sich nun vorstellt, das Leben habe sich irgendwo außerhalb unseres Planeten gebildet (S. 96), oder ob man die Auffassung vertritt, es habe sich auf unserer Erde entwickelt, ist in diesem Zusammenhang ziemlich gleichgültig. Die präbiotischen, noch rein chemischen Weichenstellungen müssen in beiden Fällen dieselben gewesen sein und ebenso die hauptsächlichen Optionsschritte:

Synthese der kleinsten Bestandteile (Mikromoleküle) – – – deren Zusammenschluß zu elementaren Bausteinen (Makromoleküle) – – – Herausbildung der Chiralität[3] – – – Selbstorganisation im Funktionskomplex – – – Individuation des Funktionskomplexes.

Das alles klingt recht abstrakt und für den Laien zunächst noch unverständlich; es sei darum in den nachfolgenden Abschnitten ein wenig verdeutlicht.

Synthese der kleinsten Bestandteile

Sehen wir von den Atomen ab, die in diesem Zusammenhang ja noch völlig indifferent erscheinen, so sind die kleinsten organisch-chemischen Bestandteile der Lebewesen jene Mikromoleküle, aus denen sich die Eiweiße und die Nukleinsäuren zusammensetzen. Das sind im ersten Fall die Aminosäuren, im zweiten Fall sind es die Nukleotide. Die allerersten Schritte auf dem Weg, der zur Entstehung des Lebens führte, müssen also darin bestanden haben, daß innerhalb der enormen Fülle aller grundsätzlich möglichen chemischen Verbindungen, im Rahmen einer unermeßlich großen Zahl von Alternativen Optionen zustande kamen, deren Ergebnis die genannten Mikromoleküle waren.

Diesem Prozeß haftet nichts Geheimnisvolles an. Er läuft noch heute im Weltraum ab (S. 135), während er allerdings auf unserer Erde als natürlicher Vorgang jetzt kaum mehr möglich sein dürfte. Spontane Neubildungen der genannten organischen Mikromoleküle werden im Handumdrehen von den Milliarden der heute in jedem kleinsten Winkel dieser Erde existierenden Mikroorganismen verzehrt, sie haben keine Chance: Das Leben ist der schlimmste Feind seiner eigenen erneuten Spontanentstehung, die ja konkurrierende Wesen – vielleicht sogar eine Art von Antileben – hervorbringen und damit das ursprüngliche Leben in seiner Existenz bedrohen würde. Auf der frühesten urzeitlichen, noch unbevölkerten Erdoberfläche aber konnten präbiotische Systeme völlig ungefährdet entstehen.

Wir wissen heute mit Sicherheit, daß es völlig spontan zu einer Synthese der oben genannten Mikromoleküle kommt, wenn ein Gemisch aus bestimmten Gasen[4] unter Energie-Einwirkung von außen gerät. Diese Erkenntnis ist durch entsprechende Simulationsexperimente[4] erhärtet, deren Ergebnisse reproduzierbar sind.

Bei der ersten Etappe auf dem Weg zur Entstehung des Lebens muß es vergleichbar zugegangen sein: Chemische Reaktionen in den Gemischen der genannten Gase, hervorgerufen durch die Einwirkung der Wärmeenergie langsam abkühlender Lavaströme, durch die elektrischen Entladungen atmosphärischer Gewitter oder durch die ultraviolette Strahlung, das waren offenbar die Naturprozesse, bei denen eine Fülle der verschiedensten Chemosynthesen realisiert wurde. Die Produkte waren organische Verbindungen, Mikromoleküle, auch solche aus der Familie der Aminosäuren und der der Nukleotide.

In jüngster Zeit ist ein weiterer Weg entdeckt worden, auf dem sich Aminosäuren aus anorganischen Stoffen – in diesem Fall aus Olivinkristallen – spontan entwickelt haben können, und zwar auf »milde« Weise, ohne Energiezufuhr oder Bestrahlung[5]. Berechnungen zufolge hätten sich dabei im Laufe von 100 Millionen Jahren 10^{13} Tonnen Kohlenwasserstoffe und 10^{11} Tonnen Aminosäuren auf der präkambrischen Erdoberfläche bilden können – man bedenke: 100 Billionen Aminosäuren, das sind 100000 Millionen! Und wenn sich diese Zahl auch durch den natürlichen Zerfall einer beträchtlichen Menge dieser organischen Mikromoleküle reduziert haben muß, so ist dies doch allein schon dadurch mehr als ausgeglichen worden, daß ja viele Hunderte von Jahrmillionen zur Verfügung standen.

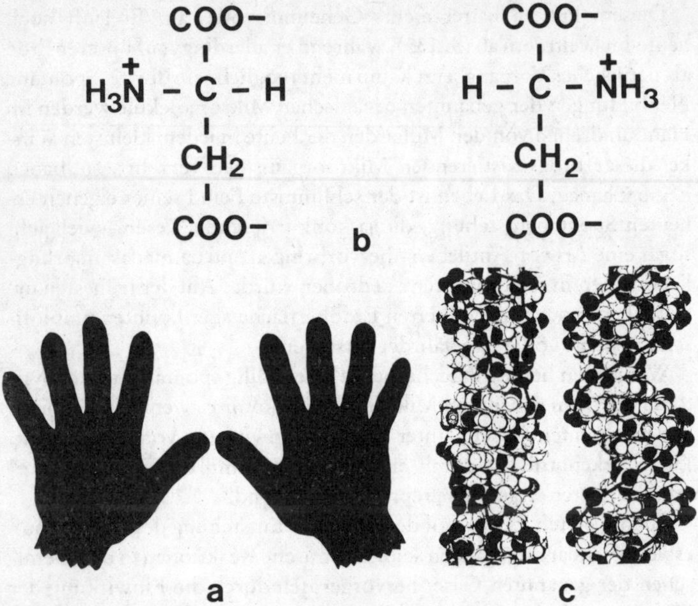

Abb. 6: Schema zur Erläuterung des Begriffs Chiralität.
a = Chiralität der menschlichen Hände. b = Links- und Rechtskonfiguration in der Formel einer Aminosäure (Asparaginsäure). c = Rechts- und Linksform (sog. Z-Form) der Desoxyribonukleinsäure (DNA), dargestellt in Kalottenmodellen.

Es sei dahingestellt, welcher der beiden erwähnten Wege einer natürlichen, spontanen Synthese der bedeutungsvollere und ergiebigere war. Unbezweifelt aber bleibt die Tatsache, daß die ersten großen Weichenstellungen, die frühesten Optionen, jedenfalls chemischer Natur waren: Sie betrafen anorganische Stoffe, aus denen nun organisch-chemische Substanzen hervorgingen. Gewiß war das ein trivialer, ein blind von chemischen Bindungskräften gesteuerter, mithin beinahe zufällig und richtungslos verlaufender Prozeß. Doch schon bei der nächsten Weichenstellung erhielt das Geschehen eine Wendung, die bestimmte Möglichkeiten endgültig festlegte und andere für alle Zeiten ausschloß. Sie verlieh der Entwicklung aufgrund der tatsächlich erfolgten Option hinsichtlich der Chiralität[3] eine definitive Richtung (Abb. 6):

Zweifelsohne waren als Ergebnis der oben erwähnten spontanen Synthesen in den Meeren der damaligen Erdoberfläche die produzierten organischen Mikromoleküle – soweit es sich um optisch aktive Substanzen handelte – sowohl in ihrer strukturellen Linksform (L) als auch in ihrer strukturellen Rechtsform (D) vorhanden[3]. Hier muß sodann eine ganz grundsätzliche Entscheidung gefallen sein, denn in allen lebenden Organismen ist diese Chiralität ihrer kleinsten Bestandteile so beschaffen, daß die Aminosäuren in der Regel in ihrer L-Konfiguration, die Zucker der Nukleotide in ihrer D-Konfiguration auftreten. Sie ist vor allem im Fall der Aminosäuren so auffallend, daß Albert Einstein lächelnd meinte, Gott müsse wohl Linkshänder gewesen sein.

Natürlich ist diese Komplementarität funktionell zu erklären, und zwar mit den Aufgaben der Nukleinsäuren (der DNA) bei der Protein-Synthese. Aber schließlich hätte es ja auch völlig entgegengesetzt kommen können – auch die Kombination von D-Aminosäuren und L-Nukleotiden wäre grundsätzlich möglich gewesen. Sie aber kam – die Einheitlichkeit bei allen lebenden Organismen erweist es – in dieser Etappe der präbiotischen Evolution jedenfalls nicht zum Zuge. Über die Gründe für diese Option kann man verschiedene Spekulationen anstellen[6], relevant sind sie in unserem Zusammenhang nicht. Es ist das Faktum der endgültigen und eindeutigen Option an sich, das hier zählt.

Synthese der makromolekularen Bausteine

Auch die nachfolgenden Optionsschritte müssen noch ausschließlich chemischer Art gewesen sein. Dasselbe muß auch für die Selektion gegolten haben, die in dieser Phase der Gesamtevolution auf deren Gang Einfluß ausübte: Die sich mit großer Mannigfaltigkeit einstellenden Reaktionen waren stereochemisch entweder begünstigt oder weniger begünstigt oder gänzlich unmöglich, und zwar je nach Maßgabe der molekularen Raumstruktur und der unterschiedlichen Reaktionsbereitschaft der beteiligten Substanzen.

Die Anfangsbedingungen freilich waren jetzt unabänderlich festgesetzt: Die kleinsten Bestandteile wurden nun in die Grundform der Bausteine übergeführt. Konkreter ausgedrückt: Die Mikromoleküle schlossen sich zu Makromolekülen zusammen, d. h. die L-Aminosäuren polymerisierten zu entsprechenden Proteinen, die D-Nukleotide verbanden sich schließlich zu Nukleinsäuren.

Auch hier braucht uns die Kontroverse um Einzelheiten nicht zu kümmern, so etwa die Diskussion um die Reihenfolge (*proteins first* oder *nucleic acids first*?)[7]. Entscheidend ist doch in erster Linie, daß diese Synthesen in der freien Natur als spontanes Geschehen möglich waren und daß auch dies aufgrund von simulierenden Experimenten erwiesen ist[4] (vor allem im Fall der Eiweiße, nicht ganz so deutlich im anderen Fall). Mehr noch: Das Endergebnis des gesamten hier betrachteten Entwicklungsprozesses, die Existenz der aus diesen beiden Grundsubstanzen bestehenden Zelle stellt unter Beweis, daß es zu diesen Synthesen nicht nur theoretisch kommen konnte, sondern daß sie in durchaus realer Weise tatsächlich erfolgt *sind*: weitere hochbedeutsame Entwicklungsschritte, entscheidende Optionen an Weichenstellungen, die jeweils eine ganze Auswahl an Alternativen geboten hatten.

Das Ergebnis bestand im Hervorbringen jener Bausteine, aus welchen sich später belebte Körper zusammensetzen sollten. Doch auch jetzt noch handelt es sich um ein beinahe banal zu nennendes Geschehen. Es handelt sich um Prozesse, die – trotz der erreichten spezifischen Chiralität – noch durchwegs reversibel blieben, deren Ergebnissen daher die Eigenschaft »Historizität« keinesfalls zukam. Bei aller Bedeutsamkeit der hier entstandenen Substanzen und Gebilde – sie waren und blieben doch trotz ihrer molekularen Komplexität zunächst nichts weiter als einfache, zusammenhanglose Bausteine.

Selbstorganisation: Hyperzyklus oder Haarnadelmodell?

Einfache Bausteine, gewiß. Und doch in einer Hinsicht etwas mehr als nur das; denn zugleich waren sie aufgrund ihrer chemisch begründeten Potenzen sozusagen prädisponiert, später im Rahmen eines wirklich belebten Systems die einander ergänzenden Grundfunktionen wahrzunehmen: die Nukleinsäure als sich selbst stets von neuem reproduzierender Träger der Information, also des genetischen Bauprogramms, das Protein als Ausfuhrender dieser Bauanweisungen und als Baustoff selbst.

Es muß also als Option bei einer nächsthöheren Weichenstellung zum Entstehen eines präbiotischen Aggregats, eines räumlichen, körperlichen Komplexes aus Nukleinsäuren und Proteinen gekommen sein, wobei die letzteren auch als katalysierende Enzyme in Aktion traten. Auch hier ein Entscheidungsschritt, der unverrückbare Grundlagen schuf, nämlich den Zusammenschluß der nunmehr interdependent werdenden, in ihrer Kooperation voneinander abhängigen Bausteine.

Auch dieser muß ein Schritt der Selbstorganisation gewesen sein, dazu ein überaus gewichtiger, ein entscheidender, zudem einer, der für den Laien nur schwerlich vorstellbar ist. Und doch gibt es heute zwei Gedankenmodelle, die – sich durchaus in logischen Bahnen bewegend – die Möglichkeit eröffnen, das wahrscheinliche Geschehen in der theoretischen Überlegung nachzuvollziehen.

Auf den Göttinger Nobelpreisträger Manfred Eigen geht die Vorstellung vom sogenannten Hyperzyklus[8] zurück (Abb. 7 a): eine ringförmig geschlossene Kette, deren im Wirkgefüge beteiligte Elemente jeweils selbst kleine Reaktionszyklen (R1–Rn) darstellen. Ein jeder von ihnen besteht aus einem reproduzierenden (Nukleinsäure-)Molekül, das nicht nur Kopien seiner selbst produziert, sondern zugleich auch ein Enzym (K_1–Kn), das zusätzlich auf den nächstfolgenden Reaktionszyklus einwirkt. Der hyperzyklische Ringschluß, die Selbstdetermination des übergeordneten Gesamtsystems – sie werden sodann durch die Besonderheit bedingt, daß das Enzym der Endgruppe (Kn) aufgrund seiner Struktur in der Lage ist, seinerseits auf den Anfangszyklus einzuwirken.

Prozesse, die nach einem solchen hyperzyklischen Prinzip ablaufen, bringen einen Verstärkereffekt hervor, sie sind autokatalytisch. Ein solcher Vorgang wäre geeignet gewesen, nach eingetretenem zufälligem Anfangsvorteil der Chiralität (S. 185 und Anm. 5) diesen Vorteil autokatalytisch so hochzuschaukeln, daß die jeweils spezifische heutige Links- bzw. Rechtskonfiguration der bios-nahen Moleküle zustande kam. Sie wären ferner in der Lage gewesen, die selektive Entstehung des genetischen Codes und die Bildung des ersten, zwar noch präbiotisch, aber bereits beinahe-biotisch funktionierenden Systems zu bewirken.

Gleichfalls im Göttinger Max-Planck-Institut für Biophysikalische Chemie hat Professor Hans Kuhn eine andere Vorstellung entwickelt[9], die hier stark vereinfacht und in knapper Form beschrieben sei. Wir

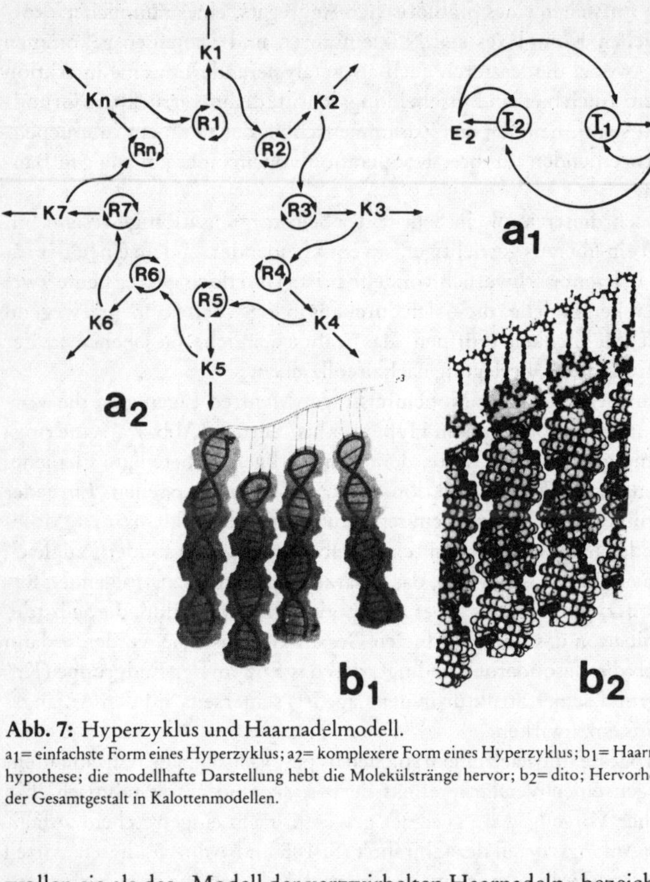

Abb. 7: Hyperzyklus und Haarnadelmodell.
a_1= einfachste Form eines Hyperzyklus; a_2= komplexere Form eines Hyperzyklus; b_1= Haarnadelhypothese; die modellhafte Darstellung hebt die Molekülstränge hervor; b_2= dito; Hervorhebung der Gesamtgestalt in Kalottenmodellen.

wollen sie als das »Modell der verzwirbelten Haarnadeln« bezeichnen (Abb. 7 b_1, b_2). Kurze Kettenmoleküle der Ribonukleinsäure (RNA) nehmen die Konfiguration einer Haarnadel an, die in Form einer Doppelhelix verzwirbelt wird. An ihrem »Kopfende«, dem Beugungspol, weisen sie je ein Basentriplett auf. Bei einem dieser Kettenmoleküle wird an seinem »proximalen« Ende, dem besagten Beugungspol, zufällig ein einfacher molekularer Strang ankondensiert, der fortlaufend Basentripletts enthält. Da diese komplementär sind, vermögen sie als Haftstellen zu dienen. An diesen Stellen des so entstandenen Sammelstrangs heften sich nun in linearer Folge die verzwirbelten RNA-Haarnadeln mit ihren Basentripletts an. Es entsteht dabei ein seriales Aggregat, das H. Kuhn der Urform des Trägers genetischer Information gleichsetzt. An den offenen »distalen« Enden der Haarnadeln können sich nun passende Aminosäuren anlagern, die sich dann seitlich zu einer Polypeptidkette zusammenschließen – der Urform des Enzyms. (Nebenbei: Die ursprünglichen RNA-Moleküle des Aggregats werden später im Laufe der weiteren Entwicklung durch DNA ersetzt.)

Die beiden hier vorgestellten Mechanismen sind, wie besagt, reine Gedankenmodelle, die allerdings – jedes für sich – durchaus plausibel erscheinen und chemischen Grundtatsachen jedenfalls nicht widersprechen. Hypothetische Vorstellungen also, wobei hier nicht diskutiert werden soll, welches der beiden Modelle das zutreffendere sein mag. Jedenfalls aber erweisen beide, daß die funktionelle Verkettung von informationstragender Nukleinsäure mit informationsgesteuertem Protein auf eine spontane, natürliche Weise vor sich gehen konnte. Daß dieser Schritt – so oder so – tatsächlich stattfand, kann keinem Zweifel unterliegen. Er war eine *conditio sine qua non*, eine der wichtigsten Voraussetzungen bei der Entstehung des Lebens.

Die kernlose Zelle

Einige Wissenschaftler meinen nun, der oben angesprochene DNA/Protein-Komplex könne bereits als belebt bezeichnet werden, denn tatsächlich lasse er ja bereits wesentliche Merkmale des Lebens erkennen: Er besaß die Fähigkeit der Replikation, und wenn diese fehlerhaft erfolgte, so manifestierte sich darin bereits die Mutabilität. Automatisch war damit auch das Auftreten einer natürlichen Auslese verknüpft. Und was das große Ganze betraf, so war ja hier nun tatsächlich der für belebte Systeme so typische Übersetzungsmechanismus entstanden, der genetische Information zu körperlicher Manifestation veranlaßt. Doch trotz aller dieser gewichtigen Merkmale sollte man einen solchen Komplex noch als präbiotisch klassifizieren; vielleicht schon als beinahe-belebt, gewiß aber noch nicht als lebend.

Was ihm noch fehlte, das brachte die neue Option, mit der nun der Rahmen der Chemo-Evolution verlassen wurde; sie hatte die Individualisierung des Systems zur Folge. Dieses war aus den bereits zuvor genannten Gründen trotz seiner grundsätzlichen Funktionsfähigkeit jeweils nur für sehr kurze Dauer von Bestand. Zum Organismus, zum vollgültigen Lebewesen wurde es erst in jenem Moment, in dem es sich mit einer äußeren Hülle [10] umgab, sich gegen die Umwelt und gegen die konkurrierenden anderen Komplexe mit Hilfe einer Membran abgrenzte. Aus dem Schleimklümpchen, das zwar gesteuerte chemische Prozesse vollbracht hatte, aber nur begrenzt existenzfähig geblieben war, wurde so das erste Individuum, der erste voll belebte Körper, die erste Kontinuität gewährleistende Bio-Zelle. Jene letzte Weichenstellung, aus der eine Geleisspur in das Reich des Lebens geführt hatte, war nun durchfahren, mit diesem Schritt war die Evolution des eigentlichen Bios eingeleitet.

Allerdings müssen die ersten Organismen noch sehr einfach gebaut, noch überaus primitiv gewesen sein. Sie müssen vollauf jenen Lebewesen entsprochen haben, die wir heute als Archaebakterien [11] und als Eubakterien bezeichnen. Damit repräsentierten sie diejenigen Gruppen des Organismenreiches, die unter dem Namen »Prokaryonten« zusammengefaßt werden: Kennzeichnend für sie alle war nämlich, daß ihr Körper von Cytoplasma mit umgebender Zellhülle gebildet wurde, ohne daß ein voll ausdifferenzierter, kompakter, von einer eigenen Membran umschlossener Zellkern vorhanden gewesen wäre; denn noch war die Kernsubstanz, die DNA, nur in unscharf begrenzten Haufen verknäuelt.

Wann aber entstanden diese Prokaryonten? Ist ihr frühes Auftauchen durch Fossilien belegt? Und waren sie wirklich die ersten, die jene Bühne betraten, auf der später alle weiteren Akte des großen Spiels zur Aufführung kommen sollten, das wir die Evolution (Farbtafel 5) nennen?

X. Weichenstellungen: Vom Einzeller zum Quastenflosser

Die nach dem gegenwärtigen Kenntnisstand ältesten Gesteine unseres Planeten bildeten sich vor etwa 4500 Millionen von Jahren; etwa zu dieser Zeit dürfte es also wohl zur Verfestigung der ersten dünnen Erdkruste gekommen sein. Den frühesten Nachweis der Existenz von Leben sollen sodann die Gesteine der etwa 3800 Millionen Jahre alten Isua-Serie von Südwest-Grönland geliefert haben. Das würde dafür sprechen, daß die Erdoberfläche schon »bald« nach ihrer Entstehung besiedelt wurde, und so gibt es Autoren, welche meinen, die betreffende Zeitspanne sei zu kurz gewesen, als daß sich während ihrer Dauer das Leben hätte herausbilden können (ein Grund zu unterstellen, es müsse also aus dem Weltraum kommend bei uns eingewandert sein; vgl. S. 96f.).

Immerhin würde es sich aber im vorliegenden Fall um ein Zeitintervall von rund 700 Millionen Jahren handeln – selbst für denjenigen Betrachter, der angesichts astronomischer Zahlen betriebsblind geworden sein mag, also gewiß keine Kleinigkeit. Bedenken wir ferner, daß den Simulationsexperimenten zufolge die Spontansynthese der bios-nahen Mikromoleküle, aber auch die der bios-nahen Makromoleküle in der Größenordnung von nur einigen Stunden bis höchstens einer Woche abläuft! Und da sollten siebenhundert Millionen Jahre nicht ausreichend gewesen sein?

Nun berufen sich allerdings die Anwälte der Lebensinvasion aus dem Kosmos gern darauf, daß schon diese ältesten bekannten Lebensreste »perfekt« und verhältnismäßig hoch organisiert gewesen seien. Es müsse daher vor deren Auftreten eine sehr lang andauernde Entwicklung noch primitiverer Organismen angenommen werden, wodurch sich die theoretische Zeitdauer für die Entstehung des Lebens eben doch so verkürze, daß dieser Prozeß zumindest für die noch jungfräuliche Erde unwahrscheinlich werde.

Mit dem angeblichen hohen Organisationsgrad dieser ältesten fossilen Organismen hat es allerdings seine eigene Bewandtnis: Aus Quarzgesteinen der oben genannten, etwa 3800 Jahrmillionen alten Isua-Schichten beschrieb der Gießener Paläontologe H. D. Pflug winzige kugelige und gelegentlich serial angeordnete Gebilde, die er als fossile Mikroorganismen ansprach. Sensationell aber war nicht so sehr das beträchtliche Alter als vielmehr die Deutung, welcher Pflug seine Funde unterzog. Er meinte nämlich, bei diesen Fossilien, die er *Isuasphaera isua* taufte, handle es sich um Reste von Lebewesen, die verwandtschaftlich den Hefepilzen nahestehen[1].

Das allerdings hätte bedeutet, daß die ältesten bekannten Organismen nicht etwa die primitiven Prokaryonten gewesen wären, sondern Formen, die den weit fortgeschrittenen Eukaryonten[2] nahestehen. Im Vergleich zu ihrem Alter wären sie in der Tat erstaunlich hoch organisiert gewesen. Allerdings löste sich das Rätsel schnell: Pflug hatte nur eine Art von Indizienbeweis führen können, die entscheidenden Merkmale (Existenz von Zellkern, Mitochondrien, endoplasmatischem Retikulum) hatte er wegen der ungünstigen Erhaltung seiner Stücke nicht beobachten können. Zu guter Letzt ergab eine Nachuntersuchung von anderer Seite[3], daß es sich bei den mysteriösen Funden um nichts anderes als um anorganische, rein abiotische Gebilde handelt – das unrühmliche Ende eines von den Medien mit Eifer kolportierten und groß herausgestellten[4] Sensatiönchens.

Das Ende allerdings auch des verkrampften Arguments, die Zeit für eine irdische Entstehung des Lebens sei nicht ausreichend. Da neuerdings auch andere, nämlich chemische Indizien für die Existenz von Leben in der Isua-Zeit[5] in Zweifel gezogen werden[6], bleiben als glaubhafte älteste Lebensspuren jetzt nur noch die etwa 3400 Jahrmillionen alten Stromatolithen aus West-Australien übrig[7].

Damit aber verlängert sich die für die Entstehung des Lebens in Betracht kommende Zeitspanne wiederum, und zwar auf rund 1000 Millionen Jahre. Dieses Intervall aber sollte wohl mehr als ausreichend erscheinen, wenn man wie der Mikrobiologe R. W. Kaplan für die Entwicklung vom Molekül bis zum prokaryontischen Organismus eine halbe bis eine Milliarde Jahre ansetzt[8].

(Trotzdem sei vor solcher Art von Kalkulationen gewarnt: Das Bildungstempo der präbiotischen und frühbiotischen Entwicklung könnte nur dann glaubhaft berechnet werden, wenn die Evolution ein linearer Prozeß mit unveränderlicher, konstanter Verlaufsrate wäre. Gerade diese Verlaufsrate aber ist alles andere als gleichförmig, sie ist höchst variabel – woraus der Grad der Vertrauenswürdigkeit hervorgehen mag, die derartigen Berechnungen zukommt.)

Optionen zur kerntragenden Chimäre

Es bleibt also dabei: Die ersten echten Lebewesen auf unserer Erde waren die prokaryontischen Einzeller, waren – vereinfacht ausgedrückt – die Bakterien.

Es scheint nun, daß einzelne nur von einer Zellmembran (aber nicht von einer versteiften Zellwand) umhüllte Archaebakterien an eine neue Weichenstellung ihrer Entwicklungsbahn gerieten[9]. Hier waren sie vor die Alternative gestellt, entweder auch weiterhin ihre DNA nur lose verteilt aufzubewahren oder aber sie in körperlich ausdifferenzierten Chromosomen zu konzentrieren und diese in einem beständigen Membranbehälter zusammenzufassen. Die evolutionsfreudigeren unter diesen Archaebakterien optierten für die letztere, die weitaus zweckmäßigere Möglichkeit: Auf die beschriebene Weise bildeten sie den nunmehr kompakten Zellkern heraus, und sie wurden so zu den ersten Eukaryonten.

Allerdings folgten noch einige weitere Schritte, bis die eukaryontische Zelle zu dem wurde, was sie nun mindestens seit 1400 Jahrmillionen ist[10]: eine enorm erfolgreiche genetische Chimäre. Setzte sich das sagenhafte Ungetier der alten Griechen aus Teilen von Löwen, von der Ziege und vom Drachen zusammen, so blieb der Ur-Eukaryont freilich weitaus harmloser. Er verleibte sich – quasi als seine dauernden Arbeitssklaven – verschiedenartige Bakterien ein, er machte sie zu seinen ständigen Organen (richtiger: Organellen) und gewann so jene überragende energetische Leistungsfähigkeit, ohne die jedes höher organisierte Leben undenkbar wäre.

Wenn die heute weithin akzeptierte sogenannte Endosymbionten-Hypothese[11] richtig ist – dafür gibt es schon jetzt einige beeindrukkende Indizien[12] –, so waren auch bei der Entwicklung der Eukaryontenzelle mehrere Weichenstellungen zu passieren. Und bei jeder von ihnen kam es zu Entscheidungen, die einer Auswahl von Juniorpartnern bei deren Aufnahme in die produzierende Gesamtorganisation vergleichbar sind. Mindestens drei von diesen wurden für geeignet befunden, und sie bilden als voll integrierte Dauersymbionten auch heute noch wichtige Bestandteile der Eukaryontenzelle. Es sind dies das Mitochondrion, die eukaryontische Geißel und der Chloroplast (Farbtafel 6), vielleicht auch noch das Centriol:

Die Mitochondrien dürften ursprünglich luftatmungsfähige Bakterien gewesen sein. Sie wurden nun in das Innere der Eukaryontenzelle einbezogen und bilden hier die Kraftwerke dieser Zelle, jene Kleinstfabriken, in welchen durch die Oxydation der Nährstoffe Energie gewonnen wird.

Geißelähnliche, peitschenschnurartige Kleinstorgane, die der Fortbewegung dienen, gab es vereinzelt schon bei den Prokaryonten. Sie waren aber nichts anderes als einfache Plasmafortsätze. Die Eukaryontenzelle hingegen war anspruchsvoller. Offensichtlich fing sie eine Art der sich korkenzieherartig schlängelnden, Spirochaeten-ähnlichen Bakterien ein, die aufgrund ihres inneren Baues (Gliederung in [9+2] Fibrillen) in der Fortbewegung weitaus leistungsfähiger waren, und sie machte diese Bakterie zu ihrer permanenten Geißel.

Später, bei der evolutiven Aufspaltung der Eukaryontenlinie in Tiere und eigentliche Pflanzen, nahmen die Zellen der letzteren noch einen weiteren Endosymbionten in ihr Inneres auf. Dabei handelte es sich um den der Photosynthese dienenden Chloroplasten, der ursprünglich wohl eine photosynthetisierende Blaubakterie war.

Diese entscheidende Wegegabel der Evolutionsbahn verdient es, ganz besonders hervorgehoben zu werden. Zugleich mit den oben genannten fielen hier nämlich auch weitere, wichtige Entscheidungen, und zwar solche, die sich auf die Art der Ernährung beziehen. Die Alternativen lauteten hier: entweder auch weiterhin nur die (nun allerdings verbesserte) Photosynthese beizubehalten, also den Aufbau von organischen aus anorganischen Verbindungen mit Hilfe des Sonnenlichts, oder aber zu einer Ernährung mit Hilfe vorproduzierter, also fremder organischer Substanzen überzugehen. Die eukaryontischen Einzeller, welche den ersten Weg beschritten, wurden zu Pflanzen, diejenigen, die für die zweite Alternative optierten, wurden zu tierischen Lebewesen. Der dritte Weg aber war der bequemste; er implizierte eine parasitäre Lebensweise: nämlich zwar gleichfalls von organischer, durch andere vorgefertigter Substanz zu leben, diese aber noch nicht einmal durch den Einsatz von körpereigenen Enzymen abzubauen. Die Einzeller, die sich für diese Alternative entschieden, wurden zu Pilzen.

Zweifellos waren die bisher genannten Weichenstellungen die schicksalhaften, die zukunftsweisenden. Mit Bewußtsein oder gar Intelligenz hatten sie allerdings nichts zu tun; diese Erscheinungen blieben der späteren Entwicklung in einer einzigen unter den nun entstandenen Gruppen vorbehalten. Wer im Gegensatz zu einigen verträumten, exzentrischen Autoren nicht an ein Seelenleben der Pflanzen glaubt und wer geneigt ist, die Intelligenz eines Fliegenpilzes oder eines Champignons mit Null anzusetzen, dem wird klar sein, daß wir uns von jetzt ab, von diesem Scheidewege an, bei unserer Betrachtung auf die Entwicklung im Reich der Tierwelt beschränken müssen, wenn wir den weiteren Weg des Lebens hin zu dessen Befähigung zur Intelligenz verfolgen wollen. Dies soll im folgenden geschehen.

Optionen zum vielzelligen Tier

Die tierischen Einzeller waren an ihren jeweiligen Lebensraum und ihre Lebensweise optimal angepaßt; sie waren in deren Rahmen durchaus erfolgreich, und so existieren ihre hauptsächlichen Gruppen noch heute. Allerdings hätten in einem inneren Zusammenhang stehende größere Komplexe, also ganze Aggregate von Zellen, zusätzliche Vorteile besessen: Die Lebensdauer eines solchen Komplexes wäre länger geworden, weil absterbende einzelne Zellen jeweils durch neue ersetzt werden konnten. Im Gesamtsystem hätte es durch Differenzierung in unterschiedliche Zellgruppen zu deren Arbeitsteilung und zu einer Verbesserung der funktionellen Leistungen kommen können. Der vielzellige Komplex hätte ferner die Chance geboten, eine Vielzahl von Gestalten und Formen anzunehmen, mithin auch neue Lebensweisen und die allerverschiedensten, bisher noch nicht wahrgenommenen Möglichkeiten der Anpassung auszunützen.

Das waren Chancen, die über die bisherigen weit hinausgingen. Es wird also verständlich, daß schon die Prokaryonten dazu neigten, vereinzelt mehrzellige, wenn auch noch sehr einfache Komplexe zu bilden, und daß später bei den Eukaryonten sowohl im Pflanzenreich als auch im Tierreich vielzellige Organismen tatsächlich entstanden (Metaphyten und Metazoen).

In unserer Hauptreihe, der tierischen, ging auch diese Etappe der Entwicklung so vor sich, daß sie über zahlreiche Weichenstellungen hinwegführte. Und auch hier standen an jeder von ihnen alternative Möglichkeiten zur Auswahl: Sollte der Vielzellerstatus auf dem cönocytischen Wege der Organisation erreicht werden, bei dem zahlreiche Einzelzellen miteinander so verschmelzen, daß ein großer ungeteilter oder nur noch wenig unterteilter Plasmakomplex mit zahlreichen Zellkernen entstand? Manche Algen und Pilze verhielten sich so[13]. Oder sollten, wie dies noch heute bei manchen kollektiven Amöben und gewissen Wimpertierchen[14] geschieht, auf ein chemisches Signal hin viele Dutzende von Einzellern spontan zu einem ausdifferenzierten, vielzelligen, aber nur kurzlebigen Aggregat zusammentreten? Oder sollten Einzeller in einer von Gallerte zusammengehaltenen losen Zellkolonie, wie sie auch heute noch nicht ungewöhnlich ist[15], den Status des vielzelligen Gesamtorganismus anstreben?

Die von uns betrachtete Entwicklungslinie entschied sich für einen anderen Weg. Sie optierte für ein einfaches Verbleiben aller aus den Zellteilungen hervorgehenden Tochterzellen in einem festen Verbund, der auch ohne verkittende Gallerte dauerhaft blieb. Und noch heute rekapitulieren alle Vielzeller diesen Modus in den frühesten Stadien ihrer Ontogenese, wenn im Verlauf der Furchung des Keimes die Zellteilungsprodukte im festen Verbund bleiben (Abb. 8 a–c).

Ein echtes Metazoon war hier freilich noch nicht entstanden. Was zunächst vorlag, war wohl nicht mehr als eine undifferenzierte Zellenkolonie, höchstwahrscheinlich eine Art von Hohlkugel, deren Wand aus mehr oder weniger gleichartigen Zellen bestand. Diesen hypothetischen Vorläufer der Vielzeller nennen wir »Blastaea«, eine Anspielung auf den Namen des im Prinzip gleich gestalteten Blastula-Stadiums, das auch heute noch bei der Keimesentwicklung eines jeden vielzelligen Tieres auftritt (Abb. 8 d).

Der Schritt zum echten Metazoon, zum eigentlichen Gewebetier, war erst getan, als eine weitere Option vollzogen war: Es fiel die Entscheidung zur Differenzierung von Zellgruppen mit jeweils verschiedener Aufgabenstellung. Mit anderen Worten, es entstanden Gewebe. Als Modell für diesen Prozeß bietet sich die Keimesentwicklung des heute lebenden Lanzettfischchens an (Abb. 8 a–k). Dieser zufolge scheint es,

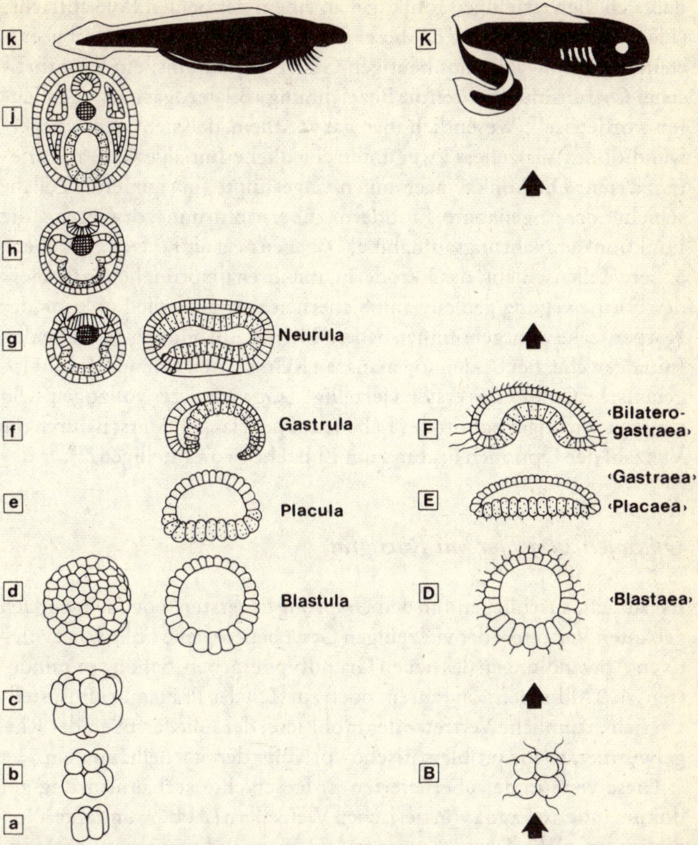

Abb. 8: Entstehung und Entwicklung eines tierischen Vielzellers (a-d, B-D).
Entstehung und Entwicklung des heute lebenden Lanzettfischchens (a-k; ab e sind lediglich die Schnitte abgebildet).
Hypothetische Entstehung und Entwicklung des Ur-Chordatiers (B-K; davon D-F im Längsschnitt dargestellt).
Schematische Darstellungen. Zu e-j: punktiert = Entoderm; nicht punktiert = Ektoderm; gekreuzt schraffiert = Anlage und Ablösung der Chorda als axialer Versteifung (»Ur-Wirbelsäule«). Man beachte die darüber erfolgende Einrollung und Ablösung des Neuralrohrs als Nervensystem neuer Art. Zellkerne überall fortgelassen.

daß sich die vielzellige Hohlkugel an einem der beiden Pole abflachte (Placaea-Stadium)[16] und an dieser Stelle konkav einwölbte. Dabei entstand das Äquivalent des heutigen Gastrula-Stadiums, ein hypothetischer Organismus, für den die Bezeichnung »Bilaterogastraea« geschaffen worden ist[17]. Wesentlich aber war vor allem, daß sich in der Körperwand dieses Vielzellers zwei unterschiedliche Initialgewebe ausdifferenzierten: Die konkav nach innen eingestülpte (invaginierte) Zellenschicht, das sogenannte Entoderm, übernahm nun vorwiegend die Funktion der Nahrungsaufnahme. Dagegen mag die konvex gebliebene äußere Zellenschicht, das Ektoderm, mit ihren ursprünglichen Geißeln der Fortbewegung gedient, mit Sicherheit aber auch die Funktion der Körperdecke wahrgenommen haben. Mit der Ausbildung dieser beiden Initialgewebe, der beiden sogenannten Keimblätter, war nun die phylogenetische Geburt des ersten vielzelligen Gewebetieres vollzogen – ein eminent wichtiger Schritt des Lebens auf dem langen Marsch durch die Vielzahl der Optionen bis hin zum Entstehen von Intelligenz[18].

Optionen zum Tier mit Rückgrat

Es hat sich, anschließend an den Ursprung des ersten, noch sehr einfach gebauten Vertreters der vielzelligen Gewebetiere, eine Fülle von evolutiven Abwandlungen des neuen Grundtyps ergeben. Schon vor mindestens 600 Millionen von Jahren, noch zur Zeit des Präkambriums, stellten sich urtümliche Vertreter der Hohltiere, der Gliederfüßer, der Ringelwürmer, sowie problematische Vorläufer der Stachelhäuter ein.

Diese erste in der überlieferten Erdgeschichte verhältnismäßig gut dokumentierte Fauna von tierischen Vielzellern (Abb. 9) umfaßte allerdings nur solche Tiere, die weder Außen- noch Innenskelett besaßen. Dem Schutz dienende äußere Schalen, Panzer, Gehäuse oder als Stütze dienliche innere, durch Mineralisation verhärtete Strukturen fehlten noch völlig. Hier nun zeichnete sich die nächste Weichenstellung ab, die zwei Möglichkeiten bot, nämlich diesen Zustand beizubehalten (die Medusen, die Ringelwürmer und andere schlugen diesen Weg ein) oder aber die Fähigkeit der sogenannten Biomineralisation zu entwickeln[19].

In der von uns verfolgten Evolutionsbahn wurde als Option die zweite Möglichkeit gewählt, und so währte es nicht lange, bis (noch zur Zeit des Kambriums) sämtliche Stämme der wirbellosen Tiere entwik-

Abb. 9: Rekonstruiertes Lebensbild der ältesten vielzelligen Tiere (Ediacara-Fauna).

Oben Quallen (Medusen). Darunter im Hintergrund und vorn rechts der Seefeder ähnelnde Hohltiere. Vordergrund Mitte: zwei scheibenförmige problematische Tiere (Stachelhäuter?). Links, frei schwimmend: segmentierte Problematika. Im Mittelgrund, mit Kriechspur: ein langgestreckter Ringelwurm. Rechts daneben: zwei sehr flache Ringelwürmer.

kelt waren: unzählige Schritte der Anpassung und des Umbaues der Gestaltung! Und auch hier wiederum, in jedem einzelnen aller dieser Stämme, ergab sich eine immense Vielfalt von Alternativen, eine Unzahl von allerdings untergeordneten weiteren Weichenstellungen und Möglichkeiten.

Lassen wir sie beiseite, lassen wir uns nicht den Blick verstellen durch alle diese Mannigfaltigkeiten, so interessant sie auch sein mögen. Was für unsere Prüfung bedeutsam ist, das ist ja vor allem die Bahn, an deren vorläufigem Ende – weit, weit später! – jenes Lebewesen entstehen sollte, das Intelligenz produziert. Und auf diesem Wege war die nächste, überaus wichtige Etappe diejenige, in deren Verlauf es zur Herausbildung des ersten Wirbeltieres kam.

Ihr erster Abschnitt umfaßte zweifelsohne die Bildung der primitivsten Vorstufe des Achsenskelettes, also der Wirbelsäule. Bei dieser Vorläuferstruktur handelte es sich um ein stabförmiges, elastisches Stützorgan, dessen Überreste bei den Wirbeltieren noch heute feststellbar sind. Es ist die sogenannte *Chorda dorsalis*. Wo sie erstmals entwickelt wurde, beim ursprünglichen Chorda-Tier, setzte die eigentliche Entwicklung zum Wirbeltier ein.

Auch in diesem Fall steht uns ein Modell des stammesgeschichtlichen Geschehens zur Verfügung. Wiederum handelt es sich um die Keimesentwicklung jenes Lanzettfischchens, das seinem anatomischen Bau zufolge wohl das primitivste unter den heute noch lebenden Chordatieren darstellen dürfte.

Bei ihm wird die Chorda im Anschluß an das bereits erwähnte Gastrula-Stadium gebildet, und zwar auf folgende Weise (Abb. 8 g–k): Im an die Gastrula anschließenden Neurula-Stadium steigert sich die Einstülpung des Keimes so stark, daß damit eine horizontal gestreckte, primäre Leibeshöhle entsteht, und deren Entoderm wird nun endgültig zum Urdarm. In dessen Dachpartie bildet sich eine langgestreckte Verdichtung aus, die sich verdickt und schließlich in ihrer gesamten Längserstreckung löst. Sie verselbständigt sich und wird damit zur stabförmigen versteifenden und dennoch biegsamen Körperachse: Sie wird zur *Chorda dorsalis*.

Vergleichbares muß auch in der Evolution der Organismen vor sich gegangen sein. Aus der Bilaterogastraea muß durch zunehmende Invagination ein Organismus hervorgegangen sein, der die wichtigsten Organisationsmerkmale aufwies, die noch heute das Neurula-Stadium des Lanzettfischchens auszeichnen: ein walzenförmiger Körper, vom Urdarm durchzogen. Bei gleichzeitiger Streckung und freiem, mittels Schlängelbewegung bewerkstelligtem Schwimmen [20] bildete er – histologisch auf dieselbe Weise wie heute die Neurula – jene axiale Versteifung heraus, die als Chorda inneren Halt gewährte und als erstes, noch nicht verknöchertes Rückgrat gelten konnte.

Daß neben diesem so bedeutsamen Schritt bei der Entstehung des ersten Chordatieres noch mehrere weitere und gleichfalls wichtige Optionen mit im Spiel waren (so z. B. bei der Entstehung des definitiven Mundes, der Muskelsegmente, der Kiemenspalten und nicht zuletzt beim zentralen Nervensystem), sei hier nur kurz gestreift, aber nicht näher ausgeführt. Aus Gründen der Vereinfachung und Übersichtlichkeit wollen wir vor allem die Versteifung der Körperachse hervorheben, in der Tat eine wichtige Voraussetzung für die weitere Entwicklung.

Optionen zum Fisch

Auch die Ur-Chordatiere fanden sich schon bald vor die Wahl zwischen mehreren Alternativen gestellt. Manche »entschieden sich« für ein aktives Graben im Schlamm; sie wurden zu Eichelwürmern (Enteropneusten). Andere – wir nennen sie die Federkiemer (Pterobranchier) – gingen zum Leben in Kolonien aus selbstgebauten Röhren über. Wiederum andere wurden auf freier Fläche festsitzende oder allenfalls träge schwimmende Formen, die sich gleichfalls durch Strudeln und Filtern ernähren. Es sind die Manteltiere (Tunicaten).

Bei allen diesen Optionen wurde die Chorda weitgehend oder sogar völlig rückgebildet – diese Optionen erwiesen sich als Sackgassen der Entwicklung. Bei einer anderen Gruppe, nämlich bei den Schädellosen (Acranier), zu welchen auch das mehrfach erwähnte Lanzettfischchen gehört, blieb die Chorda zwar in vollem Umfang erhalten, doch auch dieser Weg einer Anpassung als Schlammbewohner führte letztlich nicht weiter.

Unter allen hier vorhandenen Alternativen eröffnete nur eine einzige wirklich neue Möglichkeiten, und dies gleich in sehr beträchtlichem Umfang. Es war die Tendenz zu gesteigerter Beweglichkeit, zur zunehmenden Verfestigung der Chorda sowie zur Ausdifferenzierung eines Kopfes – kurz, es war die Tendenz zur Entstehung der Wirbeltiere.

Die ursprünglichsten unter solchen Wirbeltieren waren nach allem, was wir wissen, die Fische. Und wenn wir bereit sind, dieser Klasse auch solche Tiere hinzuzuzählen, die in den hauptsächlichen Zügen den Fischen zwar gleichen[21], aber weder Ober- noch Unterkiefer besitzen, dann kann man in der Tat die kieferlosen Fische (Agnatha) als primitivste Wirbeltiere auffassen. Allerdings, den vollwertigen Status des Fisches erreichte die von uns betrachtete Entwicklungslinie auch hier nur stufenweise, auch hier wiederum über verschiedene Weichenstellungen.

Lassen wir uns bei unserer Betrachtung nicht durch die verschiedenen Sonderentwicklungen ablenken, wie etwa die Ausbildung exotischer, bizarrer Außenpanzer der paläozoischen Agnathen und primitiver echter Fische. Lassen wir uns auch nicht durch die mehrfach erfolgten rückschrittlichen Tendenzen beirren, in deren Verlauf bereits verknöcherte Skelett-Teile erneut verknorpelten. Das sind interessante, aber für unsere Belange unwesentliche Spezialtendenzen, die sich auf Seitenlinien beschränkten. Auf unserer hauptsächlichen Evolutionsbahn jedenfalls erfolgten, wie schon so oft zuvor, zahlreiche Schritte, die wir, grob vereinfachend und in Stufen zusammenfassend, vielleicht so kennzeichnen können: Zunächst kieferlose Tiere, in der Regel noch ohne paarige Gliedmaßen, aber schon mit Verknorpelungen an der Chorda – – – sodann Fische mit primitiven Kieferbildungen und knorpelgestützter Chorda, teils schon mit paarigen Gliedmaßen (Brustflossen, Bauchflossen) – – – schließlich Fische mit voll verknöchertem Kiefer, stets mit paarigen Gliedmaßen sowie meistens mit verknöcherten Wirbelkörpern, welche die Chorda ringartig umfassen und einengen.

Als fortgeschrittene, voll ausgebildete Vertreter ihrer Klasse dürfen sicherlich die als letzte genannten Knochenfische gelten. Ihre Gliedmaßen, also die paarigen Brust- und Bauchflossen, waren (und sind auch heute noch) durch weiche oder harte, verknöcherte, aber jedenfalls in ihrer Form zarte Flossenstrahlen in sich verspannt (Abb. 10).

Sehr frühe Vertreter dieses Typus gerieten schon zu Beginn des Devons, vor etwa 400 Millionen Jahren, an eine neuerliche, wichtige Weichenstellung. An dieser haben sie für eine neue Alternative optiert, die wiederum ein Tor zu einer ungeahnten Fülle von bisher unerreichten evolutiven Möglichkeiten aufstieß. Diese Gruppe der Knochenfische, die wir die Quastenflosser (Crossopterygier) nennen und die auch noch heute existiert, brachte damals in ihrem Bauplan zwei überaus bedeutsame Neukonstruktionen hervor (Abb. 10):

In ihren paarigen Flossen entwickelte sie neben den zarten Flossenstrahlen auch massivere, kräftige Knochenelemente, so daß diese Gliedmaßen nun nicht nur, wie bisher, als Paddel geeignet waren, sondern jetzt auch als Körperstützen dienen konnten. Die andere konstruktive Neuerung bestand darin, daß nun Nasenrachengänge (Choanen) angelegt wurden, daß also eine innere Verbindung zwischen der Nasenhöhle und der Mundhöhle bzw. dem Schlund zustande kam. Und mit diesen beiden Neuerungen waren zwei der wichtigsten Voraussetzungen geschaffen, die es den Wirbeltieren nun ermöglichten, einen neuen Lebensraum zu erobern: die weiten, durchwegs noch unbesiedelten Flächen der Festländer.

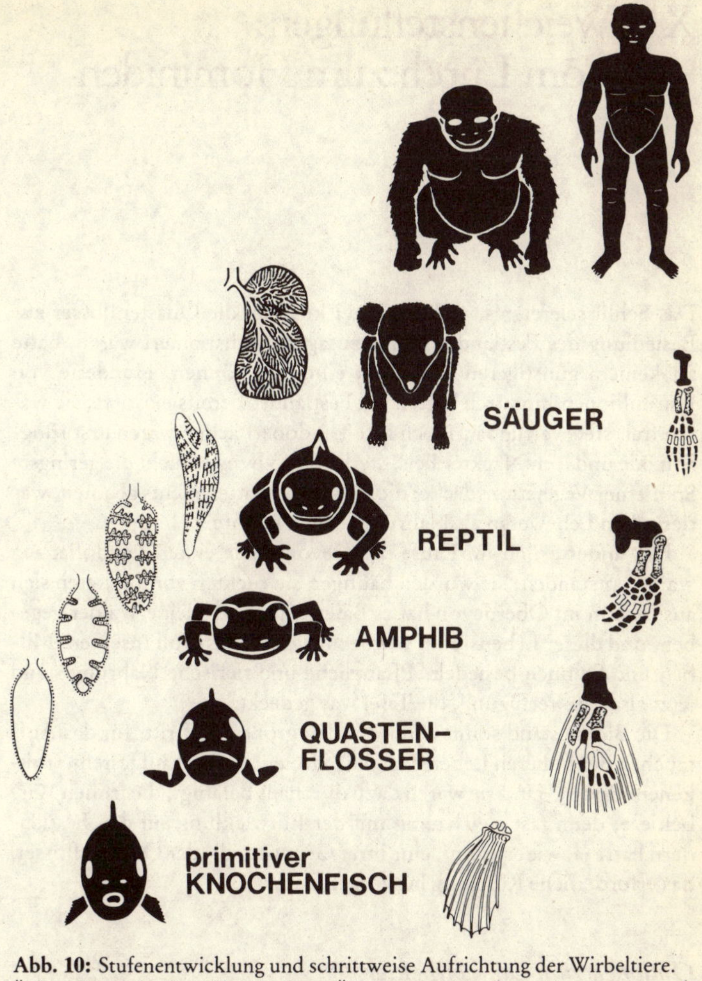

Abb. 10: Stufenentwicklung und schrittweise Aufrichtung der Wirbeltiere. Äußerste linke Reihe: Entwicklung der Lunge. Äußerste rechte Reihe: Entwicklung der Innenstruktur der paarigen Gliedmaßen (homologe Knochenelemente jeweils schwarz bzw. weiß gehalten). – Alle Darstellungen stark schematisiert.

XI. Weichenstellungen: Vom Lurch zum Hominiden

Das Schlüsselereignis, welches bewirkte, daß die Quastenflosser zur Besiedlung des Festlandes nun sozusagen prädisponiert waren, hätte zu keinem günstigeren Zeitpunkt eintreten können. Hunderte von Jahrmillionen hindurch hatten die Festländer bereits existiert; sie waren frei, stets verfügbar. Doch ihre Landoberflächen waren ursprünglich öde und leer. Nackter Fels, sterile Geröllwüste, nicht die geringste Spur einer Vegetationsdecke; die Festländer hatten nichts geboten, was tierischen Lebewesen als Nahrung dienen konnte.

Das änderte sich im Laufe des Devons. Die ersten Landpflanzen waren entstanden; sie wurden häufiger, sie rückten vor, breiteten sich aus. Schon im Oberdevon hat es Bäume, ja sogar kleine Wälder gegeben, und dieser Lebensraum wurde nun zumindest von Insekten, Milben und Spinnen besiedelt. Pflanzliche und tierische Nahrung stand jetzt also zur Verfügung, die Tafel war gedeckt.

Die Bühne stand somit bereit für den großen Auftritt, für das Auftauchen der höheren Lebensformen in freier Luft und auf festem, trokkenem Boden. Und sie waren dazu durchaus befähigt, die frühen Wirbeltiere; denn fast gleichzeitig mit der Entwicklung auf den Festländern hatte ja, wie erwähnt, eine ihrer Gruppen, die der Quastenflosser, das erforderliche Rüstzeug hervorgebracht.

Optionen zum Landwirbeltier

Was hier den Fluten entstieg, mühselig an Land kroch, der Ur-Ur-Vorfahre der schaumgeborenen Aphrodite, das war nicht nur ein ziemlich häßliches, ästhetische Gefühle gewiß nicht ansprechendes Wesen. Es war zugleich ein Zwitter, halb noch Fisch, halb aber schon ein vierfüßiges, breitmauliges Amphibium. Das erste bekannte Landwirbeltier, vor etwa 370 Millionen von Jahren aus den Quastenflossern hervorgegangen – den Paläontologen unter dem Gattungsnamen *Ichthyostega* bekannt –, ließ in seinem anatomischen Bau die konsequente Weiterführung jener Tendenzen erkennen, die bereits bei den Quastenflossern eingesetzt hatten: Noch besaß die *Ichthyostega* die Schwanzflosse, noch den Rest des Kiemendeckels, noch die Körperschuppen der fischhaften Vorfahren. Auch der Schädelbau, die Ausbildung der Wirbelsäule und die innere Feinstruktur der Zähne waren noch so ausgebildet wie bei den Quastenflossern. Andererseits waren die paarigen Gliedmaßen jetzt zu tragenden, voll ausgebildeten [1] und fünf- bzw. vierzehigen Vorder- und Hinterbeinen geworden (Abb. 10), der Schultergürtel war nun amphibienhaft vom Schädel getrennt, der Beckengürtel wie bei den Amphibien mit der Wirbelsäule verwachsen.

Kein Zweifel, die *Ichthyostega* war zwar anatomisch und bis zu einem gewissen Grade auch stammesgeschichtlich eine höchst beachtenswerte Zwischenform zwischen den Fischen und den Lurchen; sie hatte den vollen Status des Landwirbeltieres fast erreicht. Als ein solches stellt sie nun einen unserer Urahnen dar, gehört sie offensichtlich jener Evolutionsbahn an, auf der die Hauptentwicklung zum Ursprung der Intelligenz auch weiterhin verlief: Quastenflosser → Amphibien → Reptilien → nichthumane Säugetiere → der Mensch [2].

Noch allerdings war der perfekte Bauplan des Amphibiums nicht ganz erreicht, noch war eine ganze Reihe von weiteren Umkonstruktionen (Entwicklungsschritten, Optionen, wenn man so will) erforderlich, die zur Vervollkommnung des Typus Amphibium führten: Nicht nur mußten die Kiemendeckel und Kiemen gänzlich rückgebildet und die der Atmung dienenden Ausstülpungen des Vorderdarms zu echten Lungen umgestaltet werden (Abb. 10). Auch die knöcherne Wirbelsäule und die Gliedmaßengürtel waren weiter auszubauen, das Blutgefäß-System war zu verändern, die vorderste Kiemenspalte mußte zum Mittelohr, ein Teil des zweiten Kiemenbogens zum ursprünglichen Gehörknöchelchen umkonstruiert werden (Abb. 11) und anderes mehr.

Dann aber gliederten weitere Weichenstellungen die Bahn: Mehrere Zweige entwickelten eigenständige Tendenzen, welche unabhängig zu jenen Ausbildungen führten, die uns heute im Typus des Frosches, des Salamanders, in dem der Blindwühle entgegentreten. Die meisten aber

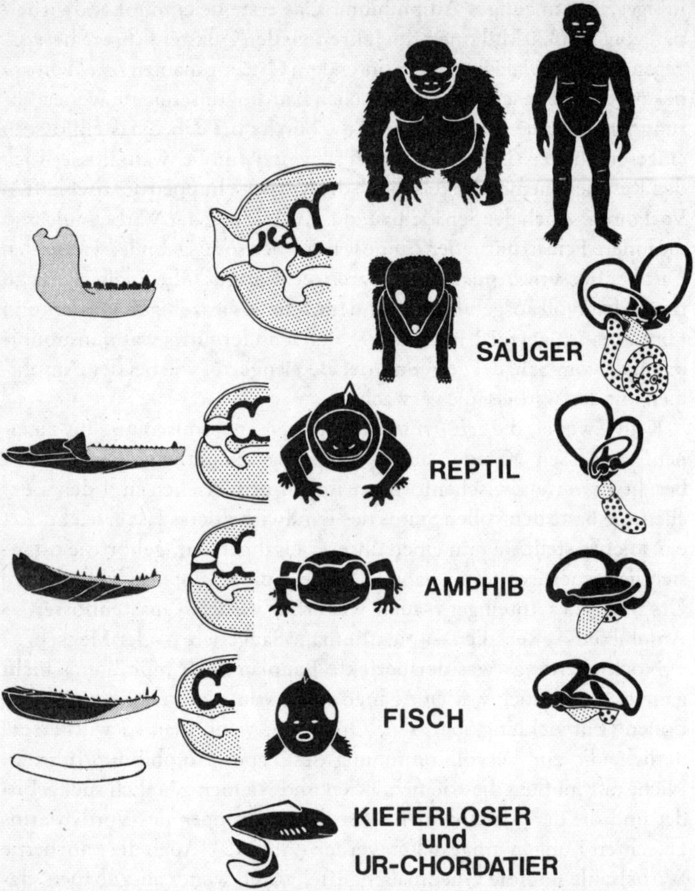

Abb. 11: Stufenentwicklung der Wirbeltiere.
Äußerste linke Reihe: Entwicklung des Unterkiefers (bei den Säugetieren bleibt schließlich nur das zahntragende, hier stark vergrößerte Knochenelement, das sog. Dentale, übrig. Alle anderen Elemente sind zuvor in die Ohrregion abgewandert und zu den Gehörknöchelchen geworden). Anschließende Reihe: Entwicklung des Mittelohrs und der an das Trommelfell anschließenden Gehörknöchelchen (bei den Amphibien und Reptilien nur eines, die Columella; bei den Säugern Hammer, Amboß und Steigbügel). Äußerste rechte Reihe: zunehmende Komplikation des Ohrlabyrinths. – Alle Darstellungen stark schematisiert.

gehörten dem Typus des »Dachschädlers« (Stegocephalen) an – plumpe, typisch lurchhafte Gestalten mit massivem, robustem Schädeldach, in vielen Fällen mit kräftiger Panzerung des Körpers, bisweilen auch eine beträchtliche Größe erreichend.

Hier aber, bei den primitiveren Vertretern dieser Großgruppe, wurde vor rund 350 Millionen von Jahren ein neuer Abschnitt der Entwicklung eingeleitet. An seinem Anfang standen die sogenannten Anthracosaurier. Sie waren zwar in ihrer Lebensweise, im Bau ihrer Wirbelkörper, in der Innenstruktur ihrer Zähne und anderen Merkmalen noch ganz amphibisch. Aber im Bau ihres Schädels klang bereits Reptilhaftes an – – – die neue Option war damit zum Teil bereits vollzogen, die nächste Etappe angesteuert.

Optionen zum Warmblüter

Es ist wahr, daß das Amphibium das erste wirkliche Landwirbeltier darstellt, doch hatte es sich noch nicht völlig vom ursprünglichen Lebensraum, dem Wasser, gelöst. Mindestens die Eiablage und das kiementragende Larvenstadium blieben noch an dieses Medium gebunden. Selbst davon noch machte sich das Wirbeltier frei, als es bei der nächsten großen Weichenstellung zum Reptil wurde.

Auch in diesem Fall kann auf Zwischenformen (Anthracosauria und Seymouriomorpha) verwiesen werden: fossile Tiere, die einerseits noch das geschlossene Schädeldach, noch die typische innere Zahnstruktur, noch das Larvenstadium der amphibischen »Dachschädler« erkennen lassen, die aber andererseits im weiteren Bau ihres Schädels und vor allem in dem ihrer Wirbel bereits vollauf reptilhaft geworden waren. Daneben aber stellten sich auch schon die typischen Reptilien ein, unter denen die primitivsten noch durch das Fehlen von Schläfenöffnungen des Schädels an ihre Vorfahren, die alten »Dachschädler«, erinnerten.

Dies war der Werdegang des Wirbeltiertyps, den man Reptil oder Echse nennt, doch habe ich ihn hier fast schon ungebührlich vereinfachend dargestellt. In zahlreichen weiteren Merkmalen, vor allem im Bau der inneren Organe, aber auch bei der Ausbildung des Eies[3] und des frühen Keims, erfolgten zusätzliche weitere Veränderungen, die ich hier der Übersichtlichkeit wegen ausspare und aus denen schließlich der typisch reptilhafte Bauplan resultierte.

Der aber wurde sodann in überaus mannigfaltiger Weise variiert, die Zahl der Optionen für die allerverschiedensten Alternativen war hier besonders groß (Farbtafel 5): Schildkröten und Krokodile, Schlangen und Eidechsen, wasserlebige Schlangenhalssaurier und luftbewohnende Flugsaurier und nicht zuletzt die pflanzenfressenden und die räuberischen unter den Dinosauriern – in der Tat eine Fülle von Möglichkeiten, die alle wahrgenommen wurden.

Wiederum aber war da eine unter den Alternativen, die neue Möglichkeiten eröffnete – oder sollen wir, erneut unsere anthropozentrische Metapher gebrauchend, sagen: die nach einer Weichenstellung das Fortschreiten auf jener von Option zu Option führenden Evolutionsbahn ermöglichte, bis hin zum Intelligenz hervorbringenden Organismus? Hier jedenfalls zeichnete sich bereits eine neue Etappe ab, als nämlich eine einzelne Reptilgruppe (die der Therapsiden) dazu überging, in verschiedenen Linien vereinzelt säugetierähnliche Merkmale oder Merkmalskombinationen herauszubilden:

Da kam es zum Beispiel zur säugetierhaften Vergrößerung der Hirnkapsel und Vorwölbung der Stirn, die damit stark vom üblicherweise flachen Reptilienschädel differierte. Während bei den typischen Echsen eine recht einförmige Bezahnung charakteristisch ist, tauchte bei manchen Therapsiden bereits die spätere Gliederung in Gebißregionen auf: eine Differenzierung in Schneide-, Eck- und Backenzähne – und wie bei den Säugern wurden die letzteren bereits mehrwurzelig angelegt. Das säugerhafte (»synapside«) Schläfenfenster, die Vorwölbung der Jochbeine, die Ausbildung eines sekundären Gaumens, die Tendenz zur Rückbildung gewisser Knochenelemente im Unterkiefer (Abb. 11), der Besitz von zwei – im Gelenk am Hals beteiligten – Hinterhaupthöckern, das alles waren Merkmale, die für Reptilien eigentlich untypisch, für Säugetiere hingegen höchst charakteristisch waren. Mit beträchtlicher Wahrscheinlichkeit kann ferner damit gerechnet werden, daß manche der therapsiden Reptilien sogar schon warmblütig gewesen sind.

Gewiß tauchten alle diese Züge nicht etwa nacheinander, etwa kumulativ, in einer einzigen, durchlaufenden Evolutionslinie auf. Aber der Umstand, daß sie *überhaupt* auftraten, und zwar nur in dieser einen Gruppe der Reptilien, erweist, daß sich in eben dieser Gruppe die reptilhafte genetische Reaktionsnorm verändert hatte, und zwar so, daß sich nun – abermals sei die Metapher gebraucht – innerhalb der

Weichenstellung eine neue, als Option verfügbare Möglichkeit abzeichnete: die Überwindung des Reptilienstatus, die Entstehung des Säugetieres.

Optionen zum Säugetier

Der Übergang zum Säugertypus begann bereits vor etwa 215 Millionen von Jahren, zur Zeit der Oberen Trias. Er verlief gleitend, wie das erwähnte frühe Auftauchen säugerhafter Merkmale bei der therapsiden Reptiliengruppe und die Persistenz einiger reptilhafter Merkmale bei primitiven Säugetieren erweist. In der Tat entstand im Rahmen der hier gegebenen Alternativen ein neuer Typus; doch geschah dies in zahlreichen Schritten, die sich im Rahmen mehrerer, funktionell zusammenhängender Tendenzen vollzogen:

Warmblütigkeit bedingte einerseits das isolierende Haarkleid, andererseits – wegen der erforderlichen Verstärkung des Stoffwechsels – ein besseres Aufschließen der Nahrung. Dieses wurde erreicht durch eine Umstellung im Gebiß, die ein intensiveres Kauen ermöglichte, durch Verstärkung der Kaumuskulatur sowie durch entsprechende Veränderungen in der Kiefergelenkung. Hinzu kam noch der Einbau eines sekundären Gaumens, der eine Trennung der Nahrungs- und der Atemwege bewirkte.

Die Lunge wurde zu einem hochkomplizierten, hochgradig strukturierten Organ ausgebaut (Abb. 10). Im Unterkiefer frei werdende Knochenelemente wanderten in die Gehörregion ab, traten als zusätzliche Gehörknöchelchen – nämlich als Hammer und Amboß – zum reptilischen Steigbügel hinzu (Abb. 11). Typisch wurde ferner das Lebend-Gebären sowie das Säugen der Jungen mit Hilfe der nun entwikkelten Milchdrüsen.

Das dürften wohl die wichtigsten unter allen Veränderungen sein, durch die das Wirbeltier vom Reptilstatus zum Säugerstatus evoluierte, doch sind es bei weitem nicht alle. Insgesamt ergaben sie einen neuen Bauplan, und auch in dessen Rahmen wurden, nach Passieren der vorherigen Weichenstellung, drei verschiedene Wege[4] beschritten:

Eine Gruppe, die Kloakentiere (Monotremen), behielt noch einige reptilische Eigenschaften bei, so etwa den altertümlichen Schultergürtel, das Legen von Eiern, die mangelnde Trennung von Harn- und

Geschlechtswegen. Vor allem aber blieb die Regelung der Körpertemperatur noch unvollständig – die Gruppe blieb klein und recht bedeutungslos[5].

Einen anderen Weg schlugen die Beuteltiere (Aplacentalia) ein, die als vollwertige Säugetiere keine Eier mehr legen, sondern lebende Junge zur Welt bringen. Diese – sie sind jeweils noch verhältnismäßig wenig entwickelt – werden im allgemeinen noch nicht mittels einer Plazenta[6] ernährt, sie müssen ihre erste Lebenszeit im Brutbeutel des Muttertieres zubringen, wo sie gesäugt werden.

Die dritte Gruppe wurde zu den Placentaliern, als bei ihr der Aufenthalt des Embryos in der Gebärmutter verlängert wurde. Mehr noch: Diese Gruppe brachte eine überaus wichtige Neuerung hervor, mit deren Hilfe nun eine feste, innige Verbindung zwischen dem Gewebe des Embryos und dem der Mutter hergestellt wird. Es handelt sich um die Plazenta, ein Organ[6], das der Ernährung und Atmung des Keimlings dient.

Das war ein hochbedeutsamer Entwicklungsschritt, denn mit ihm und den schon zuvor erfolgten Optionen waren nun tatsächlich alle Voraussetzungen für neue, weiterführende Entwicklungen geschaffen. Einerseits hatte das Erreichen der vollständigen Warmblütigkeit eine weitgehende Emanzipation dieser Stammeslinie von den Schwankungen der Außentemperatur ermöglicht, so daß nunmehr die dauernde Besiedlung auch ausgesprochen kalter Biotope möglich wurde. Andererseits wurde durch den sich im Körperinneren des Muttertiers automatisch ergebenden Schutz des Keimlings sowie durch die intensivierte Brutpflege im pränatalen (Plazenta) sowie im postnatalen Stadium (Säugen) ein beträchtlicher Selektionsvorteil erzielt.

Optionen zum manipulierenden Zweibeiner

In der Tat war der Eignungsvorteil, der durch die vorausgegangenen Optionen in der Entwicklung hier zustande gekommen war, von unschätzbarer Bedeutung. Und doch blieb er zunächst noch ziemlich wirkungslos. Erst als mit dem großen Massensterben der Reptilien, insbesondere der alles beherrschenden Dinosaurier, vor etwa 63 Millionen Jahren die übermächtige Konkurrenz von der Bildfläche verschwunden war, erst als damit eine Vielzahl von Lebensräumen auf der

Erde, in den Gewässern, in der Luft wieder frei wurde, konnte der vielversprechende neue Bauplan voll zum Zuge kommen: Das Zeitalter der plazentalen Säugetiere hatte begonnen.

Ihre ersten Vertreter waren mausgroße, noch verhältnismäßig einfach gebaute Angehörige der Gruppe der Insektenfresser (Insectivora) gewesen; unscheinbare und noch sehr selten auftretende Zeitgenossen der Dinosaurier, Urahnen unserer Spitzmäuse, Igel und Maulwürfe. Mehrere Millionen Jahre lang hatten sie kümmerlich und bedeutungslos ihre Existenz gefristet. Sowie aber die Übermacht der reptilischen Rivalen abnahm, fielen die Barrieren, und gleichzeitig wirkten sich nun in der Entwicklungsbahn, die wir beobachtend verfolgen, die Vorteile der vorherigen Option für die Entwicklung einer Plazenta in vollem Umfang aus. Gleichzeitig aber zeigte sich auch, daß jetzt eine wichtige neue Weichenstellung erreicht war.

Diesmal handelte es sich um eine Gabelung, von der ausgehend die Schienen in großer Zahl sozusagen strahlenförmig divergierten (Farbtafel 5): Fast schon explosiv wurden nun die allerverschiedensten Anpassungstendenzen hervorgebracht, weitere Umkonstruktionen und Formen produziert, die sich uns heute noch in ihrer Vielzahl präsentieren: Sie alle beschritten jeweils ihren eigenen Weg, alle die Nagetiere und Fledermäuse, Raubtiere und Wale, Paarhufer und Unpaarhufer, alle die Rüsseltiere und Sirenen, Zahnarmen und Schuppentiere. Ganz besonders erfolgreich aber sollte, wie sich schließlich gezeigt hat, jene Option sein, die zum Entstehen der Herrentiere, der Primaten, geführt hat.

Innerhalb der plazentalen Säugetiere waren sie eine noch verhältnismäßig primitive Gruppe, gewiß! Und doch lag gerade hier, gerade in ihrem Zustand des Noch-kaum-Festgelegtseins die Ursache für ihren späteren Erfolg. Allerdings ebenso in den charakteristischen Primaten-Merkmalen: Binokulares Sehen durch Vorverlagerung der Augen aus einer seitlichen in eine frontale Position; die Verkürzung des Gesichtsschädels; die Ursprünglichkeit der Hand mit ihren fünf langen, zur Eigenbeweglichkeit tendierenden, krallenlosen Fingern, von welchen der Daumen abspreizbar wurde; und schließlich der Trend zu einer gewissen Größenzunahme des Vorderhirns.

Allerdings waren diese Merkmale bei den allerersten Vertretern der Gruppe mit dieser Deutlichkeit noch wenig entwickelt (wie dies ja bei den ursprünglichen Wurzelformen höherer Einheiten des Systems ganz allgemein der Fall zu sein pflegt). Dennoch sprechen Anzeichen dafür, daß zwei an der Wende von der Kreide zum Tertiär auftretende fossile Spezies bereits zu den Primaten zu stellen sind[7].

Anschließend, zur Zeit des mittleren und oberen Paläozäns[8], vor etwa 55 bis 50 Millionen Jahren, waren weitere primitive Primaten (Plesiadapiformes) offenbar noch vorwiegend bodenlebige Tierchen. In ihrer äußeren Gestalt mögen sie etwa an ein kleines Murmeltier mit langem buschigem Schwanz erinnert haben. Spätestens zur Zeit des Eozäns, vor rund 45 Jahrmillionen, gingen aus ihnen sodann die Halbaffen (Prosimiae) hervor. Diese entwickelten sich zu definitiv an das Leben auf den Bäumen angepaßten, kletternden Formen: Die Augen rückten etwas weiter nach vorn und ermöglichten dadurch das im Geäst erforderliche stereoskopische Sehen, Hand und Fuß wurden zu Greif- und Kletterorganen. Eine Steigerung dieser Tendenzen, eine weitere Verkürzung des Schnauzenschädels und eine leichte Vergrößerung des Vorderhirns führten sodann zur Herausbildung der echten Affen (Simiae), die uns als Urwaldbewohner seit dem Beginn des Oligozäns, also seit rund 35 Millionen Jahren, bekannt sind.

Schon die hier sehr vereinfacht dargestellten Entwicklungsschritte waren jeweils Optionen im Angebot mehrerer Möglichkeiten. Eine ganz entscheidende, für unsere Betrachtungen eminent wichtige Weichenstellung aber ergab sich offenbar zur Zeit des mittleren Miozäns (vor rund 14 Millionen Jahren), als sich vom Affenstamm jener Evolutionszweig abspaltete, der nicht wie die anderen im Urwald verblieb, sondern zum Leben in der Savanne überging. Dieser Wechsel des Biotops bedeutete automatisch die Option für eine ganz besondere Entwicklung, eine, die hinsichtlich der Lebensweise, der weiteren anatomischen Veränderungen sowie des Verhaltens eine unübersehbare Eigenständigkeit aufwies. Es war die Entwicklung zum humanen Primaten[9].

Am Anfang dieser aus dem Rahmen des rein Biologischen hinausführenden Wegstrecke standen zwei Erscheinungen (Abb. 12): zum einen der bereits erwähnte Wechsel des Biotops und zum anderen eine bemerkenswerte Verlängerung der Jugendphase bei den einzelnen Individuen (Neotenie, Fetalisation). Beide bewirkten jeweils eine ganze Kausalkette von anatomischen und verhaltensbezogenen Folgeerscheinungen, die teils aufeinander aufbauten, teils einander im positiven Rückkopplungsverfahren automatisch verstärkten. Wer an Einzel-

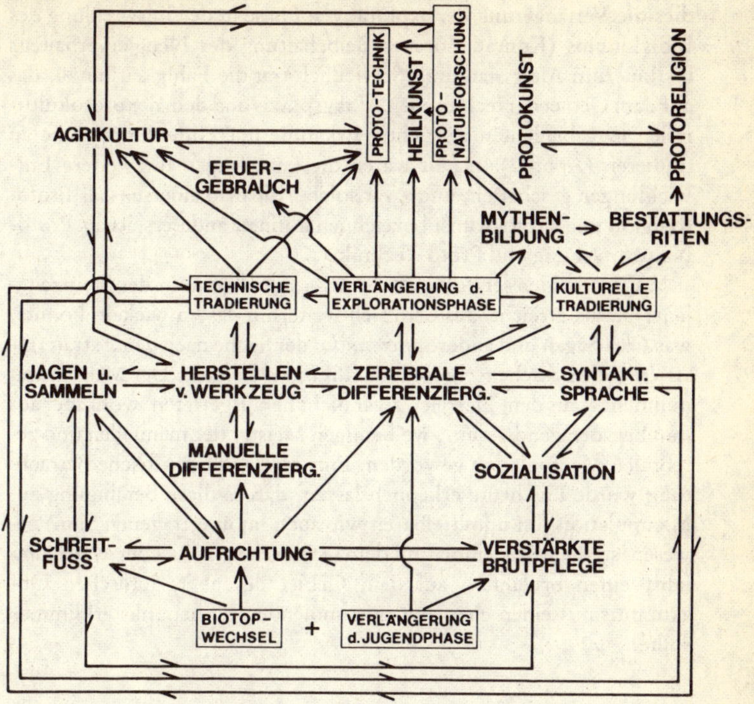

Abb. 12: Systembedingungen der eigentlichen Hominisation.

heiten interessiert ist, sei hier auf meine 1975 veröffentlichte, allgemeinverständliche Darstellung verwiesen[10]. Dem modernen Schnell-Leser sei ein Blick auf Abb. 12 empfohlen, die nach dem gegenwärtigen Stand der Paläoanthropologie konzipiert ist.

Noch stärker zusammenfassend könnte behauptet werden, daß die eigentliche Hominisation die Folge einer extremen Differenzierung gewisser Teile des Gehirns (Gehirnrinde), einer Erhöhung der Beweglichkeit und Sensibilisierung der Hand sowie einer sehr ausgeprägten Sozialisation war. Die Verlängerung der Jugendphase sowie die Zunahme der kognitiven Fähigkeiten, die durch die sich steigernde Differenzierung der zerebralen Abschnitte bewirkt worden war, standen an der Wurzel eines weiteren, höchst bedeutsamen Phänomens. Es war dies die Verlängerung der explorativen Phase in der Entwicklung des Individuums (Konrad Lorenz: Beibehaltung des Neugierverhaltens bis hin zum Altersstadium). Schließlich trat die Fähigkeit hinzu, das auf dem Gebiet der technischen Alltagspraxis und dem der protokulturellen Gegebenheiten als richtig Erkannte mit Hilfe der Sprache zu tradieren (Abb. 12). Damit waren die Grundlagen für weitere Entwicklungen geschaffen, und zwar solche, die man einerseits als Proto-Religion und Proto-Kunst bezeichnen könnte, andererseits als Proto-Naturforschung und Proto-Technik.

Mit den beiden letzteren aber war – irgendwann in der Steinzeit – jener Status erreicht, aus dem sich weiterhin das entwickeln konnte, was Carl Sagan und andere *aficionados* der Suche nach den Extraterrestriern »die irdische technische Zivilisation« nennen. Der Mensch war nunmehr – aus dem Tierreich zwar nicht herausgetreten, wohl aber aus ihm hervorragend – zum zweibeinigen Meister der manuellen und zerebralen Manipulation geworden. Eine mutig selbstkritische Betrachtung würde uns heute erkennen lassen, daß es diese Befähigung zur Manipulation (im unmittelbaren wie auch im übertragenen Sinn) gewesen ist, die später einmal auf dem technischen Gebiet der Weltraumfahrt einen brillanten, auf dem Gebiet des abergläubischen Obskurantismus einen eher traurig stimmenden Höhepunkt erklimmen sollte.

XII. Sein und Bewußtsein

Wir haben nun von Weichenstellung zu Weichenstellung die somatische Genese des Menschen verfolgt, wir haben den entwicklungsgeschichtlichen Werdegang seiner körperlich-materiellen Strukturen geprüft. Von α bis zum vorläufigen ω haben wir die bios-bezogene Evolution jener Spezies betrachtet, die mit Hilfe ihrer Intelligenz schließlich die technische Zivilisation schuf, deren Pendant im Universum voll gläubiger Zuversicht selbst einige Naturwissenschaftler suchen [1].

Ontologisch gesehen haben wir mit diesem Überblick allerdings nur die eine der beiden Grundkomponenten des Seins, des real Existierenden, erfaßt, und zwar die materiell / energetische. Bleibt somit noch die Frage nach dem Ursprung oder der Entwicklung des anderen Grundelements, dem des Geistes, zu beantworten.

Voraussetzung für eine jegliche Zivilisation ist Intelligenz, Vorbedingung für diese aber ist ein ausgeprägtes Bewußtsein. Wie aber könnte das Bewußtsein – falls es nicht ein *a priori* Gegebenes sein sollte – entstanden sein? Darf Bewußtsein als das Primäre aufgefaßt werden – etwa nach dem Motto »Es ist der Geist, der sich den Körper baut« [2]? Ist die Hegelsche Auffassung der Materie als einer Erscheinungsform der Idee, des geistigen Prinzips, zutreffend? Oder bestimmt vielmehr das Sein das Bewußtsein [3] – da doch vorgeblich nichts im Geist sein soll, was nicht zuvor in der sinnlichen Wahrnehmung gewesen ist (John Locke) [4]?

Bewußtsein – ein amöboidales Wort, das seine Konturen wechselt, wo auch immer wir es zu fassen versuchen. Eine jener Bezeichnungen, bei welchen jedermann zu wissen glaubt, was gemeint ist, bei welchen aber eine scharfe Abgrenzung und eine einengende Definition nicht so recht gelingen wollen. Das Wort »Bewußtsein« wird, wie soeben ersichtlich wurde, gelegentlich als Synonym für »das Geistige« *per se* gebraucht, doch findet es oft auch in einem etwas stärker eingeschränkten Sinne Verwendung. Das »bewußte Sein«, »bewußtes« Handeln, »bewußtes« Wahrnehmen, sie zeugen von konzentrierter Aufmerksamkeit und Absicht, von Ich-Gefühl bei komplementärer Du-Erkenntnis, von kognitivem wie emotional wertendem Selbstbewußtsein – – – alle diese Faktoren stellen Teilbereiche der Gültigkeit dieses so vieldeutigen Ausdrucks »Bewußtsein« dar. In der Tat gehen innerhalb des übergeordneten komplexen Begriffs alle diese Einzelkomponenten gleitend ineinander über, von der einfachsten Vorstufe des subjektiven Erlebens bis zu Kants Interpretation des menschlichen Bewußtseins als »Anschauung seiner selbst«.

Belassen wir also diesem Fundament des menschlichen Geistes, diesem Bewußtsein, vorläufig den Status einer *black box*, eines Begriffs, der auch ohne ausreichende Definition oder Erklärung von Wert (nämlich von heuristischer Bedeutung) zu sein vermag! Auch dann allerdings stellt sich uns die Frage nach seiner und der Intelligenz Herkunft.

Thales von Milet hat selbst dem unbelebten Anorganischen eine Seele, ein Geistiges, ein Bewußtes zuordnen wollen, was er, dem Sophisten Hippias von Elis zufolge, mit dem Verhalten des Magneten und des Bernsteins zu beweisen suchte. Dem philosophierenden Arzt Alkmaion von Kroton hingegen war aufgrund seiner Beobachtungen bei Tiersektionen klar, »daß das Gehirn es ist, das den Verstand sprechen läßt«.

Das Gehirn als Träger des Bewußtsein und des Verstandes? Das Gehirn, dieser hochspezialisierte Abschnitt des zentralen Nervensystems? Es könnte natürlich den Produzenten der geistigen Leistungen und damit des Geistes selber darstellen. Eine andere Denkmöglichkeit aber rechnet damit, daß der Geist als ein immaterielles Grundelement der Wirklichkeit schon immer vorhanden gewesen sei, eine im Grunde unwandelbare, allgegenwärtige, ewig bestehende Kategorie. Sind wir also »nicht nur von dieser Welt«[5], der materiellen, diesseitigen, sondern auch von jener anderen, jenseitigen, welche die unsere transzendiert?

So sieht es der Psychiater und bekannte Wissenschaftsliterat Hoimar von Ditfurth: Man müsse sich klarmachen, daß zwar tatsächlich »der Geist nicht vom Himmel fiel«, daß aber dennoch »das Gehirn das *Werkzeug* des Denkens ist und nicht seine Ursache«. »Nicht unser Gehirn hat das Denken ›erfunden‹, eher ist es umgekehrt«, meint von Ditfurth, nachdem er sich ebenso unmißverständlich wie polemisch gegen einen »Klotzmaterialismus« (Ernst Bloch) als die jugendsündenhafte »Primitivideologie« der Naturwissenschaft ausgesprochen hat[6].

Als Beweis für die oben zitierten, gewiß auch nicht ideologiefreien Behauptungen wird sodann eine ebenso schlichte wie verblüffende Argumentation vorgelegt: Wie die Herausbildung von Augen einen klaren Beweis für die schon zuvor gegebene Existenz von Lichtstrahlen darstellt, so beweise die Entstehung des Gehirns untrüglich »die reale Existenz einer von der materiellen Ebene unabhängigen Dimension des Geistes«[6].

Der Neurologe möge mir verzeihen, wenn ich dem Psychiater und Literaten auf dieses spiritualistisch-spiritistische Terrain folge und nun meinerseits die »von der materiellen Ebene unabhängigen Dimensionen des Geistes« in Anspruch nehme. Ich tue dies, indem ich aus den ewigen Gefilden jenseits des Sternenzeltes den Geist Voltaires herbeizitiere:

Voltaires Candide lauscht im Schloß des Barons den Worten des Hauslehrers Pangloß, der sich enthusiastisch über diese unsere beste aller Welten äußert, in der es keine Wirkung ohne Ursache gebe. »Pangloß lehrte die Metaphysico-theologico-cosmologie ... ›Es ist erwiesen‹, so dozierte er, ›daß die Dinge nicht anders sein können, als sie sind, denn da alles zu einem bestimmten Zweck erschaffen worden ist, muß es notwendigerweise zum besten dienen. Bekanntlich sind die Nasen zum Brillentragen da – folglich haben wir auch Brillen; die Füße sind offensichtlich zum Tragen von Schuhen eingerichtet – also haben wir Schuhwerk‹ ... Candide hörte aufmerksam zu und glaubte in seiner Unschuld alles ... (Er ließ nicht ab) ..., Meister Pangloß zu lauschen, der der größte Philosoph der Provinz und somit auch der ganzen Welt war.«[7]

Soweit Voltaire. In der Tat, es ist alles zu einem bestimmten Zweck erschaffen: Da die Nase auf das Brillentragen hin konstruiert ist, muß es zwingend den Begriff der Brille bei der Schöpfung der Nase bereits gegeben haben. Die Nase beweist also die Präexistenz von Brillen, die Füße zeugen für das vorherige Vorhandensein von Schuhen, die Entstehung des Gehirns stellt untrüglich unter Beweis, daß der Geist schon zuvor existent, daß er also von vornherein von der materiellen Ebene unabhängig war. So einfach ist das! Und angesichts der Leibnizschen prästabilierten Harmonie muß nun natürlich dieser Geist oder »... dieses Bewußtsein in unendlich verdünnter Form grundsätzlich auch schon in den Elementarteilchen der Materie angelegt gewesen sein«[8].

Diese Auffassung ist natürlich alles andere als materialistisch; sie kann aber auch nicht als lupenrein dualistisch klassifiziert werden. (Das mag vielleicht der Grund dafür sein, daß von Ditfurths Buch »Wir sind nicht nur von dieser Welt« – obwohl ein *Bestseller* – ganz gegen die eigene Intention in kirchlichen Kreisen letztlich nichts bewegt hat.) Man müßte diese Thesen eigentlich als in einem modernen Sinn monistisch bezeichnen, zumal sie offensichtlich dem von Bernhard Rensch vertretenen panpsychischen Identismus nahestehen, der den Elementarteilchen eine »protopsychische Natur« zuordnen will[9].

Renschs Identismus allerdings geht davon aus, daß psychische Bewußtseinsvorgänge und physiologische Hirnprozesse einander unmittelbar entsprechen und voll identisch sind. Davon aber will Hoimar von Ditfurth nichts wissen. Tatsächlich steht die Verkündigung seiner neuesten »Entdeckung, daß die Materie ihrerseits geistige Qualitäten hat«[8], im Gegensatz zu der gleichzeitigen Auffassung des Gehirns als eines reinen Werkzeugs. Wie nämlich sollte sich der Geist eines Werkzeugs sozusagen von außen her bedienen können, wenn er doch selber ein integrierter Teil eben dieses materiellen Werkzeugs ist? Der monistische Abschnitt der Ditfurthschen Philosophie steht dem dualistischen im Wege und *vice versa*.

Weit konsequenter, nämlich entschieden dualistisch, gehen da zwei andere Autoren vor, die mit ihren diesbezüglichen Auffassungen im breiten – vor allem im deutschen – Publikum viel Anklang gefunden haben. Weniger in den Fachkreisen, in denen dem einen neben Zustimmung auch gelegentliche Kritik entgegengehalten wird, während sich der andere unter fachkundigen Kollegen einer weit verbreiteten und unverhüllten Ablehnung ausgesetzt sieht[10]. Gemeint sind der bereits mehrfach erwähnte Erkenntnistheoretiker Karl R. Popper und der Neurophysiologe John C. Eccles[11].

Es sei hier weniger auf den ersteren eingegangen, »denn wo Gespenster Platz genommen, ist auch der Philosoph willkommen« – wenigstens aus Goethes Sicht[12]. Und um ein Gespenst handelt es sich in der Tat, nämlich um jenes, das Arthur Koestler seinerzeit als *»the ghost in the machine«* apostrophiert hat[13]. Das »Gespenst«: der Geist, das Bewußtsein – – – die »Maschine«: das Gehirn. Eccles will es lediglich als geistlosen Apparat werten, als ein Klavier, auf dem das existentiell souveräne Bewußtsein spielt. Aus Eccles' Sicht nicht mehr als ein System aus zahllosen Monitoren, die die jeweilige äußere und innere Situation wiedergeben – ein System, das vom eigenständigen Geist, vom völlig unabhängigen Bewußtsein abgelesen und abgetastet wird.

Straffer und übersichtlicher hat Eccles seine spekulativen Auffassungen in einem kürzeren Artikel zusammengefaßt, der seine »Hypothese eines konsequent durchgeführten Dualismus von Geist und Materie« unmißverständlich verdeutlicht: Die physiologischen Impulsmuster der Nervenzellen verwandeln sich »auf *wunderbare* Weise in die vielfältigen Erfahrungen, welche die Welt unserer Wahrnehmung ausmachen und die einer andersartigen Seinsweise zugehören als die Abläufe im neuralen Apparat«[14] (Hervorhebung von mir). Darum sieht der Gehirnforscher Eccles »das Bewußtsein als eine *in sich selbst gegründete* Seinsform an« (Hervorhebung von ihm selbst).

In bemerkenswert ähnlicher Weise hatte sich in seiner so bekannten *ignoramus-ignorabimus*-Rede 1872 in Leipzig Emil Du Bois-Reymond geäußert: »Das menschliche Bewußtsein ein unlösliches ›Welträthsel‹ an sich, ein transzendentes Phänomen, das zu den übrigen Naturerscheinungen im Gegensatz steht.«

Nicht viel anders urteilt heute, trotz entsprechender Fortschritte der Forschung, Sir John Eccles. Und das ist erstaunlich: Es ist dies derselbe Neurophysiologe, der für bahnbrechende Entdeckungen gerade auf dem Gebiet der rein materiellen bzw. bioenergetischen Mechanismen der Hirnrinde seinerzeit den Nobelpreis erhielt. Freilich auch derselbe, der es in jüngster Zeit unter anderem für richtig hielt, sich als überzeugter Apologet und als Aushängeschild eines weltweit operierenden, millionenschweren Sektenoberhauptes koreanisch-amerikanischer Provenienz zu engagieren: *Scientia ancilla superstitionis*, die Wissenschaft eine Magd des Aberglaubens.

»Es wäre sonderbar, ja lächerlich, wollte man meinen, der anschauende, bewußte Geist, der als einziger über das Weltgeschehen nachsinnt, habe erst irgendwann im Laufe ... (seines) ... Werdens die Bühne betreten ... Und bevor das geschah, sollte das Ganze ein Spiel vor leeren Bänken gewesen sein? Ja, können wir denn eine Welt, die niemand wahrnimmt, überhaupt so nennen?« So fragt skeptisch Erwin Schrödinger[15], gleichfalls einer jener Naturwissenschaftler, welchen der Nobelpreis als Freibrief die nunmehr allseits respektierte Möglichkeit zu höchst spekulativem Umherschweifen ihres »anschauenden, bewußten Geistes« eröffnete.

Ob eine Hypothese »sonderbar, ja lächerlich« anmutet, muß allerdings als unerheblich gelten, wenn man sich vergegenwärtigt, daß für den Nicht-Hermeneutiker nur empirische Befunde und logische Schlüsse zählen. Zu den letzteren gehört eine von Eccles[14] herangezogene Erwägung K. R. Poppers[16]: Wer die Identität von physischen Gehirnprozessen und psychischen Bewußtseinselementen annehmen will, kann dies nur als Vertreter des physikalischen Determinismus tun, welcher alle unsere Bewußtseinsinhalte (also auch Argumente) auf rein physikalische Ursachen zurückführen will. »Rein physikalische Ursachen, einschließlich unserer physikalischen Umwelt, würden uns dann also veranlassen, zu meinen oder für wahr zu halten, was auch immer wir meinen oder für wahr halten«[16] – und dies sei, so meint Eccles, eine eindrucksvolle *reductio ad absurdum*.

Nun scheint es Popper in diesem Zusammenhang zwar weniger um das Bewußtsein als um den Hinweis gegangen zu sein, der physikalische Determinismus – den er ablehnt – könne nicht mit Argumenten bestritten werden. Doch wie auch immer sich dies verhalten mag, im Zusammenhang mit der Theorie der bei der Bewußtseinsbildung gegebenen psychophysischen Identität geht Eccles von einer gewiß allzu vereinfachten Interpretation der Identitätstheorie aus. Diese behauptet nur in ihrer radikalen Fassung, Bewußtseinszustände seien mit Zuständen der neuralen Strukturen voll identisch[17]. Bei weniger zugespitzter Formulierung wird nicht die absolute Identität postuliert, wohl aber wird daran festgehalten, daß spezifische Bewußtseinsinhalte von spezifischen neuralen Strukturen *produziert* werden.

Mir will im Anschluß an den Mainzer Neuropsychologen Hellmuth

Benesch[18] sowie den Wiener Biologen und Erkenntnistheoretiker Franz M. Wuketits[19] scheinen, daß weder der Monismus noch der Dualismus das Leib-Seele-Problem zu lösen vermögen. Zweifellos ist Wuketits im Recht, wenn er das Bewußtsein im kybernetischen Sinn als Systemeigenschaft identifiziert. Mehr noch, es dürfte klargeworden sein, daß man dem Problem allein mit den zwei genannten, alternativen *-ismen* offenbar nicht gerecht werden kann:

In Wirklichkeit sind hier nicht, wie man jahrtausendelang meinte, nur zwei Protagonisten beteiligt, nämlich die materielle und die geistige Seins-Kategorie. Vielmehr tritt hier noch ein vermittelndes, aber gleichwertiges Drittes hinzu, das früher vollständig übersehen wurde und das auch bei Popper, Eccles und von Ditfurth noch nicht angemessen gewürdigt wird. Es handelt sich um die *Information* als eine selbständige ontologische Kategorie[20].

Norbert Wiener hielt sie für etwas Eigenständiges, etwa im gleichen Rang wie die Begriffe Materie und Energie Stehendes. Ebenso sieht dies Karl Steinbuch[21]. Darüber, so meine ich, müssen wir sogar noch hinausgehen: Die Information ist als eine Seinsform aufzufassen, die weder materiell noch spirituell und dennoch real und somit ein in unserer Wirklichkeit vorgegebenes Drittes ist.

Wie Benesch darlegt und wie auch bei anderen Autoren evident wird[22], entsteht ein spezifischer Bewußtseinsinhalt (*das Psychische*) aus jenem spezifischen, hochkomplizierten Muster (*die Information*), das sich aus bestimmten biochemischen und bioelektrischen Impulsfrequenzen und den Vernetzungen von neuralen Strukturen (*das Materielle / Energetische*) ergibt.

Dem uralten Leib-Seele-Problem liegt also in Wirklichkeit weder ein monistischer noch ein dualistischer Sachverhalt zugrunde, sondern eine Trias: Materie – Information – Geist. Wenn man so will, kann man innerhalb dieser Trinität in durchaus gerechtfertigter Weise das Materielle / Energetische und die musterbildende Information zusammenfassen, und zwar unter der entlehnten Dachbezeichnung »das Biologische«. Geschieht dies, so wird evident, daß Bewußtsein und Geist widerspruchsfrei allein aus den bekannten biologischen Gegebenheiten erklärt werden können, ohne daß wir gezwungen wären, zu panpsychistisch monistischen oder zu metaphysisch dualistischen Hilfskonstruktionen Zuflucht zu nehmen. Sind wir vielleicht doch »nur von dieser Welt«?

Ignoramus – über einhundert Jahre ist es her. Heute ist bekannt, daß bestimmte Gemütszustände und Emotionen auf bestimmten biochemischen Botenstoffen und Wirksubstanzen beruhen und daß sie im Gehirn ihre Lokalisationszentren haben. Heute ist bekannt, daß bestimmte Zentren der Gehirnrinde für die höheren und höchsten geistigen Leistungen verantwortlich sind. Gewiß ist es angesichts der enormen, außerhalb unseres Vorstellungsvermögens liegenden Komplexität der Schaltbahnen und der Vernetzung im Gehirn nicht möglich, einen spezifischen Bewußtseinsinhalt mit dem zugehöriger Verbund von Nervenzellen und -fortsätzen zu korrelieren. Doch haben Transplantationsversuche bei Tieren bereits erwiesen, daß die Übertragung von Gehirnteilen automatisch auch die Verpflanzung der zugehörigen psychischen Potenzen bedeutet[23]. Ist bei dieser Lage die Vermutung, das Psychische werde durch das biologische Organ auf eine kybernetisch zu verstehende und keineswegs transzendierende Weise erzeugt, denn gar so abwegig? »Wer biologistisch denkt, wer also meint, Seelisches durch Biologisches erklären zu können – etwa als lediglich besonders komplizierte Form physiologischer Prozesse –, der hat nicht verstanden, was Evolution ist.«[6] – Ein rigoroser, ein fast schon überheblicher Ausspruch. Nur würde man ihm mehr Gewicht beimessen, basierte er nicht so sehr auf tiefem Nachdenken über die geistigen Dimensionen von *quarks* als vielmehr auf persönlicher, aus objektbezogener Evolutionsforschung stammender Erfahrung.

Doch wie dem auch sei, ob man nun die neuralen Strukturen als Produzenten des Geistes anerkennt oder ob man sie nur als subalterne Diener des Psychischen gelten läßt (weil ja das letzte Quentchen Trost und die ganze Hoffnung auf das Überleben der eigenen Seele davon abhängt), fest steht das folgende:

Geist ist, wenn wir spiritistische Spekulationen beiseite lassen, allen relevanten Beobachtungen zufolge stets nur in Verknüpfung mit seinem materiellen Substrat evident geworden. Ferner: Eine Zerstörung dieser materiellen Basis hatte bisher stets und ausnahmslos auch ein Ende aller psychischen Leistungen zur Folge. Es besteht also eine wie auch immer geartete, jedenfalls ganz extrem enge Verbindung von Geist und seinem materiellen Substrat, dem neuralen Apparat.

Dieser ist, wie mit vernünftigen Gründen nicht bestritten werden kann, das Resultat der Bio-Evolution. Doch auch die geistigen Leistungen, die sich im Lauf der Erdgeschichte und vor allem sodann während der Menschheitsgeschichte ständig steigerten, haben unbestreitbar eine Entwicklung durchlaufen (Psycho-Evolution, kulturelle Evolution). Daß beide parallel zueinander (allerdings meiner persönlichen Meinung nach in kausaler Verknüpfung) evoluierten, das stellen selbst so engagierte Dualisten wie Popper und Eccles nicht in Abrede, und erst recht nicht so überzeugte Panpsychisten wie Rensch und von Ditfurth.

Gerade darauf aber kommt es uns hier an. Erinnern wir uns doch: Wir haben durch alle ihre Weichenstellungen und Optionen die Entwicklungsbahn verfolgt, auf der es zur bio-evolutiven Entstehung des Menschen gekommen ist. Aber wir haben dabei mit Absicht zunächst eine bestimmte Organklasse und ihre Funktion beiseite gelassen, nämlich die neuralen Strukturen und ihre vorpsychischen bis psychischen Leistungen. Es gilt nunmehr auch sie zu berücksichtigen.

Dabei fällt es weniger schwer, sich mit den materiellen Strukturen, dem neuralen Apparat, dem Nervensystem auseinanderzusetzen. Weit schwieriger wird dies im Falle des Psychischen. Weil die Tierpsychologie (Ethologie) eine verhältnismäßig junge Wissenschaftsdisziplin darstellt, ist uns über die genaue Entwicklung der entsprechenden geistigen Leistungen nämlich weitaus weniger bekannt. Andererseits scheint es aber doch schon möglich zu sein, wenigstens hinsichtlich der generellen Züge dieser Psycho-Evolution einen gewissen Überblick zu vermitteln.

XIII. Weichenstellungen: Wie die Intelligenz entstand

Was ist Intelligenz? – Wer ist »intelligenter«: der Klassenprimus, der später im Leben nur Mittelmaß erreicht, oder der Faule, aber Wendige und schließlich Erfolgreiche? Der intellektuelle Schöngeist oder der findige Praktiker? Der bedächtig Abwägende oder der robust Zupakkende? Eine Frage des Temperaments, der Kenntnisse, der latenten Fähigkeiten? Schon die Tatsache, daß sich die Psychologen über das Wesen und den Wert des sogenannten Intelligenzquotienten (IQ) offenbar immer noch nicht einig werden können, sollte erkennen lassen, um welch unscharfen Begriff es sich auch hier, allein schon bei der menschlichen Intelligenz, handelt, sobald man unterschiedliche Bezugsfelder ins Auge faßt.

Einer verallgemeinernd menschlich genannten Intelligenz wollen manche Psychologen eine »funktionelle« Intelligenz des nicht-humanen Lebewesens gegenüberstellen, das die Fähigkeit besitzt, sich an seine Umwelt anzupassen. Doch einerseits: Welches Lebewesen – einschließlich des Menschen – besäße diese Befähigung eigentlich nicht? Ohne sie würde es über die Initialphase seines Entstehens gar nicht erst hinauskommen, ohne sie wäre es ein nicht lebensfähiger Zellenkomplex. Und andererseits: Ist denn die menschliche Intelligenz nicht gleichfalls funktionell? Es scheint, daß mit diesem Versuch einer Unterscheidung nicht viel gewonnen ist.

Meinen wir speziell die menschliche Intelligenz, so werden wir sie in Anlehnung an Konrad Lorenz[1] als die jeweils persönliche mentale Konstitution bezeichnen können, welche auch ohne das Vorliegen von Präzedenzfällen zum kurzfristigen Erkennen von wesentlichen Zusammenhängen innerhalb eines problematischen Sachverhalts befähigt sowie vor allem auch zur angemessenen Problemlösung. Intelligenzanaloge Verhaltensweisen, ja sogar echte Vorstufen dieses besonderen Sektors der geistigen Leistungen stellten sich, wie noch zu zeigen sein wird, schon im Tierreich ein.

Dies könnte so gedeutet werden, daß die geistige Potenz der Spezies *Homo sapiens* nicht etwa fast übergangslos und blitzartig (als sogenannte »Fulguration« – Konrad Lorenz [1]) oder unversehens als Novum auftauchte (»Emergenz« – Karl R. Popper), sondern daß sie schrittweise, wenn auch schließlich mit unübersehbarer Beschleunigung, im Zuge einer lückenlosen Entwicklung entstand. Auf jeden Fall aber erhebt sich die Frage nach der Herkunft dieses die Intelligenz einschließenden Geistes.

Vom Vorpsychischen zum Psychischen

Psychisches ist aus Vorpsychischem entstanden – aber wie? Eine weitere, oft gestellte Frage: Sind wir überhaupt in der Lage, Psychisches oder Vorpsychisches außerhalb unserer eigenen Person zu beurteilen, da es doch – im unmittelbaren Zugriff – nicht objektiv erfaßt, sondern von unserem eigenen Bewußtsein allenfalls subjektiv gedeutet oder sogar nur vermutet werden kann?

Die Bedenken sind durchaus am Platz. Gewiß wird es niemals möglich sein – *ignorabimus* –, die verschiedenen Qualitätsbegriffe des Geistigen und Protogeistigen außerhalb unseres Selbst objektiv zu erfassen, und erst recht muß dies für die psychischen Qualitäten bei Tieren gelten. Es ist aber möglich, auf indirektem Wege zu Erkenntnissen zu gelangen. Die erwähnten Qualitätsstufen des Psychischen und Vorpsychischen bilden sich nämlich in den Verhaltenskomplexen ihrer Träger ab, und diese Verhaltensweisen sind einer Beobachtung von außen, bei intersubjektiv zumeist nachvollziehbaren Ergebnissen, zugänglich, ja sie können sogar im Experiment geprüft werden.

Mit steigender Organisationshöhe der Tierwelt wird auch das Verhalten – und somit auch offensichtlich die psychische Leistungsfähigkeit – immer komplexer. Natürlich hängt das damit zusammen, daß dies in der Auseinandersetzung mit der natürlichen Umwelt vorteilhaft ist und daß auf diese Weise ständig verbesserte Selektionsbedingungen erlangt werden.

Man geht wohl nicht fehl, wenn man die bei dieser Entwicklung absolvierten Komplexitätsstufen, die sich in den jeweils erzeugten

Verhaltensweisen manifestieren, stark vereinfachend wie folgt bezeichnet:

Sinneswahrnehmung – – – Trieb – – – Bewußtsein – – – Vernunft. Jede von ihnen stellt die Voraussetzung für die jeweils nachfolgende dar. Und jede von ihnen wurde in die nachfolgenden Niveaus mit übernommen, so daß sie beim derzeitigen vorläufigen Endglied der Evolution, beim Menschen, alle gleichzeitig nebeneinander vorhanden und wirksam sind.

Sinneswahrnehmung beruht auf dem uralten Prinzip der Reizbarkeit, und diese bedeutet die Fähigkeit, gewisse Außenreize wahrzunehmen sowie auf sie in einer konstant vorgegebenen Weise zu reagieren. Es werden solche Reize registriert, die für das Überleben des Organismus wichtig sind: Reize, die ausgehen vom Licht (Sehen), von chemischen Konzentrationen im Medium (Riechen, Schmecken), von mechanischen Hindernissen (Tasten), vom Schall (Hören), von der Temperatur usw.

Anfänge solcher Fähigkeiten, Sinneseindrücke zu empfangen und auf die entstehende spezifische Erregung spezifisch zu reagieren, sind schon bei den einzelligen Lebewesen festzustellen, sie müssen also als Urgrund und Anfang des Vorpsychischen aufgefaßt werden: Die Amöbe vermag Freßbares von Ungenießbarem zu unterscheiden, der einzellige Algenpilz *Phycomyces* registriert[2] hinderliche Festkörper (Farbtafel 7); das Pantoffeltierchen erkennt den Unterschied zwischen verschiedenen Säurekonzentrationen des Wassers, andere Vertreter der Wimpertierchen sind fähig, unterschiedliche Tätigkeiten wie Schwimmen, Fressen und Selbstschutz in sinnvoller Weise zu koordinieren.

Zu den noch überaus einfachen Reaktionen gehören die primitivsten Verhaltensweisen, die auch ihrerseits am Anfang der Entwicklung stehen: Veränderungen in der Richtung des Wachstums (Tropismen) bei festsitzenden oder Umorientierungen in der Richtung der Fortbewegung (Taxien) bei frei lebenden Organismen, wobei im zweiten Fall sowohl Ausweichbewegungen (Phobien) als auch Direktorientierungen (Topotaxien) zu verzeichnen sind.

Daß Reizbarkeit und Reaktion auf Sinneseindrücke mit zunehmender Evolutionshöhe immer differenzierter werden (Orientierung nach Geruch, Schall, Sicht, Gleichgewichtssinn, »Lichtkompaß«, polarisiertem Licht usw.), steht auf einem anderen Blatt, zumal sie sich so dann eigener neuraler Bildungen und Organe bedienen können. Bei den Einzellern und noch bei den Schwämmen befinden sie sich jedenfalls noch in ihren Anfängen. Die Sinneswahrnehmung steht hier im Dienst fester, starrer, geschlossener Programme, die zwar noch sehr einfach, aber durchaus zweckgerichtet sind: Das Pantoffeltierchen sucht mit Hilfe seines Säuresinnes in seiner wäßrigen Umwelt das Optimum einer CO_2-Konzentration auf, die üblicherweise die Präsenz faulender pflanzlicher Stoffe und mithin auch jener Bakterienschwärme anzeigt, welche ihm als Nahrung dienen. Gewiß ein Minimalprogramm, basierend auf noch unausgereiften, vorpsychischen Fähigkeiten. Und doch bereits ein »Weltbild« liefernd; primitiv zwar, aber jedenfalls ausreichend für die Sicherung der eigenen Existenz.

So steht also das Phänomen der Reizbarkeit und der sinnlichen Wahrnehmung am Anfang von allem Vorpsychischen. Mit unscharfer Grenze schließt sodann das Charakteristikum der nächsthöheren Stufe an, nämlich der

Trieb (Instinkt).

Mit dieser Bezeichnung erfassen wir die vorpsychische Grundlage aller einem biologischen Ziel dienenden Handlungsweisen, die angeboren und mithin nicht etwa aus persönlicher Erfahrung stammend erlernt sind. Es handelt sich um neurale Mechanismen, die auf äußere oder innere Auslöser hin in Aktion treten und die spezifische lebens- und arterhaltende Verhaltensweisen zur unausweichlichen Folge haben.

Derartige Instinkte, wie z. B. der Fortpflanzungs- und der Schlaftrieb, der Futtersuchtrieb, der Defäkationstrieb, der Selbstreinigungstrieb, aber auch der Flucht- oder Kampftrieb oder auf höherer Ebene der Brutpflegetrieb, der Sozialtrieb, stellen genetisch verankerte, gleichfalls geschlossene Programme dar.

Manche dieser Verhaltensweisen und der dahinterstehenden vorpsychischen Qualitäten sind in ersten vagen Ansätzen bereits bei den höheren Einzellern vorhanden (Futtersuchen, Defäkation, Fortpflanzung). Andere stellen sich auf eine bisher noch nicht genügend erforschte Weise erst bei den primitiveren Vielzelligen ein, noch andere erst bei den höheren Wirbeltieren. Eine weitere Steigerung tritt später bei den Säugetieren ein. Insgesamt scheint die Begrenzung des Begriffs Instinkt nach unten somit fließend zu sein; von »Fulguration« oder »Emergenz« zu sprechen, hieße, die Dinge ungerechtfertigt zu dramatisieren.

Doch wie auch immer sich die zukünftige Lösung dieses Problems darstellen mag, unbezweifelt muß bleiben, daß das Entstehen der Instinkte und ihrer vorpsychischen Grundlagen einen beträchtlichen Fortschritt der Möglichkeiten bedeutete, sich mit den relevanten Komponenten der jeweiligen Umwelt erfolgreich auseinanderzusetzen. Allerdings handelte es sich durchweg um noch nicht rationales, ja vielleicht noch nicht einmal ratiomorphes Erkennen und Handeln (Egon Brunswik). Dem »blinden« Instinkt fehlte noch das echte

Bewußtsein.

Dieses nun bedeutete eine neue, zusätzliche Qualitätsstufe des Geistigen, mit ihm ist definitionsgemäß das Niveau des authentisch Psychischen erreicht. Neu ist dabei in erster Linie, daß im Gegensatz zu den Instinkten das jeweilige Verhaltensprogramm nicht mehr starr geschlossen erscheint, denn in das Verhalten können nun individuelle Erfahrungen eingebaut werden.

Hier nun spitzt sich die Problematik, die sich um die Begriffe Fulguration und Emergenz rankt, besonders zu. Beide implizieren, wenn sie terminologisch nicht wertlos sein sollen, das übergangslose Erscheinen von etwas, das zuvor noch nicht einmal andeutungsweise vorhanden war. Doch der hier einsetzende, gleitende Übergang von ratiomorphem zu ratioanalogem und später zu rationalem Verhalten legt anderes nahe. Allein er spricht schon unmißverständlich gegen die Insinuation, mit dem Bewußtsein erscheine abrupt und übergangslos eine gänzlich neue Dimension. Er steht damit dem unterbewußten Versuch im Wege, der – geben wir es doch zu! – letztlich darauf hinausläuft, den wissenschaftlich eher dubios gewordenen Dualismus durch die Hintertür und im verdeckten Körbchen wieder zurück ins Haus zu holen.

Gewiß läßt sich Bewußtsein bei Tieren nicht unmittelbar beweisen. Gewiß besteht die theoretische Möglichkeit, das Sich-selber-Identifizieren von Schimpansen und Tauben vor dem Spiegel einfach als eine Art von Selbstdressur abzuwerten[3]. Doch wo ist eigentlich der Beweis, daß unser menschliches Bewußtsein *nicht* auf diese Wurzeln im Tierreich zurückgeht? Das menschliche Kleinkind verhält sich anfangs vor dem Spiegel nicht anders als der zitierte Schimpanse und die erwähnte Taube – – – auch hier nur ein Akt der Selbstdressur?

Solidaritätsverhalten bei höheren Tieren wird als moral*analog*[4] klassifiziert, ein entsprechendes, wenn auch graduell komplexeres, angeblich auf freier Entscheidung beruhendes beim Menschen als uneingeschränkt moralisch, als ob die betreffenden Normen hier andere Wurzeln hätten und vom Himmel gefallen wären. Abstraktionsvermögen, averbale Kommunikation, einsichtiges Verhalten, planmäßiges Überlegen *vor* dem Handeln – sie sind schon vor dem Auftreten des Menschen in zwar noch wenig entwickeltem Zustand, aber doch bereits identifizierbar vorhanden: teilweise schon bei Vögeln, teilweise erst bei den höheren Säugern, jedenfalls aber bei den Pongiden (Menschenaffen). Instinktgeleitete Prägung auf ein anderes Individuum, Tötungshemmung, »arglistanaloge« Täuschung anderer Artgenossen zum eigenen Nutzen, sie alle setzen die Fähigkeit zur »Du-Erkenntnis« voraus.

Und wie könnte es wohl eine soziale Rangordnung mit allen ihren ethologischen Konsequenzen schon bei sozial lebenden Vögeln und Säugetieren geben, wäre nicht eine psychische »Ich-Du-«Differenzierung und damit eine Erfahrung, ein »Wissen um das Ich«, ein initiales Bewußtsein schon bei ihnen vorhanden? Natürlich noch kein typisch menschliches Bewußtsein; aber eben doch ein um die eigene Individualität wissendes Bewußtsein.

Vernunft

tritt definitionsgemäß allerdings erst beim Menschen hinzu, wobei auch in diesem Fall die Grenzziehung gegenüber vorausgehenden Stadien – die bei manchen Menschenaffenarten vorhanden sind – unscharf bleibt.

Die meisten der charakteristischen Züge der Vernunft deuten sich schon bei diesen Pongiden an, doch sie erscheinen beim Menschen unvergleichlich differenzierter. Das Erkennen kausaler und logischer Zusammenhänge, das planmäßige Handeln und das Abstraktionsvermögen – sie erheben sich nun auf ein Niveau, das weit über das schon zuvor erreichte hinausragt. Dasselbe gilt für die Verwendung und Herstellung von Geräten, für das Sozialverhalten und die Ansätze moralischer Verhaltensweisen.

Als ausschließlich menschlich, als exklusiv kennzeichnend für diese authentische Vernunft können sodann die folgenden Phänomene gelten: zum einen die zunehmende Freiheit der rationalen Entscheidung, gegebenenfalls auch im Gegensatz zu den nun reduzierten Instinkten zu handeln (allerdings auch die Möglichkeit eines eventuellen Mißbrauchs dieser Freiheit). Zum anderen die Befähigung zur syntaktischen Sprache sowie zu Denkstrukturen und -verläufen, die ihr entsprechen. Und schließlich die Fähigkeit, aus den verschiedensten Anlagen heraus kreativ das hervorzubringen und schriftlich zu tradieren, was wir global als »Kultur« bezeichnen.

Von der Pseudointelligenz zur Intelligenz

Was nun noch aussteht, das ist die Beantwortung der Frage, wo in diesem dargestellten Schema der Evolutionsstufen des Psychischen denn die Intelligenz ihren Platz finde. Prüfen wir dies, so zeigt sich, daß innerhalb des Bereichs der kognitiven Leistungen auch sie sich aus untypischen frühen Vorstufen heraus entwickelt haben dürfte. Vielleicht könnte man die Abfolge so kennzeichnen:

Pseudointelligenz – – – Intelligenzanaloges – – – Intelligenz.

Und da die Diskussion um die extraterrestrischen Intelligenzen sich doch immer wieder auf deren technische Zivilisation bezieht, will ich hier vor allem (aber nicht etwa ausschließlich) auf diese technisch orientierte Variante der Intelligenz eingehen.

Pseudointelligenz

könnte man für jene Verhaltensweisen von Tieren verantwortlich machen, deren materielle Produkte so raffiniert wirken, als seien sie das Ergebnis einer vorausplanenden, überlegenden, wirklichen Intelligenz, nicht aber der ausgezeichneten, wenn auch starren Programmierung eines tierischen »Roboters«.

Die so überaus konstruktionsgerechte Anlage eines Spinnennetzes mag hierhergehören, auch der architektonisch überraschende Bau von Galerien, frei schwingenden Bogenkonstruktionen und überhängenden Regendächern bei Termitenbauten[5]. Die beiden Schenkel des frei geführten Bogens errichten Termiten so, daß sie koordiniert von den beiden Stützen her auf den imaginären Scheitelpunkt hinbauen. Weberameisen überwinden freie Zwischenräume, indem mehrere Individuen gemeinsam eine lebende Brücke bilden. Dieselben Weberameisen verwenden beim Zuspinnen von Rissen in der Blätterwand ihres Baues ihre eigenen, Fäden spinnenden Larven, die sie wie unfreiwillige Spinnrocken und Weberschiffchen handhaben: verblüffende Beispiele von Werkzeuggebrauch bei wirbellosen Tieren, die ja alle noch kein echtes Gehirn besitzen.

Doch man täusche sich nicht! Der Webervogel führt mit seinem

Schnabel die Bewegungen des Verflechtens eines Grashalmes in die Nestwand auch dann aus, wenn ihm gar kein Halm zur Verfügung steht – eine typische Instinktbewegung. Und in der Tat handelt es sich bei dem, was ich hier pseudointelligent nenne, um ein rein instinktgesteuertes Verhalten. Es ist angeboren, es folgt einem geschlossenen, invarianten Programm, bei welchem etwaige Innovationen niemals individuell, sondern allenfalls im Zuge der Evolution erzielt werden können.

Intelligenzanalogie,

so möchte ich diese Entwicklungsstufe nennen. Sie liegt vor, wenn bereits Bewußtsein mit im Spiel zu sein scheint, es sich aber noch nicht um den hohen Differentiationsgrad des menschlichen Bewußtseins handelt.

Solche Verhaltensprogramme können genetisch gesteuert, können angeboren sein; so etwa beim Schmutzgeier, der auch ohne vorherigen Lernprozeß Steine benützt, um Straußeneier aufzuschlagen; so etwa bei einem nordamerikanischen Fischotter, der in Rückenlage auf seiner Brust die Kalkschalen von Muscheln mit Steinen zerschlägt, um an ihr Fleisch zu gelangen.

Doch tauchen auch schon intelligenzanaloge Verhaltensweisen auf, die nicht angeboren, sondern unzweideutig erlernt sind. Ein gutes Beispiel stellen die durchtriebenen Affen von Petchaburi dar[6], welche nicht die wehrhaften Bauern, sondern ein ganzes Buddhistenkloster plünderten und terrorisierten, schlau registrierend, daß die auf Gewaltlosigkeit verpflichteten Mönche gegen sie wehrlos sind. Ein ebenso gutes, inzwischen wohl weithin bekanntes Beispiel lieferten die Rotgesichts-Makaken japanischer Inseln, welche spontan einige beachtliche Erfindungen machten, u. a. das Waschen und Salzen von Kartoffeln, das Säubern von Weizenkörnern durch Abschlämmen von Sandkörnern usw. Erstaunlich aber dürfte wohl vor allem das intelligenzanaloge Verhalten englischer Blau- und Kohlmeisen anmuten, die es fertigbrachten, bei vorm Haus abgestellten Milchflaschen nicht nur durch einfaches Aufpicken von Pappverschlüssen an die Milch heranzukommen, sondern auch durch überlegtes Vorgehen bei der Öffnung durchaus komplizierter Verschlußeinrichtungen.

Intelligenz

Das zuletzt genannte Beispiel, das der englischen Meisen, kommt bereits dem recht nahe, was ich – wie erwähnt – als charakteristisch für die eigentliche Intelligenz auffassen möchte: daß nämlich die einsichtige Problemlösung schnell, also bei nur kurzfristigem Informationsgewinn, und ohne vorherige Kenntnis von Routineverfahren und Präzedenzfällen erzielt wird. Dies gilt natürlich für *alle* Bezugsbereiche der Intelligenz, insbesondere auch für deren technikbezogenen Sektor.

Vom Plasmabezirk zum Nervenknotenhirn

Nicht nur die vorpsychischen und psychischen Potenzen sowie die Verhaltensleistungen durchliefen, wie wir sehen, bei den tierischen Lebewesen eine von Stufe zu Stufe aufwärtsführende Entwicklung. Ähnliches gilt auch für die zugehörigen Organe[7], denn parallel zu dieser Psycho-Evolution verlief die Bio-Evolution des ihr zugrunde liegenden somatischen Apparats. Dabei mag bezeichnend sein, daß die Tendenz, ein Gehirn oder sein Äquivalent auszubilden, im Tierreich mindestens dreimal in jeweils unabhängiger Weise verfolgt worden ist.

So wie bei allen körperlichen Merkmalen und Bauplänen, die in den Kapiteln IX bis XI besprochen worden sind, wurde die Schaffung und Ausgestaltung auch beim Nervensystem stufenweise vollzogen. Die Entwicklung schritt auch in diesem Falle beim Passieren verschiedenster Weichenstellungen von Option zu Option vorwärts:

Am Anfang alles Vorpsychischen stand die einfachste Art der Sinneswahrnehmung (S. 226). Sie wurde – und wird – bei den tierischen Einzellern bereits durch Reizaufnahme und Erregungsleitung, aber noch ohne eigens dafür zuständige, abgegrenzte Organe bewerkstelligt. Der Außenreiz, der ja stets in einer Energieschwankung oder einer chemischen Einwirkung besteht, durchschreitet die für ihn an den Grenzen von Großmolekülen durchlässige Zellmembran. Innerhalb des Plasmas wird er sodann in Erregung umgesetzt und weitergeleitet, und zwar auf eine Weise, die noch nicht näher definierbar oder gar exakt lokalisierbar ist, obwohl bereits nachgewiesen werden konnte, daß für diesen Prozeß bestimmte Bahnen (Silberliniensystem) des Cytoplasmas verantwortlich sind. Die Erregung wird dabei bestimmten, aber nicht näher umgrenzten *Plasmabezirken* zugeführt, wo sodann die Reaktion hervorgerufen wird. Bei dem Wimpertierchen *Euplotes* konnte zwar ein definierbarer Plasmabezirk als »neuromotorisches« Zentrum identifiziert werden, doch bleiben auf diesem so wichtigen Forschungsgebiet vorläufig noch viele Fragen offen.

Dieselbe primitivste Form von zellinterner Reizaufnahme und -verarbeitung wird auch noch bei den Schwämmen beibehalten. Diese sind zwar keine Einzeller mehr, sondern eine Art von »lose zusammenhängenden Zellenhaufen«, jedenfalls aber noch nicht – wie alle anderen Vielzelligen – ausgesprochene Gewebetiere.

Erst bei diesen, und zwar bei den primitivsten unter ihnen, also bei den Hohltieren, treffen wir jene Weichenstellung an, welche den eigentlich grundlegenden Schritt auf dem langen Weg zum Psychisches produzierenden Apparat darstellt. Die Funktionen, die zuvor von verschiedenen Abschnitten derselben Einzelzelle wahrgenommen worden waren, wurden jetzt, im organisierten Zellverband, dafür besonders ausgestatteten Körperzellen übertragen: Jetzt spezialisierten sich eigene Sinneszellen darauf, die jeweils spezifischen Außenreize aufzunehmen und deren Energie in elektrochemische Erregung umzuwandeln.

Andere, die neu entstandenen Nervenzellen (Neurone), übernahmen die Weiterleitung der Impulsmuster, die auch von ihnen erzeugt werden. Sie tragen sie weiter bis zu den Orten, an denen sodann die zugehörigen Reaktionen ausgelöst werden.

Dies ist der einfachste Fall einer neuralen Bahn, wobei – erstmals auf dieser Stufe des Vorpsychischen – die *Nervenzelle* die das Erregungsmuster teils produzierende, teils weiterleitende Grundeinheit darstellt: H. Benesch und den meisten anderen Neurophysiologen zufolge nichts geringeres als »die Grundlage alles Psychischen«. Innerhalb des gesamten Reiches der tierischen Vielzeller vom Hohltier bis hin zum Menschen weist diese Nervenzelle trotz vielfachem Formenwandel, der nur kleine Details betrifft, einen im Prinzipiellen übereinstimmenden Bauplan auf (Abb. 13 A; Farbtafel 8): An den eigentlichen Zellkörper schließen sich distal entweder direkt oder nach einer Verlängerung zahlreiche kleine Verzweigungen (Dendriten) an. An seinem proximalen Ende geht der Zellkörper in einen langen Fortsatz (Axon) über, dessen Fasern in Verdickungen (Synapsen) enden. Diese sitzen jeweils, an einem submikroskopisch winzigen Spalt, einem Dendriten oder Zellkörper der nächstfolgenden Nervenzelle auf. Doch nicht nur im Bauplan, auch in der Funktionsweise[8] stimmen die Nervenzellen, was das Grundlegende betrifft, überein, d. h. überall ist auch die Erzeugung der Erregungsimpulse sowie deren Leitung im Prinzip einheitlich.

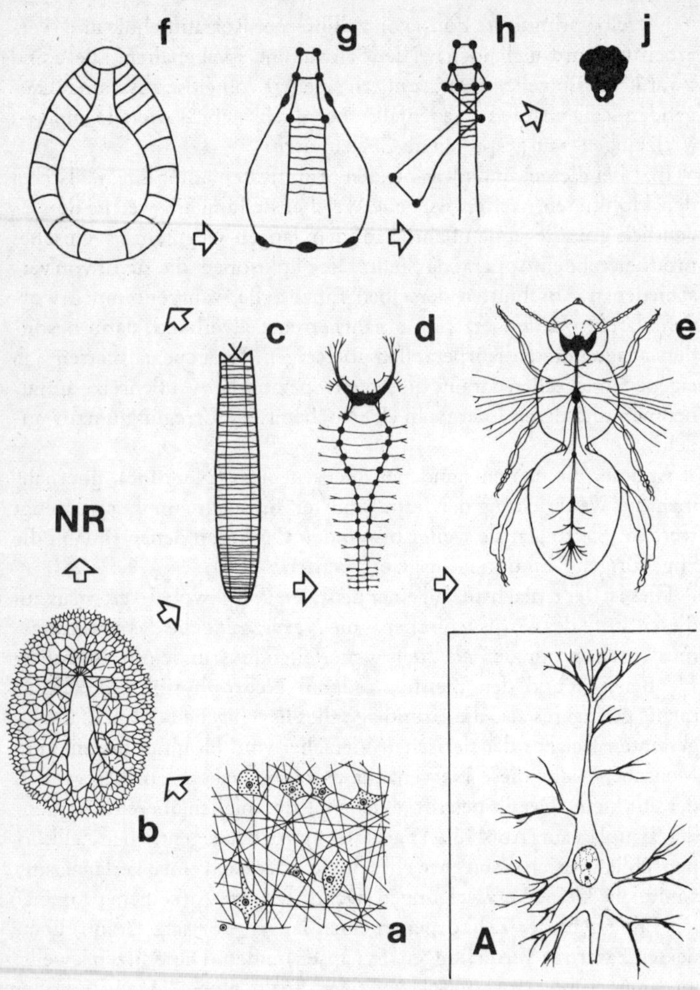

Abb. 13: Die Elementareinheit der Nervensysteme: das Neuron.

A = Schema einer Nervenzelle (Neuron) mit distalen verzweigten Faserfortsätzen (Dendriten) und proximalem Fortsatz (Axon).

Quasi-Zerebralisation bei den wirbellosen Tieren: Entwicklung zum Nervenknotenhirn der staatenbildenden Insekten (a,b,c,d,e). Entwicklung zum Nervenknotenhirn der Kopffüßer (a,b,f,j)
a = diffuses Nervennetz eines Hohltiers (Seeanemone); b = diffuses bilateralsymmetrisches Nerven-

Die Nervenzellen traten – wahrscheinlich von Anfang an – in einem zusammenhängenden Verbund auf, es war somit von vornherein ein wenn auch noch sehr einfaches *diffuses Nervennetz* vorhanden. Offenbar tauchte es schon bei der Entstehung der Hohltiere, vor über 620 Millionen Jahren auf. Noch war es wirr, nicht weiter geordnet, wenn auch bereits komplex. Es ist vor allem die Komplexität dieses Systems, im Verein mit seiner weiteren hierarchischen Durchstrukturierung, die im Laufe der Evolution in jeweils aufsteigender Linie zunahm. Eine der Grundlagen dafür war einerseits der Zusammenschluß von Nervenzellen-Körpern in knotenartigen Komplexen, sogenannten Ganglien, und andererseits die Zusammenfassung von Nervenfasern in Marksträngen und Querkommissuren.

Wirbellose Tiere, deren Körper eine radialstrahlige Symmetrie aufweist, hatten wenig Gelegenheit, ihr Nervensystem weiter auszubauen. Ganz anders hingegen diejenigen Wirbellosen, deren Körper grundsätzlich bilateralsymmetrisch (= bls) wurde, wie z. B. die »Würmer«, die Gliederfüßer und die Weichtiere. Hier konnte es in einigen Stammeslinien sogar dazu kommen, daß ein Gehirn-Analogon in Form einer »protocerebralen« Ganglienmasse ausgebildet wurde. Auch dies ging auf dem Wege über verschiedene Weichenstellungen vor sich, wobei der Kürze wegen die Ergebnisse der wichtigsten Optionen hier stark vereinfacht und stichwortartig aufgeführt seien (vgl. Abb. 13 a–j):

Diffuses Nervennetz (a) – – – diffuses bls-Nervengeflecht (b) – – – bls-Nervensystem (c, f) – – – bls-Nervensystem mit Ganglienknoten (d, g, h) – – – bls-Nervensystem mit Nervenknotenhirn (e, j).

Es ist gewiß kein Zufall, daß gerade in den beiden besonders prägnanten Fällen der Ausbildung eines Nervenknotenhirns, nämlich bei staatenbildenden Insekten und bei den Kopffüßern, manche der Verhaltensweisen nun gerade das recht deutlich erkennen lassen, was ich (S. 230) die Pseudointelligenz genannt habe.

geflecht (Strudelwurm); c, f = bilateral-symmetrisches Nervensystem (c: Orthogon bei einem Strudelwurm, f: bei einem Einschaler); d, g, h = bilateral-symmetrisches Nervensystem mit Ganglienknoten (d: bei einem Ringelwurm, g, h: bei der hypothetischen Ur-Schnecke und bei Schnecken); e, j = bilateral-symmetrisches Nervensystem mit Nervenknotenhirn (e: bei der Honigbiene, j: beim Kopffüßer Nautilus). NR = Neuralrohr der Chordatiere. – Alle Darstellungen stark schematisiert.

Vom Nervennetz zum menschlichen Gehirn

Wie kam es nun zur evolutiven Herausgestaltung des Organs, das der Träger der typischen Intelligenz geworden ist? Wie kam es zur Entwicklung des menschlichen Gehirns?

Auch hier handelt es sich um eine Bahn, die verschiedene Weichenstellungen durchlief – eine, die wir nun ein wenig näher betrachten müssen. Berücksichtigen wir die Entwicklungsstufen wiederum von ihrem Anfang an, auch die bereits erwähnten, so stellt sich die Entwicklung zum menschlichen Gehirn wie folgt dar:

Den Ausgangszustand bildet auch hier der zellinterne *Plasmabezirk*, der die Aufgaben der Umsetzung von Reiz in Erregung und der Weiterleitung übernimmt. Wie erinnerlich, ist dies der Fall bei den tierischen Einzellern und den Schwämmen.

Die nächste Option fiel zugunsten des gleichfalls bereits erwähnten *diffusen Nervennetzes* (Abb. 13 a) aus, das bei Polypen, Korallentieren, Seeanemonen und dergleichen Hohltieren unter der Körperoberfläche weit gespannt und flächig ausgebreitet ist. Es bleibt noch weitgehend ungeordnet, und dasselbe gilt somit auch für die Erregungsleitung, die sich allseitig fortpflanzt, dabei in ihrer Intensität aber abklingt.

Das Ergebnis des nächsten Entscheidungsschritts war das noch *diffuse, aber bereits bilateralsymmetrische Nervengeflecht* (Abb. 13 b, Abb. 14 a), wie es sich zum Beispiel heute noch bei manchen primitiven Plattwürmern erhalten hat. Es ist ebenfalls bereits erwähnt worden. In ihm deutete sich erstmals die Entstehung längsorientierter Leitungsbahnen der Nervenzellen an.

Abb. 14: Zerebralisation bei den Wirbeltieren.

a: diffuses bilateral-symmetrisches Nervengeflecht (Beispiel: Strudelwurm; vgl. auch Abb. 13 b).

b: Schema der sich einrollenden Neuralplatte (Beispiel: Embryonalphase des Lanzettfischchens; vgl. Abb. 8 g,h).

c: Schema des Neuralrohrs (Ur-Chordatier; adultes Lanzettfischchen; vgl. Abb. 8 j).

d: die Herausbildung zerebraler Abschnitte (Vh = Vorderhirn, Mh = Mittelhirn, Kh = Kleinhirn, Nh = Nachhirn. Beispiel: hypothetisches Ur-Chordatier).

e: Beispiel Fische.

f: Vergrößerung des Endhirns beginnt (Beispiel: Reptilien).

g: Vergrößerung und beginnende Furchung des Endhirns bei nicht-humanen Säugern

h: Weiterverfolgung dieser Tendenzen und Überwölbung beim Menschen.

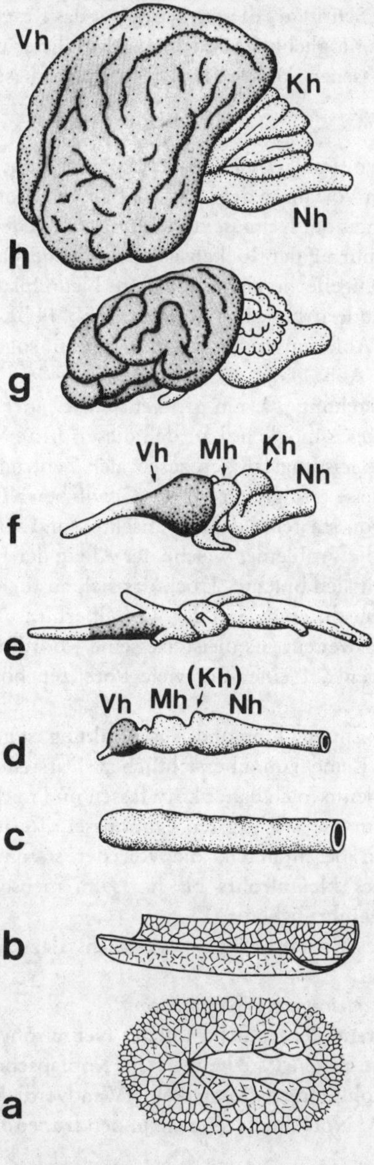
Vh
Kh
Nh
h
g
Vh
Mh
Kh
Nh
f
e
(Kh)
Vh
Mh
Nh
d
c
b
a

Der nächste Schritt auf diesem Wege war das Resultat einer Option, die völlig neue Möglichkeiten erschloß. Sie führte zur Schaffung einer in sich geschlossenen, kompakten Struktur. Bei dieser handelte es sich um das

Neuralrohr.

Zu dieser neuen, im Tierreich bis dahin völlig unbekannten Tendenz muß es bei den Vorfahren der Ur-Chordatiere gekommen sein. Noch heute wird sie aus der Keimesentwicklung eines jeden Wirbeltieres ersichtlich: Das nur auf der Rückenseite befindliche, bandförmig langgestreckte Nervengeflecht, die sogenannte Neuralplatte, rollt sich von ihren Seitenrändern her ein (Abb. 8 h, Abb. 14 b), und es wird bei gleichzeitiger Abfaltung und Versenkung zum sogenannten Neuralrohr (Abb. 8 j, Abb. 14 c).

Dessen Entstehung war ein ganz entscheidender Fortschritt. Und er war es, der es ermöglicht hat, daß dieser dritte Versuch zur Konstruktion eines leistungsfähigen zerebralen Zentrums in ganz unvergleichlicher Weise erfolgreich wurde. Gewiß bewältigten die Nervenknotenhirne von staatenbildenden Insekten und von Kopffüßern im wesentlichen die Probleme, welche der Alltag der Honigbienen oder der Kraken mit sich brachte. Doch das sich aus dem Vorderende des Neuralrohrs ausdifferenzierende Wirbeltierhirn übertraf derartige Leistungen bei weitem. Es meisterte seine Koordinations- und Integrationsaufgaben auf einer um viele Potenzen höheren Komplexitätsebene.

Die weitere Entwicklung und Ausgestaltung ist gut bekannt und in einer ganzen Reihe von übersichtlichen Darstellungen geschildert worden[9]. Ich kann mich daher kurz fassen und mich auf eine knappe Erwähnung nur der wichtigsten Optionsschritte und anatomischen Veränderungen beschränken, die von der stammesgeschichtlichen Entstehung des Neuralrohrs bis hin zum menschlichen Hochleistungsgehirn geführt haben:

Innerhalb des Neuralrohrs kam es zunächst dazu, daß in seinem vordersten Teil die

Ausdifferenzierung eines Kopfabschnitts

erfolgte. Während der restliche Teil des Neuralrohrs im Rückenmark der Wirbeltiere aufging, stellten sich im Kopfabschnitt zwischen verschiedenen Hohlräumen (Ventrikeln) Wandverdickungen und Auftreibungen ein. Noch heute sind sie in den frühen Embryonalstadien der Wirbeltiere zu erkennen, wo sie als sogenanntes Dreibläschen-Stadium rekapituliert werden. Im Gegensatz zur differenzierteren inneren Gliederung[9] stellte sich, was die äußere Gestaltung betraf, nun die eigentliche

Herausbildung zerebraler Abschnitte

ein (Abb. 14 d, e). Unterscheidbar wurden nun das in zwei Hemisphären längsgegliederte Vorderhirn, das Mittelhirn und das (Kleinhirn plus) Nachhirn. Dabei dienten die rückwärtigen Abschnitte lediglich der sensiblen und motorischen Versorgung bzw. Innervierung der Organe, der Bewegungskoordination, dem Muskeltonus und dergleichen.

Von besonderer Bedeutung war aber von Anfang an das Vorderhirn. Sein vorderster paariger Abschnitt (Endhirn) diente ursprünglich, bei den Fischen, so gut wie ausschließlich als Riechhirn, sein rückwärtiger unpaarer Abschnitt (Zwischenhirn) als primäres Sehhirn. Allerdings muß der letztgenannte Abschnitt wohl schon in diesem frühen Stadium auch der Sitz von Stimmungen und Instinkten gewesen sein, wie dies ja auch bei allen nachfolgenden Entwicklungsphasen bis hin zum Menschen der Fall ist. – Der nächste wichtige Optionsschritt bestand in der

Entstehung des Neopalliums.

Ein umfangreicher Abschnitt des Mantels der beiden Endhirn-Hemisphären hatte sekundäre Riechbahnen aufgenommen, er stellt den sogenannten Altmantel (Archipallium) dar. Schon bei den Amphibien entwickelte sich daneben ein von Riechbahnen frei gebliebener, bisher indifferenter Mantelbezirk zum Neumantel (Neopallium). Dieses Neopallium unterscheidet sich von allen älteren Bezirken des Mantels durch den weitaus komplexeren Schichtenaufbau seiner Rinde (Neocortex), die auf diese Weise nicht nur eine höhere Anzahl von Nervenzellen, sondern auch von enger vermaschten Leitungsbahnen aufnehmen konnte.

Das Neopallium erfuhr innerhalb der Stufenreihe der Wirbeltiere eine bemerkenswerte progressive Entfaltung, wobei es den Altmantel sukzessive zurückdrängte. Von hier aus, vom fortschreitenden Ausbau des Neopalliums, führt die weitere Entwicklung zu einem Zustand, in welchem eben dieser Teil des Vorder- bzw. Endhirns zum über alle anderen Gehirnabschnitte dominierenden Zentralorgan wird. Erreicht wurde dies einerseits durch eine zunehmende

Vergrößerung des Endhirns,
wie sie in Abb. 14 e, f, g, h dargestellt wird. Sie ermöglichte eine immense Erhöhung der Zahl der beteiligten Nervenzellen und Leitungsbahnen. Noch gesteigert aber wurde diese durch eine
progressive Furchung
des Neopalliums (Abb. 14 g, h). Wenn auch der absoluten Größenzunahme des Endhirns Grenzen gesetzt waren, so bedeutete doch diese Furchung und Faltung eine sehr beträchtliche Flächenvergrößerung, so daß in den oberflächennahen Schichten des Neopalliums die Zahl der Nervenzellen und Bahnen daraufhin noch weit beträchtlicher ansteigen konnte als zuvor. Doch nicht nur die absolute Zahl konnte zunehmen. Wichtiger war wohl, daß auch die Zahl der Synapsen und damit die Komplexität des vielfach in sich verschränkten und rückgekoppelten, hochgradig vernetzten Leitungssystems bis ins fast Unvorstellbare anwachsen konnte (Farbtafel 8).

Alle diese Tendenzen bedingten, daß schließlich beim menschlichen Gehirn sowie bei dem der Menschenaffen eine Überhöhung und Differenzierung des Neopalliums erreicht wurde, die das Gehirn zu einem mächtigen, hochdifferenzierten Assoziationsapparat, zum Sitz der mannigfaltigsten Bildung und Verknüpfung von Engrammen werden ließ. Spezifisch menschlich aber war das, was der bisher letzte Optionsschritt bewirkte, nämlich die Ausbildung von
spezifischen Sprachzentren
des Neocortex. Gewiß ist bei der Hominisation des Gehirns – allgemein gesprochen – die besonders komplexe Feinstruktur dieser Neurinde maßgeblich, die aus der unübersehbar reichen Verknüpfung und Vermaschung der neuralen Bahnen resultiert. Entscheidend aber wurde die Ausbildung der Sprachzentren, deren wichtigstes ebenso wie die Fähigkeit zum sprachäquivalenten Denken (semantische Unterscheidungen, abstrakte Analogiebildung, Detailanalyse usw.) an den Neocortex der dominanten Endhirn-Hemisphäre gebunden ist.

Wenn die Instinkte, Stimmungen und Gefühle ihren Sitz im Zwischenhirn bzw. im limbischen System haben, so ist die menschliche Intelligenz – der unsere Betrachtung ja auf der Spur ist – an das Neopallium der beiden mächtig übersteigerten Endhirn-Hemisphären gebunden: Gewiß basiert sie vor allem auf den Assoziationsfeldern und den Leistungen der dominanten Hemisphäre, doch gleichzeitig auch auf den integrativen, syntheseorientierten, einer ganzheitlichen Auffas-

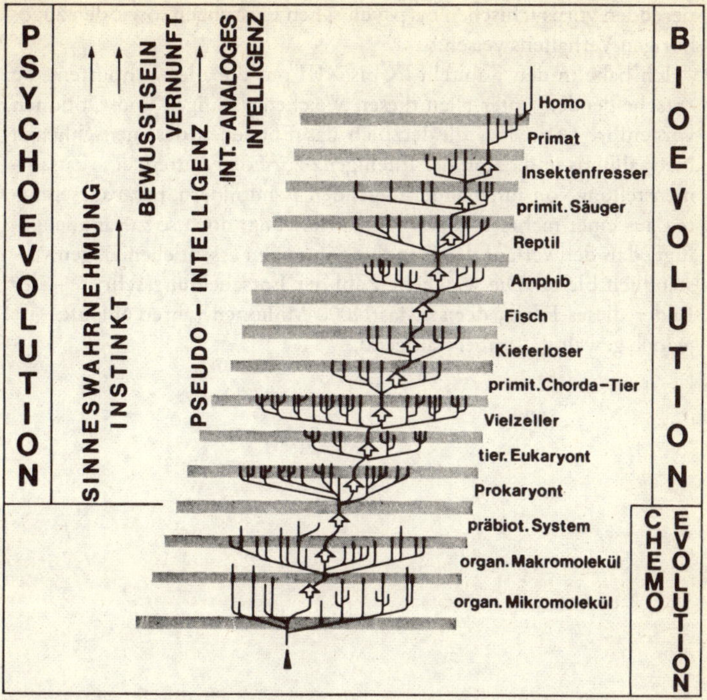

Abb. 15: Stark verkürztes Schema der wichtigsten chemo-, bio- und psychoevolutiven Optionen auf dem Wege zur Entstehung der Intelligenz.

sung zuneigenden Fähigkeiten der untergeordneten Hemisphäre. Der *ganze* Neocortex unseres Neopalliums ist es also, der intelligentes Denken und Verhalten ermöglicht und bedingt.

Ebenso wie die übrigen körperlichen Strukturen unserer Spezies ist auch unser Denkorgan – das zeigte dieses Kapitel – keineswegs etwa spontan aus dem Nichts emporgetaucht. Integriert in das Gesamtsystem unseres körperlichen Bauplans, ist es ebenso wie dieser das Ergebnis von vielen Millionen Einzelschritten der Bio-Evolution: Schritten, die auf kanalisierten Bahnen der Entwicklung von Weichenstellung zu Weichenstellung, von Wahlentscheidung zu Wahlentscheidung erfolgten. Nicht viel anders verhielt es sich mit den hieraus resultierenden vorpsychischen bis psychischen Leistungen sowie den zugehörigen Verhaltensweisen.

Ich habe in den Kapiteln IX bis XIII nur die allerwichtigsten, die entscheidenden unter allen diesen Weichenstellungen und Optionen vorgeführt (Abb. 15), die letztlich das Entstehen des menschlichen Neopalliums und damit der Intelligenz zur Folge hatten: eine Zusammenstellung von aufeinander folgenden Standbildern, herausgeschnitten aus einer mehrstündigen Filmaufführung, doch so zusammengefügt, daß der Verlauf der Handlung in seinen essentiellen Zügen verständlich bleibt. Die wirkliche Zahl der Entscheidungsschritte – der Bilder dieses Films, der seit fast 4000 Millionen Jahren abläuft – ist jedoch gewaltig, ist überwältigend.

XIV. Die Chancen eines *da capo*

Es wird nun Zeit, nach diesem Exkurs in die Betrachtung wissenschaftlicher Zusammenhänge zu unserem Ausgangspunkt, nämlich zum UFO-Mythos, zu den verschiedenen Dänikeniaden und freilich auch zu den Eskapaden der spekulativen Varianten der Exobiologie zurückzukehren. Verlassen wir also vorübergehend die Region der Forschung an Gehirnhemisphären, nähern wir uns wieder den »Gehirnhemmnisphären«: Der irrationale Glaube an kleine grüne Männchen – seien es nun ETs mit drolligem Schildkrötengesicht und seelenvollen Augen, seien es Todesstrahlen-bewehrte Superwesen –, er konzediert den Extraterrestriern ein beträchtliches Maß an Intelligenz. Die pseudowissenschaftlichen Sachbuchsurrogate, die jedes halbwegs verwendbare mythologische Detail, jedes auch nur einigermaßen geeignete archäologische Problem mißbrauchen, um sie zu »Beweisen« hochzustilisieren, sie schreiben den Immigranten aus dem Universum sogar eine überragende Intelligenz zu. Und auch die sich aus der strengen Selbstdisziplin naturwissenschaftlicher Denkweise beurlaubende exobiologische Spekulation ist zutiefst von der sogar übermenschlichen Intelligenz der sternenfernen Zivilisationen überzeugt.

Dem habe ich Skepsis entgegengesetzt, und meine Argumentation – sie sei hier kurz zusammengefaßt – war dabei die folgende: Es gibt keinerlei Beweis und auch kein einziges Indiz dafür, daß Geist beziehungsweise Intelligenz ohne ein materielles Substrat, nämlich ohne ein zentrales Nervensystem, existieren. Technische Intelligenz auf einem anderen Himmelskörper würde die Existenz eines voll entwickelten Neopalliums mit einem entsprechenden Neocortex voraussetzen, die beide denen des Menschen zumindest sehr ähnlich sein müßten. Dann aber müßten sich diese Intelligenz und ihr Hirn auf dem Wege einer

Chemo-, Bio- und Psycho-Evolution entwickelt haben, wie sie auch auf der Erde abliefen (Abb. 15).

Wir haben diese Entwicklung in ihren Grundzügen betrachtet. Wie groß ist nun, so bleibt jetzt noch zu fragen, die statistische Wahrscheinlichkeit, daß sich dasselbe auch anderwärts im Universum zugetragen hat? Wie groß sind die Chancen eines etwaigen *da capo*?

Vorbiologische Voraussetzungen

Unterstellen wir einmal, es sei wahr, daß sich Leben und mit diesem auch Intelligenz überall dort bilden, wo die astronomischen und die physikochemischen Bedingungen dies zulassen, weil sie wie jene in der Frühzeit unserer Erde beschaffen sind. Damit es zu einer Chemo- und Bio-Evolution kommen kann, müßte es sich bei dem betreffenden Himmelskörper zunächst um einen Planeten handeln. Doch nicht nur das. Mit Recht warnt der vorsichtige Astrophysiker R. Breuer: »Die rechte Masse – nicht zu groß, nicht zu klein – muß er auch noch haben, sonst ist die Schwerkraft entweder zu groß, oder der Planet kann keine geeignete Atmosphäre halten. Die Lufthülle muß eine hinreichend dicke Ozonschicht entwickeln, um die lebenszerstörende UV-Strahlung des Gestirns abzuhalten; und sie bedarf eines hohen Anteils an Kohlendioxid, um mit Hilfe eines moderaten Treibhauseffektes die Meere am Einfrieren zu hindern. Außerdem muß der Planet sich in längstens vier Erdentagen einmal um die eigene Achse drehen, sonst wird es tagsüber zu heiß und nachts zu kalt. Er darf sich auch nur auf einer fast kreisförmigen Bahn um seine Sonne bewegen, sonst werden die jahreszeitlichen Schwankungen zu groß. Und selbst diese spezielle Bahn darf sich über die Jahrtausende hinweg nur minimal periodisch verändern.«[1]

Doch nicht nur der Planet, auch seine Sonne muß bestimmte Vorbedingungen erfüllen. So muß sie z. B. der astronomischen Spektralklasse G angehören, denn »größere und heißere Sterne leben zu kurz, um einem Planeten die minimal nötigen drei Milliarden Jahre für die biologische Evolution einzuräumen. Kleinere und kühlere Sterne scheiden schon wegen ihrer Temperatur aus.«[1]

Auch der ebenso besonnen überlegende amerikanische Wissenschaftler Michael Hart[2] hat mit seinen Computersimulationen gezeigt, daß der fröhliche Zweckoptimismus der Green-Bank-Formel (S. 142) bei weitem nicht gerechtfertigt ist. Auch er verweist darauf, daß für einen theoretischen Planeten als Heimstatt für lebende Organismen nur eine Sonne in Frage käme, die 0,8 bis 1,2 Massen unserer Sonne aufweist und die – eine weitere Einschränkung – kein Doppelstern sein darf.

Doch selbst wenn alle diese Auflagen erfüllt wären, wenn außerdem noch Kohlenstoff und flüssiges Wasser vorhanden wären (was ja eine weitere Einengung der Chancen bedeutet, nämlich auf den überaus engen Temperaturbereich zwischen 0 und 100 Grad Celsius), so wäre die Entstehung bereits präbiotischer Systeme noch keineswegs garantiert. Eine weitere zusätzliche unabdingbare Voraussetzung wäre ja das Zusammentreten entsprechender Makromoleküle zu Funktionsgefügen, sei es solcher vom Typus des Eigenschen Hyperzyklus, sei es solcher vom Kuhnschen Haarnadeltyp (S. 186f.).

Und schließlich noch ein weiteres: Die Entstehung und Entwicklung der frühesten Lebensstufen wäre nur dann möglich, wenn der diskutierte Planet dieselbe geochemische und stellare Entwicklung durchlaufen würde wie unsere Erde. Das Leben auf der Erde aber steht – und stand immer – auf Messers Schneide. Die kleinste Abweichung von dem delikat ausgewogenen System aus Erdbahn, Atmosphäre und Klima hätte schon die Frühformen des Lebens vernichtet, wie Michael Hart überzeugend nachwies: Wäre die Erdbahn nur um 1 % weiter von der Sonne entfernt verlaufen, so wäre unser Planet innerhalb von 1,7 Milliarden Jahren zur lebensfeindlichen Eiswüste geworden. Und wäre die Erdbahn um nur 5 % näher an der Sonne gelegen gewesen, so wäre im Laufe von etwa 3,7 Milliarden Jahren ein gleichermaßen lebensvernichtender Treibhauseffekt eingetreten, der die Entstehung höherer Lebensformen verhindert hätte[2].

Es erweist sich also: Allein schon die vorbiologischen Voraussetzungen für die Entstehung selbst ein wenig höherer Lebensstufen – geschweige denn technischer Zivilisationen – stellen nicht nur eine lineare Folge von Einzelkonditionen dar. Vielmehr handelt es sich um ein vernetztes System, einen Komplex, dessen Einzelkomponenten – alles oder nichts! – insgesamt ausbalanciert und in fester Reihenfolge in Aktion treten müßten.

Keinen Deut anders verhält es sich im Fall aller weiteren Voraussetzungen; jener nämlich, die den Entwicklungsabschnitt von der Grundeinheit alles Belebten, also von der Biozelle, bis hin zum Entstehen des körperlichen Bauplans unserer Spezies ermöglichten. Gemeint ist damit die Bio-Evolution, einschließlich der Herausbildung jenes neuralen Apparates, den wir als Produzenten und Träger der geistigen Leistungen anzusprechen haben.

Und hier, in diesen Abschnitten der Gesamtentwicklung, geraten wir nicht weniger in den »Bereich der großen Zahlen«. Etwa fünf bis zehn Millionen Tierarten leben heute[3], und die Zahl derer, die im Verlauf der ganzen Erdgeschichte existiert haben, dürfte Ernst Mayr zufolge[4] mindestens 600 Millionen betragen haben. (Nebenbei: Ein Paläontologe hätte diese Zahl doch wohl wesentlich höher geschätzt.) Jede dieser Spezies verfügte über ihren eigenen Gen-Pool, der ihre genetische Reaktionsbreite, ihre evolutive Potenz festlegte. Bedenken wir ferner, daß z. B. für das einzelne Bakterium eine Zahl von rund 3000 Genen, für ein Säugetier sogar von 25 000 bis 30 000 Genen angegeben wird[5], so geraten wir leicht in die Größenordnung von vielen Billionen, wenn wir die Gesamtzahl aller Gene abschätzen wollten, die an der Bio-Evolution dieser 600 Millionen Arten beteiligt waren. Stellen wir ferner in Rechnung, daß ein Gen ja in der Regel nicht etwa nur ein einziges morphologisches, biochemisches oder ethologisches Merkmal bedingt und kontrolliert, sondern stets mehrere, so muß die Zahl dieser Merkmale, die der Evolution zugänglich waren, die der Billionen von Genen noch weit überschreiten.

Würden wir unseren Blick noch weiter schärfen und den gleichfalls durch schrittweise Evolution entstandenen Feinbau der Organe betrachten, so würden wir im menschlichen Körper, in dem in jeder Sekunde 50 Millionen Körperzellen vergehen und entstehen, auf Komplexitäten stoßen, die ihren Ausdruck in gleichfalls nahezu unvorstellbaren Zahlen finden. Schon allein der Balken (*Corpus callosum*), der die beiden Gehirnhemisphären verbindet, enthält nicht weniger als 200 Millionen Nervenfasern! Insgesamt 10 bis 20 Milliarden Nervenzellen sollen das menschliche Gehirn zusammensetzen[6]; anderen Schätzungen zufolge[7] soll allein unser Neopallium 15 Milliarden Neuronen enthalten – und dabei empfängt jedes von ihnen auf direktem oder indirektem Weg Impulse von bis zu 25 000 anderen Nervenzellen. Bei etwa 6000 bis 10 000 Synapsen pro motorischem Neuron wird geschätzt, daß unser Gehirn über nicht weniger als 500 Billionen (= Million-Millionen) Synapsen verfügt[7]. Und innerhalb dieser überwältigenden Vielzahl von Einzelelementen herrscht eine geregelte Ordnung, ein das Funktionieren gewährleistender Zusammenhang:

Eine gigantische Größenordnungen erreichende Vernetzung von feinsten dendritischen und axonalen Nervenfasern (Farbtafel 8) stellt jenes hochkomplizierte Gerüst aus Leitungsbahnen in unserem Gehirn dar, das unser Bewußtsein und alle psychischen Regungen hervorbringt. Man stelle sich vor, welch eine schier unglaubliche, jedenfalls unübersehbare Zahl von Evolutionsschritten erforderlich war, damit aus dem reizempfindlichen Plasmabezirk des Einzellers eine so überwältigend differenzierte Apparatur entstehen konnte!

Schließlich sei noch angemerkt, daß auch die speziell zur Diskussion stehende psychische Kategorie, die Intelligenz, auf Prozessen beruht, welche innerhalb des kybernetischen Systems einer enormen Vernetzung von Regelkreisen, Rückkopplungen und Engramm-Speicherungen auf ungeheuer zahlreiche Einzelakte zurückzuführen sind: Pro Stunde durchrasen drei Dutzend Billionen Impulse als Stromstöße unser Gehirn[6], auf Bahnen, die 10^{300} Schaltmöglichkeiten beinhalten[8]. (Zum Vergleich: Die Zahl aller Wassermoleküle in unseren Ozeanen soll nur 10^{46} betragen[8].) Ein einziger, vielleicht sogar völlig simpler Gedanke beruht auf chemo-elektrischen Impulsmustern und Verschaltmustern von Leitungsbahnen, deren Kompliziertheit Größenordnungen eines schon kolossal zu nennenden Ausmaßes erreicht. Ist es da verwunderlich, wenn die Chance der Entstehung menschlicher Intelligenz von einem englischen Wissenschaftler auf eins zu einer Quintillion geschätzt wird[9]? Das ist eine Zahl, die sich aus der fünften Potenz einer Million ergibt, eine Zahl von dreißig Stellen!

Haben wir die bio-evolutiven und psycho-evolutiven Voraussetzungen für das Entstehen der Intelligenz in den Kapiteln X, XI und XIII unter ihren qualitativen Aspekten als Fortschritt von Option zu Option geschildert, so mögen die obigen Darlegungen mehr die quantitativen Gesichtspunkte erkennen lassen. Doch bleibt noch zu bedenken, daß ja in unserer speziellen Problemstellung von einer ganz besonderen Art von Intelligenz die Rede ist, und zwar von jener, welche die Grundlage für das Entstehen der technischen Zivilisation des modernen Menschen darstellt. Diese aber bildet einen integrierten Teil seiner Kultur.

Kulturelle Voraussetzungen

Damit verlassen wir nun den Bereich des Biologischen und haben als letzte die kulturellen Voraussetzungen zu berücksichtigen. Die Formulierung »Voraussetzungen« erscheint auch in diesem Zusammenhang vollauf gerechtfertigt: Wenn es sich tatsächlich so verhält, daß auch im kulturellen Bereich der menschlichen Sozietäten biologische Veranlagung, ökologische Einflüsse und die Auswirkungen historisch-zufälliger Gegebenheiten zusammenwirkend das hervorbringen, was schließlich als kulturelles Gut tradiert (»vererbt«) wird, so besteht damit eine weitgehende Analogie zur Bio-Evolution. Wie bei dieser und beim ethologisch-vorkulturellen Sektor der Psycho-Evolution wird daher auch auf ihrem kulturellen Sektor eine multifaktoriell gesteuerte Entwicklung erkennbar. Und auch hier baut jeweils eine Stufe auf der vorausgehenden auf, hat die eine die andere also zur Voraussetzung. (Zugleich stellt auch hier jede von ihnen das Ergebnis einer »Kanalisation *per exclusionem*« dar: die Voraussetzung jeweils als Realisation einer bestimmten Tendenz, welche automatisch den Ausschluß aller anderen Möglichkeiten der Entfaltung bedeutete.)

Es gibt, daran besteht kein Zweifel, innerhalb unserer Spezies, ungeachtet geringfügiger Abweichungen, eine Reihe von Elementen, die interkulturelle Konstanten darstellen: die Grundstrukturen unserer Sprachen und der logischen Denkformen oder die Tatsache des grundsätzlichen Bestehens sozialer Normen mit Geboten und Tabus, um wenigstens zwei Beispiele zu nennen. Diesen kulturellen Invarianten stehen nun in variabler Ausbildung und Zusammensetzung kulturelle Eigentümlichkeiten gegenüber, die von einer ganzen Reihe von äußeren Faktoren abhängen, unter anderem und vor allem wohl von den ökologischen Bedingungen, von den unterschiedlichen Erfahrungen während der frühkindlichen Prägung und von den Einflüssen der jeweils vorherrschenden Weltanschauung.

Was nun die zur modernen Technik hinführenden Tendenzen betrifft, so ist es gewiß verständlich, daß Sozietäten, die sich der Belastung durch extrem ungünstige ökologische Bedingungen ausgesetzt sahen, über nur mäßige Ansätze zur technischen Entwicklung nicht hinausgekommen sind. Dies zeigt sich uneingeschränkt etwa bei den Ethnien in der Umrandung der arktischen und der subantarktischen Regionen, bei den Bewohnern von Hochgebirgszonen, bei Bevölkerungsgruppen, die in Wüstengebieten leben, u. a. m.

Ein besonderer Ansporn zu technisch komplexen Verfahrensweisen bestand offenbar auch dort nicht, wo ein heißfeuchtes Tropenklima einerseits erschlaffend wirkte, andererseits durch gesteigerte Fruchtbarkeit der Natur abnorm günstige Lebensbedingungen schuf. Daß die Entwicklung der modernen Technologien und ihrer naturwissenschaftlichen Grundlagen überwiegend in den Regionen des gemäßigten Klimas ihren Ausgang nahm, dürfte unter diesen Umständen kaum überraschen.

Eine andere Voraussetzung bilden die von Kulturkreis zu Kulturkreis unterschiedlichen Einflüsse, die sich auf den Säugling in den ersten sechs Monaten, also in seiner Prägungsphase, auswirken und unter denen sich entscheidende Grundvernetzungen der neuralen Bahnen seines Gehirns ausformen. Diese sind auf die jeweils verschiedenen Wahrnehmungen des Säuglings zurückzuführen, wobei die betreffenden »Wahrnehmungsmuster ... von Familie zu Familie, von Sozialstatus zu Sozialstatus, von Volk zu Volk und erst recht von Kultur zu Kultur sehr verschieden« sind[7]. Das Grundgerüst der frühen Neuronenverknüpfungen dürfte also – abgesehen von den weiter oben erwähnten Invarianten – interkulturell ein wenig verschieden sein. »Nicht zuletzt deshalb könnte sich vielleicht das abstrakte wissenschaftliche Denken gerade in unserem Kulturkreis entwickelt haben und bei anderen Völkern mit oft noch viel differenzierteren Kulturen ... dafür eine andere, von der unseren völlig verschiedene Auffassung von Lebensqualität.«[7]

Schließlich die dritte, meiner Meinung nach entscheidende Voraussetzung. Sie wurde im Kapitel VI bereits ein wenig andiskutiert, und sie erfordert jetzt auch in diesem übergeordneten Zusammenhang ihre Berücksichtigung. Nicht minder prägend als die Wahrnehmungsmuster des Säuglingsalters sind bei der späteren soziokulturellen Reifung des Individuums jene Zwänge, die fördernd oder auch behindernd von den weltanschaulichen, philosophischen und religiösen Glaubenssätzen und Wertsetzungen ausgehen, welchen die Mehrheit in seiner Sozietät folgt.

Was nun die Entwicklung einer naturwissenschaftlichen Grundlagenforschung und einer auf dieser basierenden Technologie betrifft, so leuchtet ein, daß beide allgemein nur bis zu jenem Niveau entwickelt werden, auf dem die existentiellen Bedürfnisse des Alltags auf eine halbwegs ausreichende Weise befriedigt zu sein scheinen. Sollen sie sich zu einer nicht nur handwerklich-empirischen, sondern sogar wissenschaftlich-rationellen Stufe (Kraftmotoren, Mechanisierung, fortgeschrittene Technisierung) weiterentwickeln, so besteht eine der wesentlichsten Voraussetzungen darin, daß gewisse ideologische Schranken nicht bestehen dürfen oder fallen müssen: Animismus, Fetischismus, Dämonenfurcht müssen überwunden sein, aber auch Weltverleugnung, Fatalismus und Mystik.

Maximen des ursprünglich mystisch-quietistischen Taoismus, wie z. B. »Dein Tun sei Nicht-Tun« [10] oder »Der Weise lernt, nicht zu lernen« [11], erscheinen in diesem Zusammenhang ebenso relevant wie die buddhistische Weltabgewandtheit, die Peter Scholl-Latour mit Recht als eine Religion der egozentrischen Selbsterlösung ohne Verantwortung gegenüber dem Nächsten charakterisiert hat. Wie auch sollte für denjenigen, der gehalten ist, nur »seine Sutren zu murmeln, Weihrauch zu brennen, die Bonzen zu füttern und im Nirwana die ewige Befreiung von den Schrecken der Wiedergeburt zu suchen« [12], ein Anreiz dazu bestehen, eine Verbesserung der Bedingungen dieses so gering eingeschätzten Lebens anzustreben?

Auch der Hinduismus, eine Mischung aus Vielgötterei und Dämonenglauben, euphemistisch bezeichnet als »durch Metaphysik gemilderte Magie« und »durch Philosophie umgestalteter Animismus« (S. Radhakrischnan), fühlt sich der Weltentsagung und der Meditation verpflichtet. Auch er hat eine entschiedene Absage an die aktive, die wissenschaftlich forschende Ratio zur Folge. *»We want scientific thinking to destroy superstition which has darkened our lives«*, lautet ein Ausspruch an höchster Regierungsstelle [13]; trotzdem sieht sich ein Mitglied der *Rationalists Association of India* noch immer zu der Klage veranlaßt, das Land sinke *»deeper and deeper into superstition, fatalism and religious hypocrisy«* [13, 14]. Dies dürfte nicht weiter verwunderlich sein: Eine Philosophie und Religion, die überdies jegliche Objektivität ablehnt, die ein »Freisein von Gewußtem« [15] fordert, die einen Verzicht auf weltliches Wissen verlangt, zu dem man nur über das Zweifeln [16] und das experimentelle Prüfen zu gelangen vermag, eine solche

Philosophie legt dem Erkennen wissenschaftlicher Zusammenhänge fast unüberwindliche Hindernisse in den Weg.

Das war zur Zeit der Mystik und scholastisch doktrinärer Grundhaltungen auch in den christlichen Kulturkreisen nicht viel anders. Daß sich bei uns seit dem Beginn der Neuzeit, basierend auf der Wandlung zu einem nunmehr dem Diesseits zugewendeten Weltgefühl, die Naturwissenschaften vom vorwissenschaftlichen Mythos lösen konnten, war gewiß kein Zufall. Ihrer Emanzipation vom Glaubensdiktat wurde – Theo Löbsack hat es in einem lesenswerten Buch mutig geschildert[17] – allerdings lange Zeit ein zäher Widerstand entgegengesetzt.

(Der Satz »Nicht die Lehre muß sich dem Leben, das Leben muß sich der Lehre anpassen« gehört dennoch nicht gänzlich der Vergangenheit an[18]. Und daß eine – wenn auch sehr subtil argumentierende – Gängelung, ja sogar Zensur selbst heute noch aufrechterhalten bleibt, weist Löbsack überzeugend anhand einer Schrift von Karl Rahner S. J. nach[19]. Doch die abendländische Wissenschaft ist mündig geworden: Derartige Pressionen mögen noch den einen oder anderen Forscher beeindrucken, die Mehrzahl bleibt unbeirrt.)

Fassen wir zusammen: Wenn sich aus dem europäischen Kulturkreis – und nur aus ihm – eine unvoreingenommene Grundlagenforschung naturwissenschaftlicher Disziplinen und aufbauend auf dieser auch eine hochentwickelte technische Zivilisation entwickeln konnte, so war dies nur möglich, weil Aberglauben, Mythos und Mystik geistig überwunden worden sind und weil es dem abendländischen Forscher – zuletzt in der Aufklärung – gelungen ist, sich aus seiner früheren »selbstverschuldeten Unmündigkeit« (Kant) zu lösen. Intelligente Wesen auf fernen Sternen könnten technische Zivilisationen nur dann errichtet haben, wenn alle die hier genannten kulturellen Voraussetzungen auch bei ihnen erfüllt wären – vor allem die zuletzt erwähnte.

Schlußbilanz

Ziehen wir nun zum Schluß die Bilanz aus all dem *Pro* und *Contra*, das in den vorausgehenden Kapiteln ausführlich erörtert worden ist. Erinnern wir uns:

Ausgangspunkt war die Frage, ob es wohl in den Weiten des Universums außerhalb unserer Erde belebte intelligente Wesen gebe, die eine technische Zivilisation aufgebaut haben.

Eine der beiden Grundlagen für unsere weiteren Überlegungen war sodann die Tatsache, daß der Begriff und die Bezeichnung »Leben« von vornherein in semantisch unmißverständlicher Weise verwendet worden sind, daß hinsichtlich ihrer Bedeutung (wenn diese nicht manipuliert wird) nicht die geringste Unklarheit besteht und daß die Bezeichnung »Leben« daher keinesfalls zur Disposition gestellt werden darf – schon gar nicht substanzlosen Spekulationen zuliebe.

Die zweite Prämisse ging sodann davon aus, daß eine definitive, empirisch abgesicherte Antwort nicht gegeben werden kann, daß es aber möglich erscheint, ein wissenschaftlich fundiertes Urteil über die unterschiedlichen Wahrscheinlichkeitsgrade des Für und des Wider abzugeben. Unsere Schlußbilanz läuft also auf das Abschätzen von Wahrscheinlichkeitswerten hinaus.

Die Befürworter der exobiologischen Spekulation betonen, die Anzahl aller Himmelskörper in unserem Universum sei so unendlich groß, daß die Existenz extraterrestrischer Intelligenzen allein schon aus statistischen Gründen so gut wie sicher sein muß. Dem habe ich einen Grundgedanken entgegengesetzt, der gleichfalls schon am Anfang dieser Betrachtungen stand und der folgendes besagt:

Intelligenz, vor allem die technisch orientierte, manifestiert sich nur auf der materiellen Grundlage des menschlichen Gehirns, genauer ausgedrückt, im Zusammenhang mit dessen Neocortex. Sie könnte also auf einem anderen Stern nur dann gleichfalls entstanden sein, wenn alle – buchstäblich *alle*! – Voraussetzungen dort so gegeben gewesen wären wie bei uns. Es müßte also eine Wiederholung gegeben haben; die entscheidende Frage bleibt nur, wie groß deren statistische Wahrscheinlichkeit ist.

FÜR

eine derartige Wiederholung des Evolutionsgeschehens und für die Entstehung extraterrestrischer Intelligenz spricht sich die Green-Bank-Formel (S. 142) aus. Die aus ihr abgeleiteten Zahlen schwanken für unser Milchstraßensystem zwischen einem Minimum von 40 kosmischen Zivilisationen und einem Maximum von 50 Millionen. Nun kann es zwar keinem Zweifel unterliegen, daß die zweite Zahl sehr beachtlich ist. Bedächtigere deutsche Astronomen kommen gleichwohl zu weit niedrigeren Werten: Rudolf Kippenhahn[20] errechnet außer der unseren höchstens noch eine zweite Zivilisation, Reinhard Breuer[1] glaubt an überhaupt keine weitere (jedoch unter Berücksichtigung auch der molekularbiologischen Voraussetzungen).

Allerdings erscheint es logisch und geboten, den Raum unserer Betrachtung über unsere Galaxis hinaus auszudehnen und das gesamte Universum einzubeziehen. Dies würde zwar die Exaktheit der Schätzung gewiß nicht erhöhen, doch kommt es hier wohl eher auf die Größenordnung an.

Nun wird man sich zwar fragen, wie man angesichts der krassen Differenzen in den obigen Zahlen zur Größenordnung überhaupt etwas Greifbares aussagen könne, und tatsächlich wären derartige Bedenken gerechtfertigt. Aber seien wir großzügig, unterstellen wir einmal, Hoimar von Ditfurth habe recht, und über unseren Häuptern »wimmle es geradezu« von technischen Zivilisationen. Nehmen wir einmal an, es handele sich um ein paar Millionen.

GEGEN

die Annahme einer unabhängigen weiteren Entstehung von Intelligenz im Universum spricht die gigantische Zahl, die sich ergibt, wenn wir addieren: sämtliche stellaren Voraussetzungen (S. 244) plus sämtliche physiko-chemischen Voraussetzungen (S. 245) plus sämtliche chemo-evolutiven Voraussetzungen (S. 182–189) plus sämtliche bio-evolutiven Optionen (Kap. X, XI) sowie zerebralen Voraussetzungen (S. 232ff.) plus sämtliche ethologisch psycho-evolutiven Optionen (S. 225ff.) sowie kulturellen Voraussetzungen (S. 248ff.).

Natürlich können in allen diesen Fällen keine exakten Zahlen genannt werden, und natürlich werde ich mich hüten, etwa nach Art der Green-Bank-Formel nun eine Milchmädchen-Gegenrechnung aufmachen zu wollen. Aber es genügt vollauf, sich die Größenordnung vor Augen zu halten, die bei der oben beschriebenen Addition zusammenkäme und um die es sich letztlich handelt: Bedenken wir, wie schnell allein schon die Betrachtung der biologischen Voraussetzungen in den Bereich »der großen Zahlen« einmündete (S. 246). Berücksichtigen wir ferner, daß die Zahlen sich noch um ein Mehrfaches steigern, wenn wir auch alle übrigen Voraussetzungen hinzuzählen, so geraten wir etwa in die Größenordnung von Milliarden einzelner Entwicklungsschritte als Gesamtsumme aller Voraussetzungen.

Den SALDO
zu ziehen sollte nun nicht mehr schwerfallen:

(a) Es steht der mit größter Konzilianz zugestandenen Chance von mehreren Millionen, die zugunsten der kosmischen Intelligenzen sprechen soll, auf der anderen Seite eine mit Abstand größere Chance in der Größenordnung von Milliarden gegenüber – eine weit überwiegende Chance dafür, daß sich intelligente Lebewesen *nicht* noch ein weiteres Mal entwickelt haben. – Allein schon bei diesem Zahlenverhältnis müßte die Situation eigentlich klar sein. Doch es kommen noch zwei weitere Gesichtspunkte hinzu:

(b) Die zugebilligte Möglichkeit eines »*Pro*« habe ich in Wirklichkeit viel zu kulant bemessen. Bedenken wir die überaus ernst zu nehmenden Einschränkungen, die aus den Hinweisen von Michael Hart resultieren (S. 244), so schrumpfen die konzedierten Millionen ganz erheblich zusammen.

(c) Noch weitaus wichtiger als die enorm große Zahl der Voraussetzungen und Entscheidungsschritte auf dem Wege zur Entstehung einer extraterrestrischen Intelligenz ist die Tatsache, daß sie ja nicht in beliebiger Anordnung erfolgen dürfen. Wenn es im Kosmos noch eine weitere technische Zivilisation außer der unseren geben soll, so müßten alle diese unzähligen Entwicklungsschritte *in derselben Reihenfolge eingetreten sein wie bei uns auf der Erde*. Keine einzige der Voraussetzungen innerhalb dieser Reihenfolge dürfte ausgefallen, keinerlei Abweichung aufgrund von Zufallsgeschehen, keinerlei katastrophenhafte Einwirkung aus der Umwelt dürfte passiert sein – und das durch mindestens vier Jahrmilliarden hindurch! Mit anderen Worten: Es müßte so etwas wie ein Wunder passiert sein.

Schließen wir also ab: Ich halte es für wahrscheinlich, daß es im Universum an geeigneten Stellen zur Bildung von präbiotischen Systemen gekommen ist. Und ich halte es für nicht gänzlich ausgeschlossen (wenn auch sehr unwahrscheinlich), daß diese auf dem einen oder anderen Himmelskörper sogar zu Gebilden evoluierten, die einer Biozelle analog oder wenigstens ähnlich sein mögen. Doch die Chancen dafür, daß an irgendeiner Stelle des Universums außerhalb unserer Erde die Entwicklung weiter bis zum Entstehen intelligenzbegabter Wesen und einer technischen Zivilisation fortschreiten konnte, diese Chancen müssen nach allem, was in der hier vorgelegten Betrachtung dargelegt wurde, als *so gering eingeschätzt werden, daß ihre statistische Wahrscheinlichkeit mit Null so gut wie zusammenfällt*.

Wir sind wohl doch allein im Kosmos.

Anmerkungen und Literaturangaben

Kapitel I: Sind wir allein im Kosmos?

1 Schlemmer, J. (Hrsg.): Sind wir allein im Kosmos? piper paperback, München 1970.
2 Lederberg, J., *Science* 132, 393, 1961.
3 Als Exobiologie im engeren Sinn wird von manchen Autoren nur die zu dieser zweiten Gruppe gehörende Forschung aufgefaßt.
4 Fontenelle, Le Bovier de, B.: Deutsche Übersetzung: Bernhard von Fontenelles Dialoge über die Mehrheit der Welten. Von Joh. Elert Bode. Himburg, Berlin 1780. Zitate: S. 327, 329.
5 Johannes Kepler: Kalender für 1598. Zitiert nach: Gerlach, W. und List, M.: Johannes Kepler, Leben und Werk. Serie Piper 201, 2. Aufl., München 1980.
6 Huygens, Chr.: Kosmotheros sive de terris coelestibus earumque ornatu conjecturae ad Constantinum Hugenium fratrem Gulielmo II Magnae Britanniae Regi a Secretis, Hague Comitatum. Apud Adrianum Moetjen Bibliopolam, 1798.
7 Zitiert nach: Benz, E.: Kosmische Bruderschaft. Die Pluralität der Welten. Aurum, Freiburg i. Br. 1978.
8 Lambert, J. H.: Cosmologische Briefe über die Einrichtung des Weltbaues. Augsburg 1761. Zitate: S. 43, 62.
9 Benz, E.: Kosmische Bruderschaft. (Vgl. Anm. I/7.)
10 Giordano Bruno: De l'infinito universo et mondi. Venedig 1584. Deutsch von Lasson, in: Kirchmanns »Philosophischer Bibliothek«, Berlin 1873.
11 Zitiert nach: Clemm, H. W. (Hrsg.): Vollständige Einleitung in die Religion und die gesamte Theologie. 4. Bd., § 231, Tübingen 1767.
12 Kant, I.: Träume eines Geistersehers, erläutert durch Träume der Metaphysik. Kanter, Königsberg 1766. Zitiert nach: Reclam-Ausgabe 1320 (2), hrsg. von R. Malter, Stuttgart 1976, S. 48.
13 Brief des Hieronymus Gottfried Wielkes an Immanuel Kant; Leiden, den 18. März 1771. Zitiert nach: Kant: Geisterseher, S. 143.
14 Swedenborg, E. v.: Arcana Coelestia, Nr. 6925.
15 Teilhard de Chardin SJ, P.: Le phénomène humain. Seuil, Paris 1947. Deutsche Ausgabe: Der Mensch im Kosmos. Beck, München 1965.
Teilhard de Chardin SJ, P.: Le groupe zoologique humain. Michel, Paris 1950. Deutsche Ausgabe: Die Entstehung des Menschen. Beck, München 1969.
16 Bresch, C.: Zwischenstufe Leben. Evolution ohne Ziel? Piper, München 1977.

Kapitel II: Der Tanz um goldene Kälber

1 2. Mose 32,8.
2 dpa-Meldung. Vgl. auch »Die Welt« vom 10. März 1980, »General-Anzeiger« (Bonn) vom selben Tag.
3 Granger, M. und Oberg, J. E.: La NASA et les chasseurs d'OVNI. *La Recherche*, Vol. 10, Nr. 102, 753, 1979.
4 Keyhoe, D. E.: Flying Saucers from Outer Space. 1952.
5 Evans, Chr.: Cults of Unreason. Harper & Co., London 1973. Deutsche Ausgabe: Kulte des Irrationalen. Sekten, Schwindler, Seelenfänger. rororo Sachbuch 7279, Reinbek 1979, S. 163–168, 170.
6 Watson, L.: Lifetide. A biology of the unconscious. Hodder & Stoughton, London 1979. Deutsche Ausgabe: Der unbewußte Mensch. Umschau, Frankfurt 1979, S. 400–402.
7 Leslie, D. und Adamski, G.: Flying Saucers Have Landed. London 1953.
8 Lichtenberg, G. Ch.: Aphorismen. Zitiert in: Best, O. F.: Über die Dummheit der Menschen. Versuch einer Bilanz. dtv 1409, München 1979.
9 Swift, J.: Ausgewählte Werke. Satiren und Zeitkommentare. Übersetzt von G. Graustein und O. Wilck. Insel, Frankfurt a. M. Zitiert nach: Best, O. F.: Über die Dummheit der Menschen.
10 Goetz, C.: Dr. med. Hiob Prätorius (Komödie, 1932).
11 Vgl. Anm. II/3.
12 »Scientific Study of Unidentified Flying Objects« (Condon-Report). Bantam, New York 1968. Zur Kritik: Granger, M. und Oberg, J. E.: La NASA et les chasseurs d'OVNI. (Vgl. Anm. II/3.)
13 Esterle, A.: En France. *La Recherche*, Vol. 10, No. 102, 761, 1979.
14 Evans, Chr.: Cults of Unreason, S. 177–182. (Vgl. Anm. II/5.)
15 Bernard de Fontenelle: Dialoge, S. 28. (Vgl. Anm. I/4.)
16 Ders., S. 38.
17 Jung, C. G.: Ein moderner Mythus. Von Dingen, die am Himmel gesehen werden. Gesammelte Werke, Bd. 10. Olten/Freiburg 1964.
Jungs auf Archetypisches abzielende Interpretation der Ufo-Erscheinungen als Wahnvorstellung und Massenphänomen wäre widerlegt, wenn nicht nur Menschen, sondern auch Tiere Ufos »wahrnehmen« würden. Und schon findet sich ein eifriger Biologe, der beteuert, dies sei der Fall: »Katzen zischen und fauchen, Schafe stieben in panischer Flucht davon, Pferde bäumen sich auf, Vögel hören zu singen auf ..., und in einem Fall hat ein Hund an einer Stelle, wo kurz zuvor ein Ufo gelandet war, nur einmal kurz geschnüffelt, und schon jagte er jaulend davon.« Die Quelle des Wissens dieses erstaunlichen Verhaltensforschers: der von einem Anonymus verfaßte Artikel »The Effects of UFO's upon animals« in der Zeitschrift *Flying Saucer Review*, 16, 1, 1970.
18 Le Bon, G.: Psychologie der Massen. Stuttgart 1895. Freud, S.: Massenpsychologie und Ich-Analyse. 1921. Jung, C. G.: Aufsätze zur Zeitgeschichte. Zürich 1946. Bitter, W. (Hrsg.): Massenwahn in Geschichte und Gegenwart. Klett, Stuttgart 1965.
19 Bitter, W.: Massenwahn in Geschichte und Gegenwart. Wyrsch, J.: Gesellschaft, Kultur und psychische Struktur. Stuttgart 1960. Zitiert wird E. Kretschmer.
20 *Übersprunghandlungen* sind Einzelhandlungen, die in einem instinktgesteuerten, in seinem Ablauf festgelegten Verhaltenskomplex als Fremdelemente eingeschoben werden, obwohl sie in ihm nicht etwa funktionell sinnvoll erscheinen. Sie stellen sich vorwiegend dann ein, wenn ein innerer Konflikt (Desorientiertsein) zwischen kon-

kurrierenden Trieben entsteht. Beispiel: Beim Kampf zwischen Hähnen kann in Augenblicken, in denen sich das Tier nicht zwischen Angriff oder Flucht zu entscheiden vermag, als »sinnlose Verlegenheitslösung« und Übersprunghandlung ein Picken nach Körnern simuliert werden.

21 Beispiel: Die *Epistolae obscurorum virorum,* deren erster Teil 1516 erschien. Nach einem Streit zwischen dem Humanisten Johannes Reuchlin und den von Jakob von Hochstraten angeführten Theologen der Kölner Universität verfaßte eine Gruppe von (heute würde man sagen: fortschrittlichen) Poeten und Humanisten die bekannten »Dunkelmännerbriefe«. In ihnen wurden die professoralen, scholastischen Gelehrten als veraltete Ignoranten und Obskuranten karikiert, verhöhnt und polemisch verunglimpft.

22 Sichtbarer Ausdruck derartiger irrationaler Regungen und unterbewußter, in die künstlerische Darstellung eingehender Ängste ist u. a. die phantastische, skurrile und zugleich gespenstische Dämonenwelt, die wir auf manchen spätgotischen und in der Frührenaissance geschaffenen Altartafeln antreffen. Dies gilt vor allem für Darstellungen der Höllenstrafen, des Jüngsten Gerichts, der vorausgehenden Apokalypse, der Versuchungen des hl. Antonius, wie sie mit einzigartiger Meisterschaft Hieronymus Bosch (um 1450 bis 1516) mit visionären Phantasmagorien erfüllt hat.

23 Nur zwei Beispiele: Der Kürschner und Laienprediger Melchior Hoffman aus Schwäbisch-Hall, Begründer und wortradikales Oberhaupt der nach ihm benannten Melchioristen-Sekte, aber auch der einer geheimnisvollen Zahlenmystik zugeneigte Michael Stifel, Pastor in Lochau bei Wittenberg, sagten zahllosen Verängstigten den Weltuntergang voraus, Stifel sogar überaus präzise: für den 18. Oktober 1533, Punkt 8 Uhr morgens. Daß die Prognose nicht eintraf, störte wenig – zu einer Mathematikprofessur an der Universität Jena reichte es allemal. Zitiert nach: Deppermann, K.: Melchior Hoffman. Soziale Unruhe und apokalyptische Visionen im Zeitalter der Reformation. Vandenhoeck & Ruprecht, Göttingen 1979. Rehork, J.: Der Jüngste Tag blieb aus. Untergang und Neubeginn in der Geschichte. Econ, Düsseldorf 1977.

24 Erben, H. K.: Die Entwicklung der Lebewesen. Spielregeln der Evolution. Piper, München 1975.

25 Lorenz, K.: Die acht Todsünden der zivilisierten Menschheit. 2. Aufl., Serie Piper, München 1973.

26 Leuner, H.: Über den Wandel der psychischen Massenphänomene. In: Bitter, W.: Massenwahn in Geschichte und Gegenwart. (Vgl. Anm. II/18.)

27 Roszak, Th.: The Making of a Counter Culture. Reflections on the Technocratic Society and Its Youthful Opposition. Doubleday & Co., New York 1969. Deutsche Ausgabe: Gegenkultur. Gedanken über die technokratische Gesellschaft und die Opposition der Jugend. Econ, Düsseldorf 1971.

28 3. Mose 16,22.

29 Zur gesamten Problematik vgl.: Erben, H. K.: Leben heißt Sterben. Der Tod des einzelnen und das Aussterben der Arten. Hoffman und Campe, Hamburg 1981, S. 76–87.

30 Segrè, E.: Die großen Physiker und ihre Entdeckungen. Piper, München 1981.

31 Heisenberg, W.: Der Teil und das Ganze. Gespräche im Umkreis der Atomphysik. Piper, München 1969.

32 Werner Heisenberg, zitiert in: Radnitzky, G.: Das Problem der Theorienbewertung. Begründung philosophischer, skeptischer und fallibilistischer Denkstile in der Wissenschaftstheorie. *Zeitschr. Allg. Wissenschaftstheorie* 10 (1), 1979, S. 67. Man registriere auch die unverblümte Stellungnahme des bekannten Informatikers Prof. Karl Steinbuch: » ... Verrücktheiten des Zeitgeistes. Dies fing an mit der Unschärfe unse-

rer philosophierenden Physiker, die keinen Verrücktheiten Widerstand entgegensetzten. Kompetente Philosophen beklagten, › . . . daß heutzutage die Gegenaufklärung aus einem Max-Planck-Institut kommt‹. Dieser Geist der Unschärfe und der Gegenaufklärung . . . « (»Die Welt«, 4. Dez. 1980).

33 *» . . . a certain relationship between philosophical ideas of the tradition of the Far East and the philosophical substance of quantum theory«.* In: Heisenberg, W.: Physics and Philosophy. Allen & Unwin, London 1963, S. 173. Zitiert nach: Capra, F.: The Tao of Physics. Fontana Books, Collins, Suffolk 1976, S. 17.

34 Erben, H. K.: Leben heißt Sterben, Abb. 4. (Vgl. Anm. II/29.)

35 Ders., S. 85–88.

36 Ratzinger, J.: Wissenschaft - Glaube - Wunder. In: Reinisch, L. (Hrsg.): Jenseits der Erkenntnis. Suhrkamp taschenbuch 418, Frankfurt a. M. 1977.

37 Weizsäcker, C. F. v.: Der Garten des Menschlichen. Beiträge zur geschichtlichen Anthropologie. Hanser, München 1977.

38 *»Car il est devenu assez banal, aujourd'hui, que des scientifiques »éminents« (voire titulaires d'un prix Nobel) s'adonnent à la spéculation métaphysique ou parapsychologique. Ce fait, à lui seul, mérite attention.«* Thuillier, P.: La physique et l'irrationnel. *La Recherche* 111, Mai 1980. Vgl. auch Anm. II/32.

39 Charon, J. E.,: Mort, voici ta défaite. Michel, Paris 1979. Deutsche Ausgabe: Tod, wo ist dein Stachel? Die Unsterblichkeit des Bewußtseins. Zsolnay, Wien 1981.

40 Kaltenbrunner, G.-K.: Lesevergnügen mit blauen Photonen. Rezension in der »Welt« vom 3. Okt. 1981.

41 Pietschmann, H.: Das Ende des naturwissenschaftlichen Zeitalters. Zsolnay, Wien 1980.

42 Capra, F.: The Tao of Physics. (Vgl. Anm. II/33.)

43 Castaneda, C.: A separate reality. Bodley Head, London 1971. Castaneda, C.: Die Lehren des Don Juan. Ein Yaqui-Weg des Wissens. Fischer Taschenbuch 1457, Frankfurt a. M. 1973. Die *Yaquis* sind ein im Bundesstaat Sonora lebender nordmexikanischer Indianerstamm. In ihren Kulten und ihrer Magie spielt u. a. der Meskalinrausch, hervorgerufen durch den Genuß des *Peyote*-Kaktus, eine erhebliche Rolle. Castanedas Bücher enthalten ein wirres Konglomerat von Anspielungen auf tatsächliche und fiktive Erfahrungen aus dem Bereich der Schwarzen Magie und der verschiedenen Rauschzustände – eine meiner Meinung nach für Psycholabile und für lebensunerfahrene Jugendliche überaus bedenkliche Lektüre.

44 Monod, J.: Le hasard et la nécessité. Seuil, Paris 1970. Deutsche Ausgabe: Zufall und Notwendigkeit. Philosophische Fragen der modernen Biologie. Piper, München 1971.

45 Gehlen, A.: Die Seele im technischen Zeitalter. Sozialpsychologische Probleme in der industriellen Gesellschaft. rowohlts deutsche enzyklopädie 53, Reinbek 1968.

46 Feyerabend, P.: Against method. Outline of an anarchistic theory of knowledge. New Left Books, London 1975. Deutsche Ausgabe: Wider den Methodenzwang. Skizze einer anarchistischen Erkenntnistheorie. Suhrkamp, Frankfurt a. M. 1979.

47 In seinem zweiten Buch hat sich P. Feyerabend mehrfach gegen die Behauptung verwahrt, der von ihm zitierte Spruch *»anything goes«* sei als seine eigene Devise gemeint gewesen. Doch ungeachtet dieses Versuchs einer teils mehr als ruppig formulierten Apologie bleibt zu bedenken, daß – wie auch immer dieses Motto gemeint gewesen sein sollte – der Autor in seinem gesamten Buch nach eben diesem Postulat des *anything goes* selbst verfährt. Feyerabend bezeichnet seine Theorien auch als dadaistisch – und was sonst ist Dada wohl, wenn nicht das Produkt einer *anything goes*-Einstellung?

48 Feyerabend, P.: Science in a free society. New Left Books, London 1978. Deutsche Ausgabe: Erkenntnis für freie Menschen. Suhrkamp, Frankfurt a. M. 1979.
49 Küng, H.: Existiert Gott? Piper, München 1978.
50 Erben, H. K.: Die Entwicklung der Lebewesen. (Vgl. Anm. II/24.)
51 Adorno, Th., Dahrendorf, R., Pilot, H., Albert, H., Habermas, J. und Popper, K. R.: Der Positivismusstreit in der deutschen Soziologie. Sammlung Luchterhand 72, 5. Aufl., Darmstadt 1976.
52 Zum Begriff der »neuen Gnosis« vgl.: Royer, R.: Die Gnostiker von Princeton. Paul Zsolnay, Wien 1977. Aber auch: Jungk, R.: Die neue Gnosis. In: Reinisch, L. (Hrsg.): Jenseits der Erkenntnis. Suhrkamp taschenbuch 418, Frankfurt a. M. 1977. Ferner die Rezension: Kaltenbrunner, G.-K.: Was uns fehlt, sind Vorurteile (»Die Welt«, 14. Jan. 1978).
53 Hochkeppel, W.: Rationalismus contra Metaphysik. In: Reinisch, L. (Hrsg.): Jenseits der Erkenntnis. (Vgl. Anm. II/52.)
54 Meldung der Agentur rtr. Vgl.: »Ein geistiger Schub« (»Die Welt«, 18. 5. 1979). »NASA beruhigt: Keine Angst vor Skylab« (»Bonner Rundschau«, 21. 5. 1979).
55 »Indianer fürchten Geister der Ahnen« (»Die Welt«, 13. Okt. 1981). »Gebt ihnen den Frieden!« (»Die Welt«, 14. Okt. 1981).
56 Pucetti, R.: Außerirdische Intelligenzen in philosophischer und religiöser Sicht. Econ, Düsseldorf 1970.

Kapitel III: Märchenerzähler und Illusionisten

1 Däniken, E. v.: Erinnerungen an die Zukunft. 1. Aufl., Econ, Düsseldorf 1968.
2 Feinberg, G. und Shapiro, R.: Life beyond earth. The intelligent earthling's guide to life in the universe. Morrow, New York 1980.
3 Morgenstern, Chr.: Galgenlieder.
4 Schmidt, C. W. (Hrsg.): Münchhausens Abenteuer. Vollständige Ausgabe, Vollmer, Wiesbaden.
5 Cyrano de Bergerac, S.: Histoire comique des états et empires de la lune. 1648–1650. Cyrano de Bergerac, S.: Histoire comique des états et empires du soleil. 1662.
6 Verne, J.: Autour de la lune. Hetzel, Paris 1867. Deutsche Ausgabe: Reise um den Mond. Diogenes Taschenbuch 64/IV, Zürich 1976.
7 Wells, H. G.: The war of the worlds. London 1898. Deutsche Ausgabe: Der Krieg der Welten. Diogenes Taschenbuch 67/2, Zürich 1974.
8 Bylinski, G.: Life in Darwin's universe. Evolution and the cosmos. Doubleday, Garden City (N. Y.) 1981.
9 Jonas, D. F. und Jonas, D. A.: Other senses, other worlds. Cassel, London 1976. Deutsche Ausgabe: Die Außerirdischen. Leben und Intelligenz auf fremden Sternen. Fischer Taschenbuch 6801, Frankfurt a. M. 1979.
10 Schmitz, E.-H.: Beweisnot. Glanz und Elend der Astronautengötter. Das Ende einer Legende. Ariston, Genf 1978.
11 Leslie, D. und Adamski, G.: Flying saucers have landed. London 1953.
12 Agrest, M.: Des cosmonautes dans l'antiquité. In: *Planète* Nr. 7, 1962.
13 Pauwels, L. und Bergier, J.: Le matin des magiciens. 1962. Deutsche Ausgabe: Aufbruch ins dritte Jahrtausend. Scherz, Bern 1962. Pauwels, L. und Bergier, J.: Planet der unmöglichen Möglichkeiten. Scherz, Bern 1968.
14 Charroux, R.: Histoire inconnue des hommes depuis cent mille ans. Laffont, Paris 1965. Deutsche Ausgabe: Phantastische Vergangenheit. Fischer Taschenbuch 1138,

Frankfurt a. M. 1977. Charroux, R.: Le livre des secrets trahis. 1965. Deutsche Ausgabe: Verratene Geheimnisse. Herbig, München 1967.

15 Laßwitz, K.: Auf zwei Planeten. Leipzig 1897.

16 Langrenus, M.: Reich im Mond. Würzburg 1951.

17 Zum Verteidiger E. v. Dänikens gegen den Vorwurf eines Plagiats hat sich J. Nienhaus gemacht, allerdings in einem beschönigenden und nach meiner Meinung wohl kaum überzeugenden Artikel, der sich in zwei Punkten sogar zu einer objektiv unrichtigen Darstellung verleiten läßt. Nienhaus, J.: Fakten und Vorurteile. In: Khuon, E. v. (Hrsg.): Waren die Götter Astronauten? Droemer Knaur Taschenbuch 284, München 1977.

18 Zitat: »Millionen Leser wurden inzwischen mit dieser These verunsichert.« – »Inzwischen sind diese Bücher – nach dem Ergebnis der schon erwähnten repräsentativen Umfrage – zwei von drei Deutschen bekannt. Fast jeder vierte Bundesbürger hält die darin vertretene These für wahrscheinlich«. Schmitz, E.-H.: Beweisnot, S.305, 306. (Vgl. Anm. III/10.)

19 Vgl. auch den Titel »Kamele trinken auch aus trüben Brunnen« bei Moscheh Ya'aqob Ben-Gavriêl, 1965.

20 *»El templo del Conde«*, so benannt nach dem Grafen Jean Frédéric de Waldeck, der in diesem Gemäuer zwei Jahre lang gehaust hat.

21 Däniken, E. v.: Erinnerungen an die Zukunft. (Vgl. Anm. III/1.)

22 Ruff, S. und Briegleb, W.: Plädoyer für eine unkonventionelle Erforschung der Vergangenheit. In: Khuon, E. v. (Hrsg.): Waren die Götter Astronauten? (Vgl. Anm. III/17.)

23 Däniken, E. v.: Meine Welt in Bildern. Bildargumente für Theorien, Spekulationen und Erforschtes. Droemer Knaur, München 1979.

24 Nasenpflöcke wurden nach meiner eigenen Beobachtung von den letzten reinen Mayas, den Lacandonen von Chiapas, noch in den 50er Jahren getragen.

25 *La ceiba* (wiss.: *Ceiba pentandra)* ist einer der größten unter den Urwaldbäumen in den Tropen Lateinamerikas. In der indianischen Mythologie Mittelamerikas kommt ihm eine Rolle zu, die in mancher Hinsicht der der nordischen Weltesche Yggdrasil ähnelt.

26 Die *Quetzales* (wiss.: *Pharomacrus mocinno, Trogon collaris)*, heute selten gewordene Vögel in den Bergwäldern Mittelamerikas, wurden wegen ihrer grüngoldenen, metallisch schimmernden, fast einen Meter langen Schwanzfedern und ihres prachtvoll karmesinroten Brustgefieders als heilige Göttervögel verehrt.

27 H. Wilhelmy allerdings hält die Gestalt für eine Personifikation des Maisgottes Yum Kax, doch wird seine Deutung durch die auf S. 67 (unten) zitierten Befunde von David Kelley korrigiert. Wilhelmy, H.: Welt und Umwelt der Maya. Aufstieg und Untergang einer Hochkultur. Piper, München 1981, S. 423 ff.

28 Westphal, W.: Die Maya. Volk im Schatten seiner Väter. Bertelsmann, München 1977.

29 La Fay, H.: The Maya, children of time. *National Geographic Magazine*, Vol. 148, Nr. 6, Dez. 1975. Zusätzlich zur Verkrüppelung des rechten Fußes fand Dr. Kelley einen weiteren angeborenen Defekt: eine »gespaltene« große Zehe am linken Fuß.

30 Charroux, R., Zitate aus »Phantastische Vergangenheit«. (Vgl. Anm. III/14.)

31 Fischer, K.: Denkmäler vorgeschichtlicher und geschichtlicher Zeit. In: Kraus, W. (Hrsg.): Afghanistan. Natur, Geschichte und Kultur. Staat, Gesellschaft und Wirtschaft. Erdmann, Tübingen 1972.

32 Auboyer, J.: Afghanistan und seine Kunst. (Aus dem Französischen.) Artia, Prag 1968, S. 54. Perabo, F.: Afghanistan. *Atlantis* Nr. 5, S. 217 ff., Mai 1961.

33 Rowland, B.: Kunst der Welt. Zentralasien. (Aus dem Englischen.) Holle, Baden-Baden 1970.

34 Garcilaso de la Vega (»El Inca«), geboren 1539 in Cuzco, ein Mestize, dessen Vater Spanier und dessen Mutter eine Inka-Fürstin war, lebte seit seinem 20. Lebensjahr in Spanien und verfaßte eine umfangreiche Chronik des Inka-Reiches und seines Niederganges. Er gilt in manchen Punkten als nicht ganz zuverlässig, weil er Dichtung und Wahrheit miteinander verband. Sein umfassendes Werk ist veröffentlicht worden; für die Annahme, es gebe unveröffentlichte »geheime Aufzeichnungen«, haben sich bisher keine Anhaltspunkte ergeben.

35 Kohlenberg, K. F.: Enträtselte Vorzeit. Tatsachen, Utopien, Deutungen. Langen Müller, München 1970.

36 Muck, O. H.: Atlantis gefunden? Koerner, Stuttgart 1954. Muck, O. H.: Alles über Atlantis. Econ, Düsseldorf 1976.

37 Daß der Grand Canyon des Colorado nicht durch Erosion entstanden, sondern auf ein katastrophales Naturereignis zurückzuführen sei, ist eine durch nichts gestützte abenteuerliche Idee. Das schluchtförmig eingeschnittene, enorme Ausmaße erreichende Tal läßt sämtliche charakteristischen Merkmale einer rein fluviatilen Erosion erkennen.
Die Aufwölbung und Hochhebung der Anden – auch jener Partie, welche den Titicaca-See enthält – ist während einer Zeitspanne von Jahrmillionen vor sich gegangen. Diese Tatsache ist strukturgeologisch zweifelsfrei erwiesen. Vertikalbewegungen der Erdkruste, die Tausende von Metern innerhalb allerkürzester Fristen erreichen, gehören in das Reich der Phantasie: Der reale Hebungsbetrag liegt jährlich selbst bei schneller Hebung im Millimeterbereich.

38 Däniken, E. v.: Erinnerungen an die Zukunft. (Vgl. Anm. III/1.) Däniken, E. v.: Zurück zu den Sternen. Argumente für das Unmögliche. Econ, Düsseldorf 1969; Droemer Knaur Taschenbuch 290, München 1972. Däniken, E. v.: Meine Welt in Bildern. (Vgl. Anm. III/23.)

39 Kauffmann-Doig, F.: El Perú arqueológico. Tratado sobre el Perú Preincaico. Kompaktos, Lima 1976.

40 Sanguines Ponce, C. u. a.: Procedencia de las areniscas utilizadas en el templo precolombino de Pumapunku (Tiwanaku). Acad. Nac. Ciencias Bolivia, Publ. No. 22, La Paz 1971.

41 Beispiele: die Calle San Agustín sowie die Gassen *(calles)* Pampa del Castillo, Loreto, Maruri und andere im Stadtkern von Cuzco.

42 Däniken, E. v.: Meine Welt in Bildern. (Vgl. Anm. III/23.)

43 Däniken, E. v.: Zurück zu den Sternen. (Vgl. Anm. III/38.)

44 Salentiny, F.: Machu Picchu. Steinernes Rätsel im Lande des Kondor. Umschau Vlg., Frankfurt a. M. 1979.

45 *Granit:* ein magmatisch in der Tiefe gebildetes Gestein, das sich aus den Mineralen Feldspat, Quarz und Glimmer zusammensetzt. Bei Oberflächenverwitterung meist gerundete Blöcke (»Wollsäcke«) bildend, schließlich zu Grus zerfallend.

46 Angles Vargas, V.: Machupijchu, enigmática ciudad inka. Industrialgráfica, Lima 1972.

47 Es handelt sich um gebankte weiche feinkörnige Sandsteine und Siltsteine mit vorwiegend dunkelroten bis braunen Farbtönen. Dem Ursprung nach sind diese Ablagerungen festländisch. Ihrem Bildungsalter nach stammen sie aus der späten Kreidezeit.

48 *Andesit:* ein Ergußgestein, also eine vulkanische Bildung. Hauptsächliche Mineralbestandteile: Plagioklas und Hornblende.

49 Gelegentlich liest man, die Erbauer von Tiahuanacu hätten für den Transport große

Steinräder benützt. Die in der Ruinenstadt gemachten Funde stellten sich allerdings als Mühlsteine aus der Kolonialzeit heraus. (Vgl. Anm. III/40.)

50 Heyerdahl, Th.: Aku-Aku. Das Geheimnis der Osterinsel. Ullstein, Berlin 1957. Müller-Feldmann, H.: Die alten Ägypter und Däniken. In: Khuon, E. v. (Hrsg.): Waren die Götter Astronauten? (Vgl. Anm. III/17.)

51 Hagen, V. W. v.: Realm of the Incas. Mentor Books, New York 1957.

52 Dobbelstein, H.: Was sagt die Medizin, insbesondere die medizinische Psychologie? In: Khuon, E. v. (Hrsg.): Waren die Götter Astronauten? (Vgl. Anm. III/17.)

53 Zwar haben weder Charroux noch E. v. Däniken (s. u.) sich jemals unverhüllt als Wissenschaftler ausgegeben. Beide imitieren aber – wenigstens stellenweise – die Darstellungsart wissenschaftlicher Abhandlungen, zumindest was Äußerlichkeiten betrifft. Däniken, E. v.: Wo meine Kritiker mich mißverstanden haben. In: Khuon, E. v. (Hrsg.): Waren die Götter Astronauten? (Vgl. Anm. III/17.)

54 Selhus, W.: Und sie waren doch da. Wissenschaftliche Beweise für den Besuch aus dem All. Bertelsmann, München 1975.

55 Khuon, E. v. (Hrsg.): Waren die Götter Astronauten? (Vgl. Anm. III/17.)

56 Abelson, Ph.: Pseudoscience. *Science,* Vol. 186, Juni 1974.

57 Leserbriefe in *Science,* Vol. 186, Nov. 1974.

58 Reiche, M.: Kommentar aus Nazca. In: Khuon, E. v. (Hrsg.): Waren die Götter Astronauten? (Vgl. Anm. III/17.)

59 Sänger-Bredt, I.: Über die Nachweisbarkeit vorgeschichtlicher Raumfahrt in Mythen und Märchen. In: Khuon, E. v. (Hrsg.): Waren die Götter Astronauten? (Vgl. Anm. III/17.)

60 Kühn, H.: Däniken und die Vorgeschichte. In: Khuon, E. v. (Hrsg.): Waren die Götter Astronauten? (Vgl. Anm. III/17.)

61 Gutmann, W. F.: Mußten außerirdische Götter den Menschen erzeugen? In: Khuon, E. v. (Hrsg.): Waren die Götter Astronauten? (Vgl. Anm. III/17.)

62 In seiner *Los Caprichos* genannten Reihe von Radierungen (1793–1796) gibt Francisco de Goya dem Blatt Nr. 43 den Titel *El sueño de la razón produce monstruos* = Der Schlaf der Vernunft gebiert Ungeheuer. Ein Schreibender – vielleicht ein Dichter? – ist über seinem Werk eingeschlafen. In der nächtlichen Dunkelheit umflattern ihn spukhafte, fledermaus- und eulenähnliche Wesen, zu seinen Füßen hockt mit schreckenerregend aufgerissenen Augen eine gespenstische Katze.

Kapitel IV: Spekulation extraterrestrisches Leben

1 Popper, K. R.: The logic of scientific discovery. Hutchinson, London 1959. Deutsche Ausgabe: Logik der Forschung. 6. Aufl., Mohr (Siebeck), Tübingen 1976. Popper, K. R.: Objective knowledge. Clarendon Press, Oxford 1972. Deutsche Ausgabe: Objektive Erkenntnis. Ein evolutionärer Entwurf. 2. Aufl., Hoffmann und Campe, Hamburg 1974.

2 Campbell, D.: Evolutionary epistemology. In: Schilpp, P. A. (Hrsg.): The philosophy of K. R. Popper. Open Court, La Salle 1974.

3 *Induktion:* der logische Schluß von Einzelfällen (vom Besonderen) auf die Gesetzmäßigkeit (auf das Allgemeine). Beispiel: »Jeder bisher beobachtete Rabe war ein Vogel.« Also gilt: »Alle Raben sind Vögel.«
Deduktion: der logische Schluß vom Allgemeinen auf das Spezielle. Beispiel: »Alle Raben sind Vögel. Dieses Lebewesen ist ein Rabe.« Also gilt: »Dieses Lebewesen ist ein Vogel.«

4 Das Induktionsproblem wird hier stark vereinfacht dargestellt. Für den philosophisch weniger interessierten Leser dürfte unerheblich sein, daß schon Hume gezeigt hat, wie der Versuch einer Rechtfertigung des Induktionsprinzips entweder in einen logischen Zirkel oder einen infiniten Regreß führt.

5 K. R. Popper zitierte u. a. die beiden nachfolgenden Beispiele:
(a) Die Behauptung, daß alle Menschen sterblich sind, »gehört zu der Theorie des Aristoteles, daß jedes entstandene Lebewesen verfallen und sterben müsse ... Diese Theorie wurde durch die Entdeckung widerlegt, daß Bakterien nicht sterben, da die Vermehrung durch Teilung kein Sterben ist ... später durch die Entdeckung, daß lebende Materie nicht unter allen Umständen verfällt und stirbt ... (Krebszellen zum Beispiel können unbegrenzt leben).«
(b) die Behauptung, daß Brot ernährt. »Dieses Paradebeispiel Humes wurde widerlegt, als Menschen, die ihr tägliches Brot aßen, an Mutterkornvergiftung starben« (Popper: Objektive Erkenntnis. Vgl. Anm. IV/1).
Ich halte beide Beispiele für höchst unglücklich gewählt. Zu (a): Poppers Widerlegung basiert auf völlig falschen Vorstellungen. Keine Zelle – auch nicht die Krebszelle – vermag zeitlich unbegrenzt zu leben. Und was die durch Teilung zugrunde gehende Individualität der Bakterien betrifft, so verweise ich auf meine früheren Äußerungen (s. u.).
Zu (b): Natürlich bedeutete »Brot« in diesem Zusammenhang, bei der Formulierung des induktiv gewonnenen Satzes, soviel wie »normales, unvergiftetes Brot« und nicht etwa »jedwedes Brot, sogar vergiftetes«. Auch in der Erkenntnistheorie tut Haarespalten nicht gut. – Vgl.: Erben, H. K.: Leben heißt Sterben. Der Tod des einzelnen und das Aussterben der Arten. Hoffmann und Campe, Hamburg 1981.

6 Dies ist bekanntlich die Auffassung der Finalisten.

7 Popper, K. R.: Logik der Forschung, S. 54, Fußnote 1. (Vgl. Anm. IV/1.)

8 Die Gattung *Berthelinia* besitzt ein zweiklappiges Kalkgehäuse, erweist sich durch ihre Weichteil-Anatomie aber dennoch als ansonsten typische marine Schnecke.

9 Popper, K. R.: Logik der Forschung, S. 39–41, 144, 145, 152, 157. (Vgl. Anm. IV/1.)

10 Simpson, G. G.: Biology and man. Harcourt, Brace & World, New York 1964. Deutsche Ausgabe: Biologie und Mensch. Suhrkamp Taschenbuch 36, Frankfurt a. M. 1972.

11 Crick, F. H. C. und Orgel, L. E.: Directed Panspermia. *Icarus* 19, 1973.

12 Arrhenius, S. A.: Welten im Entstehen. 1908. Ders.: Das Schicksal der Planeten. Akad. Vlg. Ges., Leipzig 1911.

13 Oft wird im Zusammenhang mit der Spermien-Hypothese an den Vorsokratiker Anaxagoras (500 bis 428) erinnert – zu Unrecht, wie mir scheint. Die »Spermien«, die bei Arrhenius und bei Hoyle gemeint sind, werden dort als spezifisch biologische Keime aufgefaßt, während die bei Anaxagoras postulierten Keime insofern echte »Pan«spermien darstellen, als jeder von ihnen *alle* existenten Qualitäten in sich trägt (wobei dann jeweils nur eine bestimmte vorwiegt): »Keime von allen Dingen, verschieden an Form, Farbe, Geruch und Geschmack« (Anaxagoras, Fragment 9, nach W. Nestle).

14 Hoyle, F. und Wickramasinghe, N. C.: Does epidemic disease come from space? *New Scientist*, 17. Nov. 1977. – Dieselben: Diseases from space. Dent, London 1979. – Dieselben: Wie das Leben auf die Erde kam. *Bild der Wissenschaft*, 19. Jg., H. 1., Jan. 1982.

15 Tyrell, D. A. J.: Unorthodox epidemiology (eine Rezension der in Anm. 14 genannten Veröffentlichungen von F. Hoyle und N. C. Wickramasinghe). *Nature* 282, 158, Nov. 1979.

16 Smith, A. J. in: Newmark, P.: No dissent. *Nature* 287, 100, Sept. 1980.

17 Decker, P.: Evolution in offenen Systemen. Bioide, eine Verallgemeinerung des Darwinschen Prinzips. Beitr. z. Preisaufgabe d. Bayer. Akad. Wiss. v. 4. 12. 71. Selbstverlag, Hannover 1974.
18 Orgel, L. E.: The origins of life: Molecules and natural selection. Chapman und Hall, London 1973.
19 Bresch, C.: Zwischenstufe Leben. Evolution ohne Ziel? Piper, München 1977.
20 Teilhard de Chardin, P.: Le groupe zoologique humain. Michel, Paris 1950. Deutsche Ausgabe: Die Entstehung des Menschen. Beck, München 1969.
21 Feinberg, G. und Shapiro, R.: Life beyond earth. The intelligent earthling's guide to life in the universe. Morrow, New York 1980. (Zitate: Übersetzungen des Verfassers.)

Kapitel V: Spekulation extraterrestrische Intelligenzen

1 Schaifers, K. und Traving, G.: Meyers Handbuch über das Weltall. 5. Aufl., Mannheim 1972, S. 699 ff. Zitiert nach: Ditfurth, H. v.: Wir sind nicht nur von dieser Welt. Naturwissenschaft, Religion und die Zukunft des Menschen. Hoffmann und Campe, Hamburg 1981.
2 H. v. Ditfurth, Vorwort zur deutschen Ausgabe von: Sagan, C. und Agel, J.: Nachbarn im Kosmos. Leben und Lebensmöglichkeiten im Universum. dtv. Nr. 1397, München 1978. Amerikanische Originalausgabe: The cosmic connection. An extraterrestrial perspective. Doubleday, Garden City (N. Y.) 1973.
3 Breuer, R.: Kontakt mit den Sternen. Umschau Vlg., Frankfurt a. M. 1978. Ponnamperuma, C.: The origins of life. Thames und Hudson, London 1972. Ponnamperuma, C. und Cameron, A. G. W. (Hrsg.): Interstellar communication. Scientific perspectives. Houghton Mifflin, Boston 1974.
4 Sagan, C.: Die Drachen von Eden. Das Wunder der menschlichen Intelligenz. Droemer Knaur, München 1978. Amerikanische Originalausgabe: The dragons of Eden. Random House, New York 1977.
5 Ditfurth, H. v.: Am Anfang war der Wasserstoff. 3. Aufl., Hoffmann und Campe, Hamburg 1973.
6 Shklovskij, I. S. und Sagan, C.: Intelligent life in the universe. Dell, New York 1967.
7 Golden, F.: The cosmic explainer. »TIME«, 20. Okt. 1980. (Zitate: Übersetzungen des Verfassers.)
8 Sagan, C. und Agel, J.: Nachbarn im Kosmos. (Vgl. Anm. V/2.)
9 Sagan, C.: Broca's brain. Reflections on the romance of science. Ballantine Books, New York 1980.
10 Ausführlicher dargestellt in: Judson, H. F.: The search for solutions. Holt, Rhinehart und Winston, New York 1980. Deutsche Ausgabe: Fahrplan für die Zukunft. Die Wissenschaft auf der Suche nach Lösungen. Piper, München 1981.
11 Priester, W. und Grewing, M.: Radioimpulse aus dem All. *Bild der Wissenschaft* 11, 1968.
12 Für eine sehr anschauliche Graphik vergleiche man Abb. 8–10 in: Kippenhahn, R.: 100 Milliarden Sonnen. Geburt, Leben und Tod der Sterne. Piper, München 1980.
13 Oberon, der Elfenkönig. Romantische Oper von J. R. Planché, Bearbeitung von Gustav Mahler.
14 Erben, H. K.: Die Entwicklung der Lebewesen. Spielregeln der Evolution. Piper, München 1975.
15 Vollmer, G.: Evolutionäre Erkenntnistheorie. 3. Aufl., Hirzel, Stuttgart 1981.

16 Sagan, C.: The dragons of Eden. (Vgl. Anm. V/4.)
17 Sagan, C. (Hrsg.): Signale der Erde. Unser Planet stellt sich vor. Droemer Knaur, München 1980. Amerikanische Originalausgabe: Murmur of Earth. Random House, New York 1978.
18 Salzmann Sagan, L.: Die Grußbotschaften der Voyager-Kapseln. In: Sagan, C. (Hrsg.): Signale der Erde.
19 Druyan, A.: Die Geräusche der Erde. In: Sagan, C. (Hrsg.): Signale der Erde.
20 Vgl. Erben, H. K.: Die Entwicklung der Lebewesen, S. 385. (Anm. V/14.) Ferner: Lorenz, K.: Über tierisches und menschliches Verhalten II. Piper, München 1965.

Kapitel VI: Argumente und Einwände

1 Wänke, H.: Organische Moleküle in Meteoriten. In: Vorträge des 2. DFG-Kolloquiums über Planetenforschung. DFG, Bonn-Bad Godesberg (1979) 1980.
2 Es handelte sich um ein organisches, verhältnismäßig komplexes Molekül, dessen Struktur dem Typ der Doppelhelix folgte. (Das allerdings war die einzige und zugleich unmaßgebliche Ähnlichkeit mit dem Molekül der DNA.) Das Mighei-Molekül könnte theoretisch tatsächlich im Weltraum entstanden sein, da es sich auf der Erde doch sehr exotisch ausnimmt. Da aber im interstellaren Raum bisher so komplexe Moleküle noch nie beobachtet wurden, kann man nicht ausschließen, daß es hier eventuell zu einer irdischen Umbildung von einfacherem extraterrestrischem Ausgangsmaterial gekommen ist.
3 Hoyle, F. und Wickramasinghe, N. C.: Wie das Leben auf die Erde kam. *Bild der Wissenschaft* 1, 38, 1982.
4 Interview »Gegen Fred Hoyle gibt es keine Siege«. *Bild der Wissenschaft* 1, 50, 1982.
5 Graham, P.: Wissenschaftler warten auf Signale aus dem Universum. UNESCO-Dienst, 5/80, 10, 1980.
6 Illies, J.: Die Frage nach fremden Intelligenzen im Weltall. *Universitas,* 25. Jg., H. 1, 59, 1970.
7 Radhakrishnan, S.: The Hindu view of life. 2. Aufl., Allen und Unwin, Bombay 1976.
8 The Geeta. The Gospel of the Lord Krishna *(Bhagavadgeeta).* Übersetzt aus dem Sanskrit von Swami Shri Purohit. 3. Aufl., paperback Faber und Faber, London 1973.
9 Lao Tse: Tao te king. Deutsch: Das Buch vom rechten Wege und von der rechten Gesinnung. Ullstein 20067, Frankfurt a. M. 1981. Zitate: 19., 71., 3. Spruch.
10 Däniken, E. v.: Chariots of the Gods? 17. Aufl., Bantam Books, New York. Deutsche Originalausgabe: Erinnerungen an die Zukunft. Econ, Düsseldorf 1968.
11 Offensichtlich gibt es verschiedene, voneinander aber nur sehr geringfügig differierende Versionen. Ich stütze mich hier auf die von R. Breuer in »Kontakt mit den Sternen« wiedergegebene. (Vgl. Anm. V/3.)
12 Asimow, I.: Extraterrestrial civilizations. Crown, New York 1979. Deutsche Ausgabe: Außerirdische Zivilisationen. Kiepenheuer und Witsch, Köln 1981.
13 Hoerner, S. v.: Reisen zu fremden Sternen? In: Schlemmer, J. (Hrsg.): Sind wir allein im Kosmos? piper paperback, Piper, München 1970.
14 Drake, F.: Probleme eines Funkkontaktes. In: Schlemmer, J. (Hrsg.): Sind wir allein im Kosmos?
15 Sagan, C. und Agel, J.: The cosmic connection. Doubleday, Garden City, (N. Y.) 1973. Deutsche Ausgabe: Nachbarn im Kosmos. dtv 1397, München 1978.

16 Ditfurth, H. v.: Im Anfang war der Wasserstoff. 3. Aufl., Hoffmann und Campe, Hamburg 1973. Zitate: S. 247, 337.
17 Fontenelle, Le Bovier de, B.: Dialoge über die Mehrheit der Welten. Deutsche Übersetzung von Joh. Elert Bode. Himburg, Berlin 1780. Zitat: S. 324.
18 Illies, J.: Grüner Planet Erde. I. Leben: Absicht oder Zufall? *Westermanns Monatshefte*. Sonderdruck.
19 Illies, J.: Die Entwicklung der Intelligenz. In: Schlemmer, J. (Hrsg.): Sind wir allein im Kosmos? (Vgl. Anm. VI/13; auch VI/6.)
20 Jordan, P.: Sollte man überhaupt Kontakt suchen? In: Schlemmer, J. (Hrsg.) : Sind wir allein im Kosmos? (Vgl. Anm. VI/13.)
21 Eine gute, allgemeinverständliche Beschreibung dieser Experimente findet sich in dem folgenden Artikel: Gore, R.: Sifting the life in the sands of Mars. *National Geographic Magazine* 151 (1), Jan. 1977.
22 AP-Meldung. Vgl.: Das Ohr zum All bleibt künftig taub. »Die Welt« , 29. Sept. 1981. Will, W.: Voyager 2 fliegt ins Ungewisse. »Die Welt«, 9. Okt. 1981. Merget, R.: Kein Geld mehr für die Fremden im Universum. »Die Welt«, 2. Januar 1982.
23 Extraterrestrial intelligence: An international petition. In: *Science*, Vol. 218, S. 426, 1982.
24 Lübbe, H.: Milliarden für den Mond von hinten. »Die Welt«, 16. Okt. 1976.

Kapitel VII: Das Leben – Schwierigkeiten einer Definition

1 Nachtigall, W.: Einführung in biologisches Denken und Arbeiten. Biol. Arbeitsbücher 15, 2. Aufl., Quelle und Meyer, Heidelberg 1978.
2 Mann, Th.: Der Zauberberg. 5. Aufl., G. B. Fischer, Berlin 1962. Zitate: S. 253–254, 262.
3 Ähnlich, aber etwas informativer, äußert sich Erwin Schroedinger: »Das Leben scheint ein geordnetes und gesetzmäßiges Verhalten der Materie zu sein, das nicht ausschließlich auf ihrer Tendenz, aus Ordnung in Unordnung überzugehen, beruht, sondern zum Teil auf einer bestehenden Ordnung, die aufrechterhalten bleibt.« Schroedinger, E.: Was ist Leben? 2. Aufl., Lehnen Vlg., München 1951. Originalausgabe: What is life? Cambridge University Press 1944.
4 Spaemann, R. und Löw, R.: Die Frage Wozu? Geschichte und Wiederentdeckung des teleologischen Denkens. Piper, München 1981.
5 Wagner zu Faust. – Faust I, Osterspaziergang.
6 Bernal, J. D.: Der Ursprung des Lebens. Enzyklopädie der Natur, 20, Ed. Rencontre, Lausanne 1972. Englische Originalausgabe: The origin of life. Weidenfeld & Nicolson, London 1971.
7 Engels, Fr.: Dialektik der Natur. Bücherei des Marxismus-Leninismus, 18, Dietz, Berlin 1955. Zitate: S. 61, 321. Ders.: Herrn Eugen Dührings Umwälzung der Wissenschaft (Anti-Dühring). Bücherei des Marxismus-Leninismus, 3, Dietz, Berlin 1958. Zitate: S. 70, 421; 97, 425.
8 Franke, H. W.: Kyborgs auf Weltraumfahrt. In: Khuon, E. v. (Hrsg.): Waren die Götter Astronauten? Droemer Knaur Taschenbuch 284, München 1977.
9 Zwar können Lebewesen auch anorganische Gebilde enthalten – z. B. aus Kristallen gefügte Biomineralisate nach Art von Kalkschalen, kieseligen Nadelgerüsten, kalziumphosphatischen Mundzähnen, Knochen usw. –, doch handelt es sich dabei stets um sekundäre Ausscheidungen. Für die primären Lebensfunktionen sind sie im

Prinzip unerheblich, auch waren sie bei den ältesten und primitivsten Organismen noch nicht ausgebildet.

10 Zitiert in: Bylinsky, G.: Life in Darwin's universe. Evolution and the cosmos. Doubleday, Garden City (N. Y.) 1981.

11 Sinn, H.-J.: »Lebende« Polymere. Verh. Ges. Deutscher Naturforscher und Ärzte, 111. Vers. Springer, Berlin 1981.

12 Stuhlinger, E.: Wurde unsere Erde von fremden Astronauten besucht? In: Khuon, E. v. (Hrsg.): Waren die Götter Astronauten? (Vgl. Anm. VII/8.)

13 Broda, E., Decker, P., Dose, K., Erben, H. K., Kuhn, H. und Winkler, U.: Was ist Leben – Standpunkte und Definitionen. In: Vorträge des 2. DFG-Kolloquiums über Planetenforschung. DFG. Bonn-Bad Godesberg (1979) 1980.

14 Glansdorff, P. und Prigogine, I.: Thermodynamic theory of structure, stability and fluctuations. Wiley Interscience, New York 1971. Prigogine, I.: Vom Sein zum Werden. Zeit und Komplexität in den Naturwissenschaften. Piper, München 1979. Prigogine, I. und Stengers, I.: Dialog mit der Natur. Neue Wege naturwissenschaftlichen Denkens. Piper, München 1980. Für eine didaktisch überaus geschickte und mithin leicht verständliche zusammenfassende Darstellung vgl.: Unsöld, A.: Evolution kosmischer, biologischer und geistiger Strukturen. Wiss. Vlg. Ges., Stuttgart 1981, S. 55–63.

15 *Koazervate:* kleine, tröpfchenförmige, verdichtete Gebilde und deren Aggregate; in kolloidalen Systemen vorkommend.

16 *Mikrosphären:* experimentell erzeugte, also künstliche Proteingebilde in Form winziger Kügelchen. Sie weisen eine wandförmige Verdichtung ihrer Oberfläche auf und vermögen sich durch Teilung zu vermehren.

17 Weiss, A.: Replikation und Evolution in anorganischen Systemen. Ang. Chem. 93, 843 (1981). Vgl. auch: Verh. Ges. Deutscher Naturforscher und Ärzte, 111. Vers. Springer, Berlin 1981.

18 Pirie, N. W.: The meaninglessness of the terms life and living. In: Needham, J. und Green, D. E.: Perspectives in Biochemistry. Cambridge University Press, Cambridge 1938.

19 Als entscheidend wurde die Entwicklungsstufe festgelegt, auf der nicht nur Werkzeug*gebrauch* erfolgte, sondern erstmals auch aktive Geräte*herstellung* durch Bearbeitung von Rohmaterialien.

20 Ditfurth, H. v.: Im Anfang war der Wasserstoff, S. 183. (Vgl. Anm. VI/16.)

21 Lichtenberg, G. Chr.: Sudelbücher, Heft C (1772–1773), Stück 156. – Lichtenbergs Werke in einem Band, 3. Aufl., Aufbau Vlg., Berlin 1978.

22 Kaplan, R. W.: Der Ursprung des Lebens. dtv / Thieme, Wiss. Reihe 4106, Stuttgart 1971.

23 *Acetabularia:* eine etwa 5 Zentimeter groß werdende, im Mittelmeer lebende grüne Alge, die in der genetischen Forschung häufig verwendet wird.

24 *Viren* sind in diesem Zusammenhang als entweder primär präbiotische Systeme aufzufassen oder – falls es sich tatsächlich um abgeleitete, parasitäre Wesen handelt – als sekundäre, subbiotische Systeme. Mit anderen Worten: Ein Virus ist entweder noch keine Zelle oder keine Zelle mehr. (Ich halte das letztere für wahrscheinlicher.)
Beim *Viroid* erscheint mir die Situation noch eindeutiger: Hier handelt es sich um ein unter bestimmten Bedingungen vorübergehend replikationsfähiges Makromolekül, das vom Status eines Lebewesens himmelweit entfernt ist.

25 *Prokaryonten:* die Archaebakterien, die Bakterien und die einzelligen Blau»algen«, die alle noch keinen umgrenzten, ausdifferenzierten Zellkern besitzen, weil bei ihnen die DNA-Anhäufungen noch nicht von einer eigenen Kernmembran umgeben sind.

Kapitel VIII: Prüfstand Evolutionsforschung

1 Für Näheres und Zusammenfassendes zum Problem der amerikanischen Creationisten und ihrer deutschen Analoga vgl. u. a.: Erben, H. K.: Die Entwicklung der Lebewesen. Spielregeln der Evolution. Piper, München 1975, S. 166–170. Ders.: Leben heißt Sterben. Der Tod des einzelnen und das Aussterben der Arten. Hoffmann und Campe, Hamburg 1981, S. 88–93. Korbmann, R.: Hat die Bibel immer recht? Auch in Deutschland streiten Forscher für die Schöpfungsgeschichte. *Die Umschau*, 82. Jg., No. 3, 5. Feb. 1982.

2 Popper, K. R.: Unended quest. Open Court, La Salle (Ill.) 1976. Zitat: S. 168 (Übersetzung durch den Verfasser).

3 Popper, K. R.: Natural selection and the emergence of mind. Dialectica 32, 344, 1978. Für Einzelheiten vgl. auch: Zeisel, H., Leserbrief. *Science* vom 22. Mai 1981, S. 873.

4 Kofahl, R. E., Leserbrief. *Scientific American,* Juli 1976.

5 Gemeint ist Colin Pattersons Buch »Evolution« und eine neue, sich auf die Evolution der Organismen beziehende Ausstellung des Museums. Für weitere Einzelheiten vgl. Anm. VIII/6.

6 Halstead, B.: Popper – good philosophy, bad science? *New Scientist,* 17. Juli 1980.

7 Popper, K. R., Leserbrief. *New Scientist,* 21. August 1980.

8 Erben, H. K.: Evolutionslehre, »-ismen« und gesellschaftliche Norm. Jahrb. Akad. Wissensch. Lit. 1976, Mainz 1976. Bezug: S. 189.

9 Zu den immer wieder auftauchenden Kontroversen gehört z. B. die Diskussion der Frage, ob die Evolution der Spezies kontinuierlich und schrittweise vor sich geht oder etwa sprunghaft. In letzter Zeit wird international viel Aufhebens um eine angeblich neue Hypothese gemacht, die unter einem werbewirksamen Slogan in die Welt gesetzt worden ist (*punctuated equilibria* = etwa »unterbrochene Gleichgewichte«) und die letztlich nichts anderes behauptet als eine reguläre Sprunghaftigkeit des Evolutionsgeschehens. Neuer Wein in alten Schläuchen: Wer sich der modischen Begeisterung anschließt, hat vergessen – oder nie gewußt –, daß die Problematik der Sprunghaftigkeit in Europa schon um die Jahrhundertwende (H. de Vries) und erneut in den 30er bis 50er Jahren (R. Goldschmidt, O. H. Schindewolf und andere) im Mittelpunkt des Interesses stand. Im übrigen kenne ich aus meiner eigenen Forschungspraxis Beispiele für die Existenz beider Evolutionstypen. – Eldredge, N. und Gould, St. J.: Punctuated equilibria: An alternative to phyletic gradualism. In: Schopf, Th. J. M. (Hrsg.): Models in paleobiology. Freeman, Cooper & Co., San Francisco 1972.

10 Aus naheliegenden Gründen ist es nicht möglich, hier eine ausführliche Darstellung aller Grundlagen und Begleitumstände der Bio-Evolution zu geben. Der interessierte Leser sei daher auf die folgenden übersichtartigen Publikationen verwiesen: Erben, H. K.: Die Entwicklung der Lebewesen. Spielregeln der Evolution. Piper, München 1975. Osche, G.: Evolution. Grundlagen, Erkenntnisse, Entwicklungen der Abstammungslehre. studio visuell, Herder, Freiburg 1972. Siewing, R. (Hrsg.): Evolution. Bedingungen, Resultate, Konsequenzen. 2. Aufl., UTB 748, Gustav Fischer, Stuttgart 1982.

11 »Je älter man wird, desto mehr überzeugt man sich davon, daß drei Viertel der Angelegenheiten dieses erbärmlichen Universums Seine geheiligte Majestät der Zufall betreibt.«

12 Eine dieser Ablehnungen – und zwar die seriöseste unter zahlreichen anderen, aber voreingenommenen – sei hier zitiert: Stegmüller, W.: Hauptströmungen der Gegen-

wartsphilosophie. Eine kritische Einführung. Bd. II. Kröner, Stuttgart 1975. Bezug: S. 409–413.

13 Monod, J.: Le hasard et la nécessité. Seuil, Paris 1970. Deutsche Ausgabe: Zufall und Notwendigkeit. Piper, München 1971. Zitate: S. 141, 149.

14 Goethe: Faust I, Studierzimmer.

Kapitel IX: Weichenstellungen: Wie das Leben entstand

1 »Im Anfang war das Wort ...«: Evangelium des Johannes 1,1. – »Im Anfang war der Wasserstoff ... «: Buchtitel bei H. v. Ditfurth (Hoffmann und Campe, 3. Aufl., Hamburg 1973), nach dessen Auffassung die beiden Aussagen allerdings miteinander vereinbar sein sollen.

2 Zitate: 1. Mose 1,11–27; 1. Mose 2,7; 1. Mose 3,19.

3 *Chiralität* (»Händigkeit«): einseitige Strukturierung. Manche Stoffe kommen in der Natur in zwei verschiedenen »Versionen« (sog. optischen Enantiomeren) vor. Trotz chemischer Identität können diese sich verhalten wie rechte Hand zu linker Hand, wie Bild zu Spiegelbild, d. h., es kann ihre Molekularstruktur zwar völlig gleichartig, aber in dem einen Fall nach rechts (D), im anderen nach links (L) orientiert sein. Beispiel: Methan ist achiral, es kommt lediglich in einer Version vor. Die Aminosäure Asparaginsäure hingegen ist chiral, sie kommt in der freien Natur in beiden Versionen vor (vgl. auch Abb. 6).

4 Bekannt sind die Experimente von Stanley Miller, der mit Erfolg ein Gemisch aus Wasserdampf, Methan, Ammoniak und gasförmigem Wasserstoff verwendete. Für Einzelheiten vgl.: Erben, H. K.: Die Entwicklung der Lebewesen. Spielregeln der Evolution. Piper, München 1975. Bezug: S. 78, 80, 81. Andere Forscher setzten – gleichfalls mit Erfolg – andere Gasgemische ein, so in einem Fall eine Mischung aus gasförmigem Stickstoff, Kohlenmonoxyd und Wasserstoff, in einem anderen Fall eine Kombination von Kohlenmonoxyd, gasförmigem Stickstoff und Wasser. Für Einzelheiten vgl.: Kerr, R. A.: Origin of Life: New ingredients suggested. *Science* 210, 42, 3. Okt. 1980.

5 Dies kann, wie Experimente erweisen, auch dadurch erfolgt sein, daß sich die Aminosäuren durch Reaktion von »atomarem« Kohlenstoff mit Wasser und eventuell mit Ammoniak bildeten (wobei diese besondere Form des Kohlenstoffs aus gelöstem Kohlendioxyd herrührt, das silikatischen und oxydischen Kristallen entstammt, z. B. den Olivinen). Freund, F.: Auf Umwegen zum Anfang des Lebens. Aminosäuren lassen sich aus Vulkangestein synthetisieren. *Umschau*, 83. Jg., No. 2, 42–45, 1983. (Dort auch Angabe der Primärliteratur.)

6 Für Einzelheiten vgl.: Thiemann, W.: Theorien zur Evolution der Chiralität in biologischen Molekülen. In: 2. DFG-Kolloquium über Planetenforschung, Evolution der Planetenatmosphäre und des Lebens, Schliersee 1979.

7 Vgl. zum Beispiel: Dose, K.: Präbiotische Evolution – der Ursprung informativer Makromoleküle. In: 2. DFG-Kolloquium über Planetenforschung, Schliersee 1979.

8 Eigen, M. und Schuster, P.: The hypercycle. A principle of natural selforganization. Springer, Berlin 1979.

9 Kuhn, H. und Waser, J.: Molekulare Selbstorganisation und Ursprung des Lebens. Angew. Chemie, 93, 495, 1981.

10 Die grundlegende Bedeutung der Zellhülle ist lange Zeit nicht erkannt, gewiß aber unterschätzt worden. Erst in den letzten Jahrzehnten hat man weitgehende Klarheit

hinsichtlich ihres hochkomplexen chemischen und strukturellen Aufbaues sowie ihrer vielfachen biologischen Funktionen gewonnen.

11 In den letzten Jahren hat man innerhalb der Prokaryonten drei bestimmte Gruppen ausgegliedert, die sich in ihrem Stoffwechsel, in der chemischen Zusammensetzung ihrer Zellwand und weiteren Besonderheiten von den übrigen Bakterien (jetzt: Eubakterien) stark unterscheiden. Man faßte sie unter dem Namen *Archaebakterien* zusammen. (Die drei genannten Gruppen umfassen Formen, die unter sehr extremen Lebensbedingungen existieren: Methanbakterien, in der Salzsole lebende und in heißen Schwefelquellen lebende.) Für Näheres vgl.: Kandler, O.: Archaebakterien und Phylogenie der Organismen. Verh. Ges. Deutscher Naturforscher und Ärzte, 111. Vers., Hamburg 1980 (Wachstum und Entwicklung, S. 207, Springer, Berlin 1981). Fox, G. E. u. a.: The phylogeny of prokaryotes. *Science* 209, 457, 25. Juli 1980.

Kapitel X: Weichenstellungen: Vom Einzeller zum Quastenflosser

1 In derselben Weise interpretierte H. D. Pflug auch 3300 Jahrmillionen alte Mikrofossilien aus Transvaal, die er unter dem Namen *Ramsaysphaera ramses* beschrieb. Vgl. u. a.: Pflug, H. D.: Früheste bisher bekannte Lebewesen: *Isuasphaera isua* n. gen. n. sp. aus der Isua-Serie von Grönland. *Oberhess. Naturwiss. Zeitschr.* 44, 131, 1978. Pflug, H. D. und Klopstock, A. v.: Eucaryonten im Archaikum? *Oberhess. Naturwiss. Zeitschr.* 44, 19, 1978.

2 *Eukaryonten:* Lebewesen, deren Zellen bereits einen voll ausdifferenzierten, von einer eigenen Membran umgebenen Zellkern besitzen sowie typische Binnenstrukturen (Mitochondrien, Plastiden, endoplasmatisches Retikulum, Golgi-Apparat usw.). Das trifft für sämtliche Organismen zu, die nicht zu den Prokaryonten (Archaebakterien, Bakterien, Viren) gehören.

3 Bridgewater, D. u. a.: Microfossil-like objects from the Archaean of Greenland: a cautionary note. *Nature* 289, 51, 1./8. Jan. 1981.

4 »Lebensspuren älter als die Erde?« (Ein Gießener Paläontologe stützt Fred Hoyles Thesen.) *Bild der Wissenschaft* 1, 1982. »Fund im Kristall«. »Der Spiegel«, Nr. 6, 1979. »Leben schon vor 3,8 Milliarden Jahren. Entdeckung frühester Hefepilz-Mikrofossilien in grönländischem Gestein«. »Frankfurter Allgemeine Zeitung« vom 24. 1. 1979.

5 Schidlowski, M. u. a.: Carbon isotope geochemistry of the $3.7 \cdot 10^9$ yr old Isua sediments, West-Greenland. Geochim. cosmochim. Acta, 189, 1979.

6 Nagy, B. u. a.: Amino acids and hydrocarbons ~3,800 Myr old in the Isua rocks, southwestern Greenland. *Nature* 289, 53, 1./8. Jan. 1981.

7 Lowe, D. R.: Stromatolites 3,400–3,500 Myr old from the Archaean of Western Australia. *Nature* 284, 441, 3. April 1980. Walter, M. R., Buick, R. und Dunlop, J. S. R.: Stromatolites 3,400–3,500 Myr old from the North Pole area, Western Australia. *Nature* 284, 443, 3. April 1980.
Stromatolithen: flache, brotlaib- oder turmförmige Gebilde, in ihrem Inneren mit oberflächenparalleler, feiner Bänderung. Es handelt sich um Strukturen, die in ihrer Entstehung den »Algenmatten« entsprechen, die an heutigen Meeresküsten auf filamentöse »Blaugrün-Algen« (= Blau-Bakterien) zurückzuführen sind.

8 Kaplan, R. W.: Lebensursprung, einmaliger Glücksfall oder regelmäßiges Ereignis? *Naturwiss. Rundsch.* 30 (6), 197, 1977.

9 Neuere biochemische und mikrobiologische Untersuchungen (vgl. Anm. IX/11)

tendieren zwar zu der Annahme, das Leben sei aus den letzten präbiotischen Systemen in drei so gut wie unabhängigen Stammeslinien hervorgegangen: den Archaebakterien, den echten Bakterien und hypothetischen Vorläufern der Eukaryonten. Damit wird der früheren Auffassung widersprochen, die Eukaryonten hätten sich aus den bakteriellen Prokaryonten entwickelt. Allerdings beruht diese Ansicht auf dem quantifizierenden Vergleich von chemischen Differenzen und deren Umrechnung in Zeitbeträge der Entwicklung. Es sei jedoch erneut hervorgehoben, daß solche Kalkulationen nur dann möglich wären, wenn die Entwicklungsrate konstant bliebe. Das ist aber nachweislich nicht der Fall. Darauf haben auch van Valen und Maiorana hingewiesen, die zugleich Indizien dafür vorlegten, daß die Eukaryonten Abkömmlinge von zellwandlosen Archaebakterien (und insofern eben doch von Prokaryonten) sein dürften. Dieser besser begründeten, aber auch mit den fossilen Funden (vgl. Anm. X/10) in besserer Übereinstimmung stehenden Auffassung schließe ich mich an. Van Valen, L. M. und Maiorana, V. C.: The archaebakteria and eukaryotic origins. *Nature* 287, 248, 18. Sept. 1980.

10 Alle älteren fossilen Einzeller erreichen im Mittel nur die Größe der heutigen Prokaryonten. Erst ab einem erdgeschichtlichen Alter von etwa 1400 Jahrmillionen enthalten die Gesteine mit signifikanter Häufigkeit Zellen, die die Durchmesser der größten bekannten Prokaryonten übertreffen und damit den Ausmaßen heutiger Eukaryonten entsprechen. Schopf, J. B.: The evolution of the earliest cells. *Scientific American* 239 (3), 85, Sept. 1978.

11 *Endosymbionten* sind Kleinlebewesen, die dauernd im Inneren von Wirtsorganismen leben und diesen förderlich sind (z. B. Bakterien und Protozoen im Darm oder der Leibeshöhle von Wirbeltieren, Geißeltierchen in Termiten u. ä.). Selbst Endosymbiose im Gewebe des Wirts kommt vor (einzellige Algen im Gewebe bestimmter Muscheln und riffbildender Korallen) und selbst Endosymbiose im Cytoplasma von Einzellern. Kloft, W.: Ökologie der Tiere. UTB 729, Ulmer, Stuttgart 1978.
Endosymbiose ist nichts, was etwa weit aus dem Rahmen des Biologischen herausfallen würde. Die der eukaryontischen Zelle stellt ein interessantes Detail dar, sollte aber in stammesgeschichtlicher Hinsicht nicht so überbewertet werden, wie das bei Fox u. a. (vgl. Anm. IX/11) geschieht.

12 Der Endosymbionten-Hypothese zufolge soll die Eukaryontenzelle dadurch entstanden sein, daß ihre im Cytoplasma enthaltenen Strukturen als Endosymbionten aufgenommen und inkorporiert wurden. Dagegen vertritt die Hypothese der endogenen Kompartimentierung die Auffassung, diese inneren Strukturen seien aus Einfaltungen der eigenen Zellmembran entstanden. Für Näheres vgl.: Hagemann, R.: Bericht über den Diskussionskreis »Evolution der eukaryotischen Zelle«. In: Prozeßkinetik, Nova Acta Leopoldina, N. F., 51 (237), 436, Leipzig 1980. Arnold, C.-G.: Die Entstehung der eukaryotischen Zelle. In: Siewing, R. (Hrsg.): Evolution. G. Fischer, Stuttgart, UTB 748, 2. Aufl., 1982. Kaplan, R. W.: Frühe Verzweigungen des Organismenstammbaumes. *Naturwiss. Rundsch.* 32, 440, 1979.

13 Der Frankfurter Zoologe F. Gutmann vermutet, daß die Entwicklung zum Vielzeller diesem Modus folgte. Ich halte dies jedoch für wenig wahrscheinlich, weil sich diese Vorstellung mit der Keimesentwicklung aller vielzelligen Tiere schwerlich in Einklang bringen läßt. Gutmann, F., Bonik, K., Graßhoff, M. und Peters, D. St.: Die Anwendung der Evolutionstheorie auf die Entwicklung der vielzelligen Tiere. In: Kindlers Enzyklopädie. Der Mensch, Bd. I, Kindler, Zürich 1982.

14 Vgl. u. a.: Vogel, G. und Angermann, H.: dtv-Atlas zur Biologie. Bd. 1, 53, 162 *(Dictyostelium)*, 5. Aufl., München 1971. Olive, L. S.: Sorocarp development by a newly discovered ciliate. *Science* 202, 530, 3. Nov. 1978.

15 Zum Beispiel bei gewissen Blaugrünbakterien, bei manchen Geißelalgen *(Volvox* u. a.), bei Kragengeißeltierchen (Choanoflagellaten).

16 Bütschli, O.: Bemerkungen zur Gastraea-Theorie. Morphol. Jahrbuch 9, 415, 1884. Grell, K. G.: Vom Einzeller zum Vielzeller. Hundert Jahre Gastraea-Theorie. Biologie in unserer Zeit, 4. Jg., No. 3, 65, 1974.

17 Jaegersten, G.: On the early phylogeny of the Metazoa. The bilaterogastraea theory. Zool. Bidr. Uppsala, 30, 321, 1956. Grell, K. G.: Die Gastraea-Theorie. *Medizinhistor. Journal* 14 (4), 275, 1979.

18 Abkömmlinge der hypothetischen Placaea sind die heute noch lebenden Placozoa, insbesondere die Spezies *Trychoplax adhaerens.* Der Nachweis ihrer Existenz hat die Glaubwürdigkeit der Placaea-Gastraea-Theorie entscheidend gesteigert. Grell, K. G.: *Trychoplax adhaerens* (Placozoa). Eizellen und Furchungsstadien. Encyclop. cinematogr., Text zu Film E 1920, Göttingen 1973. Grell, K. G.: Über den Ursprung der Metazoen. Mikrokosmos, Jg. 1971 (4), 97, 1971.

19 Unter der Bezeichnung *Biomineralisation* verstehen wir die Fähigkeit von lebenden Organismen, durch Ausscheidungen ihrer Zellen oder bestimmter Gewebe skelettale Hartteile aus organischen Substanzen und aus mineralischen mikrokristallinen Bausteinen herzustellen.

20 Hier allerdings besteht ein Gegensatz zum Lanzettfischchen, das im Schlamm gräbt und daher gewisse Anpassungen an diese spezielle Lebensweise erkennen läßt. F. Gutmann und seinen Ko-Autoren (vgl. Anm. X/13) ist bei ihrer Annahme zuzustimmen, es habe sich bei den Ur-Chordatieren vermutlich um äußerlich wurmähnliche, sich schlängelnde Schwimmer gehandelt und nicht – wie früher vermutet wurde – um Nachkommen der Larven von primitiven Stachelhäutern.

21 Hier wird (ebenso wie im vorausgehenden Abschnitt »Optionen zum Tier mit Rückgrat«) vermieden, auf einen sehr wichtigen Teilbereich der Entwicklung einzugehen, nämlich auf die Herausgestaltung des zentralen Nervensystems, insbesondere des Gehirns. Sie wird ausführlich im Kapitel XII berücksichtigt.

Kapitel XI: Weichenstellungen: Vom Lurch zum Hominiden

1 Die bei allen Landwirbeltieren gleichen (homologen) Knochen der tragenden Gliedmaßen sind in der Vorderextremität: der Oberarmknochen (Humerus), Speiche und Elle (Radius und Ulna), die Handwurzelknochen, die Mittelhandknochen und die Knöchelchen der Fingerstrahlen. Der Bau der Hinterextremität ist in den grundsätzlichen Zügen gleich.

2 In jüngerer Zeit allerdings hat ein skandinavischer Paläontologe eine überraschende These vertreten, der zufolge die zu den Säugern führende Evolutionsbahn nicht über *Ichthyostega* und die Amphibien führen soll. Prof. Jarviks Auffassung nach sollen sich säugerähnliche Reptilien und über diese auch die Säugetiere direkt von gewissen Quastenflossern herleiten, doch erscheint mir die Begründung für die sehr gewagte Hypothese unzureichend. Jarvik, E.: Basic structure and evolution of vertebrates. Academic Press, London, 2 (1980), S. 161 f. Vgl. auch Paläontol. Zeitschr. 56 (1/2), S. 10, 1982.

3 Die *Eier* der Fische und Amphibien wurden (wie dies noch heute geschieht) im Wasser abgelegt, in der Regel besaßen sie deshalb keine besondere Hülle. (In den wenigen Fällen, in denen sie wie bei Haien und Rochen von einer hornigen Kapsel umgeben sind, dient diese ausschließlich dem Schutz vor mechanischer Beschädigung.) Die Eier der Reptilien wurden jedoch auf dem Lande abgelegt, was einen Schutz gegen

Austrocknung erforderlich machte. Dieser wurde durch eine neugebildete derbe, pergamentartige Außenhülle *(membrana testacea)* gewährleistet. Sie blieb zunächst flexibel, doch in manchen Fällen wurde auf ihr eine starre Kalkschale angelegt (Krokodile, Geckos, einige Arten der Schildkröten, einige Arten der Dinosaurier). Später, bei den Vögeln, war dies konstant der Fall. Ferner: Im Gegensatz zu den Fischen und Amphibien bildeten die Reptilien erstmals das sogenannte Amnion aus, eine innere Hülle, die im Ei den Embryo umgibt. Diese reptilische Neuerwerbung wurde sodann an die Säugetiere weitergegeben.

4 Kleinere, schon im Laufe des Erdmittelalters ausgestorbene Gruppen sehr primitiver Säugetiere werden der Übersichtlichkeit der Darstellung wegen hier nicht besonders berücksichtigt (Multituberculaten, Triconodonten, Symmetrodonten, Pantotherien u. a.).

5 Ihr gehören z. B. das Schnabeltier und der Ameisenigel an.

6 Die *Plazenta*, der Mutterkuchen, ist ein schwammiges, rotbraunes, abgeflachtes Gebilde, das bei den höheren Säugetieren an der Gebärmutterwand entsteht. Es steht einerseits durch den Nabelstrang und die Eihüllen mit dem Embryo in Verbindung, andererseits aber auch mit dem Blutgefäßsystem des Mutterindividuums. In der Plazenta erfolgt durch Diffusion ein Stoff- und Gasaustausch: Nahrungsstoffe und Sauerstoff werden von der Mutter zum Embryo übertragen; dessen Ausscheidungen werden in entgegengesetzter Richtung transportiert. Plazenta, Eihüllen und Nabelstrang werden als Nachgeburt abgestoßen.

7 Es handelt sich um zwei Arten der nordamerikanischen Gattung *Purgatorius*. – Bis vor wenigen Jahren rechnete man noch damit, daß es sich bei dem Bindeglied zwischen den Insektenfressern als Ahnen und den Primaten als Deszendenten um Vorläufer des südostasiatischen Spitzhörnchens *Tupaia* gehandelt habe. Derartige fossile Vorläufer sind jetzt tatsächlich entdeckt worden, und zwar in miozänen Sedimentgesteinen Indiens, doch hat sich inzwischen herausgestellt, daß die Spitzhörnchen wegen einiger auffälliger Besonderheiten wohl doch nicht zu den Primaten gehören dürften. Als deren direkte, eine Brücke zu den Insektenfressern schlagende Verbindungsform kommt nun aber der noch ältere *Purgatorius* in Frage. Russell, D. E.: L'origine des primates. *La Recherche* 8, No. 82, 842–850, Okt. 1977 (dort auch Angabe der Primärliteratur). Martin, R. D.: Le plus ancien des primates n'est pas un primate. *La Recherche* 11, No. 110, 469–471, April 1980 (dort auch Angabe der Primärliteratur). Luckett, W. P. und Jacobs, L. L.: Proposed fossil tree shrew genus *Palaeotupaia*. *Nature* 288, 104, Nov. 1980.

8 Die einzelnen Zeitintervalle (Altersstufen) des Tertiärs lauten von dem ältesten zum jüngsten: Paläozän – Eozän – Oligozän – Miozän – Pliozän. (Das sogenannte Pleistozän ist bereits eine Altersstufe des nachfolgenden Quartärs.)

9 Hinsichtlich der engeren Evolutionsreihe zur menschlichen Spezies werden derzeit recht engagierte Auseinandersetzungen zwischen mehreren Paläoanthropologen ausgetragen. Dabei müssen die Unterschiede zwischen den verschiedenen Auffassungen dem unbeteiligten und unbefangenen Paläobiologen allerdings als ziemlich geringfügig erscheinen. Man geht m. E. nicht fehl, wenn man den innerhalb der Hauptreihe gegebenen Zusammenhang wie folgt annimmt: Formenkreis um *Ramapithecus – Australopithecus afarensis – Homo habilis – Homo erectus – Homo sapiens.*

10 Erben, H. K.: Die Entwicklung der Lebewesen. Spielregeln der Evolution. Piper, München 1975.

Kapitel XII: Sein und Bewußtsein

1 Es wurde bereits hervorgehoben, daß die Befürworter des Gedankens an außerirdische Intelligenzen oder wenigstens an extraterrestrische Lebensformen bei Naturwissenschaftlern vorwiegend unter den Anorganikern zu finden sind oder allenfalls bei Molekular- oder Mikrobiologen. Dagegen bleiben Botaniker und Zoologen skeptisch, die es eben mit den ganzheitlichen Organismen und deren komplexen Systembedingungen zu tun haben. Eine Ausnahme: Koepcke, H.-W.: Über die möglichen Formen des Lebens auf anderen Planeten. Ein Beitrag zur Universellen Theoretischen Biologie. Goecke und Evers, Krefeld 1975.

2 Schiller, Wallensteins Tod, 3. 13.

3 Im übertragenen Sinn: Fr. Engels: Anti-Dühring. (Gemeint sind dort allerdings das *gesellschaftliche* Sein und das *gesellschaftliche* Bewußtsein, zwei Grundbegriffe des Historischen Materialismus.)

4 *»Nihil est in intellectu, quod non fuerit in sensu.«* Der Satz kann heute nicht mehr so uneingeschränkt gelten, seitdem die Evolutionäre Erkenntnistheorie gezeigt hat, daß es lernunabhängige, angeborene Bewußtseinsgrundlagen (und Verhaltenskomponenten) durchaus gibt.

5 Ditfurth, H. v.: Wir sind nicht nur von dieser Welt. Naturwissenschaft, Religion und die Zukunft des Menschen. Hoffmann und Campe, Hamburg 1981.

6 Ditfurth, H. v.: Der Geist fiel nicht vom Himmel. Die Evolution unseres Bewußtseins. Hoffmann und Campe, Hamburg 1976. Zitate: S. 15, 318. Ders.: Gedanken zum »Leib-Seele-Problem« aus naturwissenschaftlicher Sicht. Freiburger Universitätsblätter, H. 62, 25–37, Dez. 1978.

7 Voltaire: Candide oder der Optimismus. Insel Taschenbuch 11, 1975. Zitate: S. 10, 11.

8 Ditfurth, H. v.: Zusammenhänge. Gedanken zu einem naturwissenschaftlichen Weltbild. Rowohlt Taschenbuch 7053, Reinbek 1977. Zitat: S. 10.

9 Rensch, B.: Das universale Weltbild. Evolution und Naturphilosophie. Fischer Taschenbuch 6340, Frankfurt a. M. 1977.

10 *»It is embarrassing that a philosopher of the mind and a physiologist of the brain can be functional illiterates in the disciplines about whose subject they speculate«:* Mandler, G.: An ancient conundrum. (Rezension von Popper und Eccles.) *Science* 200, 1040, 1978. *» ... standard team of obscurantists ...«* (Nennung zusammen mit A. Koestler, W. H. Thorpe sowie anderen):Sutherland, N. S., Rezension von W. H. Thorpe: Animal nature and Human nature. *Nature* 254, 219–220, 20. März 1975. Zehm, G.: Sir John Eccles oder das Gehirn als Piano. »Die Welt«, 31. August 1978. (Zwischenbericht vom Weltkongreß für Philosophie in Düsseldorf: »Die Szene wurde allmählich zum Tribunal ...«)

11 Popper, K. R. und Eccles, J. C.: The self and its brain. An argument for interactionism. Springer, Heidelberg 1977. Deutsche Ausgabe: Das Ich und sein Gehirn. Piper, München 1982.

12 Faust II, 2. Akt, Klassische Walpurgisnacht.

13 Koestler, A.: The ghost in the machine. Hutchinson, London 1967.

14 Eccles, J. C.: Hirn und Bewußtsein. Mannheimer Forum, 77/78, 9–63, 1978. Zitate: S. 60, 32, 15.

15 Schrödinger, E.: Mind and matter. Tarner Lectures. Cambridge University Press 1956. Deutsche Ausgabe: Geist und Materie. 3. Aufl., Vieweg, Braunschweig 1965. Zitat: S. 47.

16 Popper, K. R.: Objective knowledge. Clarendon Press, Oxford 1972. Deutsche

Ausgabe: Objektive Erkenntnis. Ein evolutionärer Entwurf. Hoffmann und Campe, Hamburg 1973.

17 Steinbuch, K.: Automat und Mensch. Springer, Heidelberg 1971. Vgl. aber: Feigl, H.: The »mental« and the »physical«. University of Minnesota Press, Minneapolis 1967.

18 Benesch, H.: Der Ursprung des Geistes. Wie entstand unser Bewußtsein – wie wird Psychisches in uns hergestellt? Deutsche Verlagsanstalt, Stuttgart 1977.

19 Wuketits, F. M.: Kybernetik, Gehirn und Bewußtsein. Umschau in Wissenschaft und Technik, 81 (3), 77–79, Frankfurt a. M. 1981.

20 Ein Gleichnis: Optische Morse-Signale wurden früher so gesendet, daß vor einer Lichtquelle eine jalousieartige Verdunkelungsklappe in längeren und kürzeren Pausen betätigt wurde, so daß im Morse-Code eine Nachricht entstand. Nicht das Licht war die Information, sondern das abstrakte Muster, das aus den Unterbrechungen der ansonsten kontinuierlichen Lichtstrahlung, also aus der geregelten Pausenfrequenz, resultierte: ein Abstraktum, das als solches weder der materiellen noch der spirituellen Seinskategorie zugeordnet werden kann. – Information ist auch als »Wirkung ohne Ursache« bezeichnet worden, was für den allgemeinen Begriff als solchen zutrifft (allerdings nicht für einen teleologisch erzeugten Informationsinhalt). Für den Physikochemiker und Naturphilosophen Hans Sachsse ist die Information »eine Wirkung, bei der von der Art und Weise des Wirkens, von der physikalischen Beschaffenheit des Sachverhalts ausdrücklich abgesehen« ist. Als »Kraft«, als »eine Art von *vis formativa*« möchte ich sie allerdings nicht bezeichnen; das sind Metaphern, die zu Mißverständnissen Anlaß geben könnten. Sachsse, H.: Einführung in die Kybernetik unter besonderer Berücksichtigung von technischen und biologischen Wirkungsgefügen. Rowohlt Taschenbuch, Reinbek 1974.

21 Steinbuch, K.: Mensch und Maschine. Nova Acta Leopoldina, NF., 37/1 (206), 451–461, Leipzig 1972. Weizsäcker, C. F. v.: Vorbereitete Diskussionsbemerkung. Nova Acta Leopoldina, NF., 37/1 (206), 503–510, Leipzig 1972.

22 Unter anderen z. B.: Vester, F.: Denken, Lernen, Vergessen. dtv Sachbuch 1327, München 1978. Schmidt, R. F.: Biomaschine Mensch. Normales Verhalten, gestörte Funktion, Krankheit. Piper, München 1979. Neuausgabe: Medizinische Biologie des Menschen. Eine Einführung für Gesunde und Kranke. Piper, München 1983. Eccles, J. C.: Das Gehirn des Menschen. Piper, München 1979 (allerdings ohne den interpretativen Teil).

23 In dem einen Fall handelte es sich darum, daß durch Transplantation von Bestandteilen des Nervenknotenhirns der Honigbiene in ein anderes, artgleiches Individuum auch ein Gedächtnisinhalt (erlernter Fütterungsrhythmus) verpflanzt worden ist. In dem anderen Fall erwies sich die Transplantation neuralen Gewebes aus dem larvalen Nachhirn von dem Vertreter einer Froschgattung in ein Individuum einer anderen Froschgattung als gleichzeitige Verpflanzung eines psychischen Verhaltensprogramms (spezifische Ernährungsweise). Martin, U., Martin, H. und Lindauer, M.: Transplantation of a time signal in honeybees. *Journ. compar. Physiol.* 124, 193–201, 1978. Andres, G. und Rössler, F.: Transplantation von Verhalten. *Umschau* 74 (5), 144–147, 1974.

1 Lorenz, K.: Die Rückseite des Spiegels. Versuch einer Naturgeschichte des menschlichen Erkennens. Piper, München 1973.

2 Die entsprechende Reaktion ist hier eine Ausweichbewegung beim Vorbeiwachsen des festsitzenden Pilzes. Sie basiert auf einer lokalen Zunahme der Wachstumsrate (vgl. Farbtafel 7). Ein weiteres hochinteressantes Problem bildet die Frage, wie der einzellige *Phycomyces* das Hindernis zu registrieren vermag, obwohl von diesem doch offenbar keine unmittelbaren Reize ausgehen. Die derzeit vertretene Arbeitshypothese vermutet, daß der einzellige Pilz ein Gas ausscheidet, dessen instabile Moleküle an dem harten Hindernis umgeformt und reflektiert werden und somit als Reiz zurückkehren. Delbrück, M.: Anfänge der Wahrnehmung. Untersuchungen über den Mechanismus der Wandlung von Sinnessignalen bei *Phycomyces*. Karl August Forster Lectures 10, Akad. Wissensch. Lit., Mainz 1974. Vgl. auch: Fischer, P.: Wie nimmt ein Pilz Gegenstände wahr? *Umschau* 80 (2), 56–57, 1980.

3 Experimente erweisen, daß Schimpansen (nicht aber andere Affen) und Tauben vor dem Spiegel Farbflecke, die ihnen unbemerkt zugefügt worden sind und die sie nicht unmittelbar erblicken können, dennoch als sich selbst zugehörig identifizieren. Dies ist als Ausdruck der Fähigkeit zum Sich-selber-Identifizieren, als Ausdruck eines »Selbst«- oder »Ich«-Bewußtseins aufgefaßt worden. (Andere Autoren allerdings wollen dies nur als das Ergebnis einer Art von Selbstdressur der Tiere bewerten.) Gallup jr., G. G., *Science* 167, 86, 1970. Epstein, R., Lanza, R. P. und Skinner, F. B.: »Self-Awareness« in the pigeon. *Science* 212, 695–696, 1981.

4 Lorenz, K.: Moral-analoges Verhalten der Tiere – Erkenntnisse heutiger Verhaltensforschung. In: Bahr, W. H. (Hrsg.): Naturwissenschaft heute, 173–185. Bertelsmann, Gütersloh 1965. Häufig – so auch bei Konrad Lorenz – wird auf den augenfälligen Unterschied verwiesen, der darin besteht, daß moralisches Verhalten beim Menschen der freien Entscheidung entspringt und somit »verdienstvoll« ist, moralanaloges beim Tier jedoch »nur« einem starren, instinktgesteuerten Programm entstammt. Hier wird in den Versuch einer ursprünglich rein wissenschaftlich vergleichenden Analyse eine Wertung eingeschleust. Das mag man hinnehmen. Dann aber muß dieses Kriterium auch konsequent beibehalten werden: Welches Urteil müßte man dann wohl aufgrund der Tatsache fällen, daß die instinktive Tötungshemmung des Tiers gegenüber seinem Gruppengenossen im allgemeinen weitaus verläßlicher funktioniert als häufig die freiheitliche »Moral« des Mörders vor der menschlichen Beschwichtigungs- und Demutsgebärde der hilflos erhobenen Hände?

5 Frisch, K. v.: Tiere als Baumeister. Ullstein, Frankfurt a. M. 1974.

6 Pilz, Ch.: In Petchaburi sind die Affen los. »Die Welt«, 24. 8. 1981.

7 Diese von weitaus den meisten Biologen vertretene Auffassung wird von dem amerikanischen Psychologen W. Hodos (s. u.) als »Dogma« bezeichnet, das aufgrund von neueren Befunden angeblich unhaltbar geworden sei. Es treffe nicht zu, daß eine linear fortlaufende Progression in der Größe und Differenzierung des Gehirns (oder des Vorderhirns) innerhalb der Reihenfolge Fisch – Amphibium – Reptil – Vogel – Säuger bestehe, denn Ausnahmen sowie Überlappungen sprächen dagegen.
Nun hat Hodos zwar recht, wenn er eine »lineare« Entwicklung bestreitet und auf Ausnahmen verweist. Doch gilt das nur, wenn dieser Begriff »linear« sehr eng ausgelegt wird und wenn man etwa der Ausnahme mehr Bedeutung einräumt als den Regelfällen. Dagegen aber steht die gewiß gerechtfertigte Meinung, daß »Ausnahmen die Regel bestätigen« und daß dem Erkenntnisvorgang nicht damit gedient ist, wenn man bei Überbewertung der Marginalien die Durchschnittswerte aus den Augen ver-

liert. Berücksichtigt man aber diese, so ergibt sich völlig zwanglos, daß die generelle Evolutionstendenz durchaus so verlief, wie die älteren Biologen als Vorgänger des Autors aus ihrer Gesamtkenntnis heraus bereits erkannt hatten. – Hodos, W.: Some perspectives on the evolution of intelligence and brain. In: Griffin, D. R. (Hrsg.): Animal mind – Human mind. Dahlem Workshop Reports 21, 33–56. Springer, Berlin 1982.

8 Sie besteht in der chemischen Erzeugung des elektrischen Erregungsmusters und -impulses sowie seiner Leitung durch die axonalen Fortsatzfasern bis zu deren Endverdickung, den Synapsen. Dazu gehört ferner auch die weiterleitende oder hemmende Aktivität dieser Synapsen: Über den trennenden submikroskopischen Synapsen-Spalt hinweg leiten sie mittels ihrer Überträgersubstanzen (Neurotransmitter) Erregungsmuster weiter, oder sie hemmen die Übertragung durch die Freisetzung anderer entsprechender Substanzen. – Für weitere Einzelheiten wird auf die allgemeinverständlichen Darstellungen verwiesen, die in Anm. XII/22 aufgeführt sind.

9 Vgl. u. a.: Starck, D.: Neenkephalisation. In: Kurth, G. und Eibl-Eibesfeldt, I. (Hrsg.): Hominisation und Verhalten. G. Fischer, Stuttgart 1975. Gutmann, W. F.: Das Stammhirn und besonders die Substantia reticularis in stammesgeschichtlicher Sicht. Natur und Museum 103 (9), 297–306, 1973. Vereinfachend: Ditfurth, H. v.: Der Geist fiel nicht vom Himmel. Die Evolution unseres Bewußtseins. Hoffmann und Campe, Hamburg 1976.

Kapitel XIV: Die Chancen eines da capo

1 Breuer, R.: Kontakt mit den Sternen. Umschau Vlg., Frankfurt a. M. 1978, Zitat: S. 292.

2 Hart, M., *Icarus* 37, 351, 1979.

3 Biologische Systematik. Denkschrift der Deutschen Forschungsgemeinschaft. Verf. O. Kraus und K. Kubitzki. Vlg. Chemie, Weinheim 1982.

4 Mayr, E., Diskussionsbemerkung. In: Round-Table-Diskussion »Zufall und Notwendigkeit in der Evolution«. Nova Acta Leopoldina, N. F., 42 (218), Leipzig 1975, S. 411.

5 N. N.: Le nombre de gènes chez des organismes supérieurs. *La Recherche* 10, 661, Juni 1979. Kiper, M., Leserbrief, *Nature* 278, 279, 1979.

6 Benesch, H.: Der Ursprung unseres Geistes. Wie entstand unser Bewußtsein, wie wird Psychisches in uns hergestellt? Deutsche Verlagsanstalt, Stuttgart 1977. Zitate: S. 51, 71. Heitler, W.: Evolution durch Physik? Nova Acta Leopoldina, N. F., 42 (218), 465–474, Leipzig 1975. Zitat: S. 469.

7 Vester, F.: Denken, Lernen, Vergessen. dtv Sachbuch 1327, 8. Aufl., München 1982. Zitate: S. 24, 30, 36, 37.

8 Nienhaus, J.: Fakten und Vorurteile. In: Khuon, E. v. (Hrsg.): Waren die Götter Astronauten? Droemer-Knaur, München 1977. Zitat: S. 96.

9 Illies, J.: Intelligenz auf fernen Sternen? In: Khuon, E. v. (Hrsg.): Waren die Götter Astronauten? Zitat: S. 53.

10 Weigend, J. (Hrsg.): Lao-Tse. Weisheiten. Heyne, München 1982. Zitat: S. 23.

11 Lao-Tse: Tao TêKing (übersetzt und erläutert von Jan Ulenbrook). Ullstein 20067, Frankfurt a. M. 1981. Zitat: S. 183; vgl. auch S. 32.

12 Scholl-Latour, P.: Der Tod im Reisfeld. Dreißig Jahre Krieg in Indochina. Ullstein 33022, Frankfurt a. M. 1982. Zitat: S. 290.

13 C. H.: Indian science exhibit sits in limbo. *Science* 204, 393, April 1979. – Überset-

zung der Zitate: »Wir wollen, daß wissenschaftliches Denken den Aberglauben vernichtet, der unser Leben verdunkelt hat.« – » . . . tiefer und tiefer in den Aberglauben, den Fatalismus und religiöse Heuchelei«.

14 Wenn es sich tatsächlich so verhält, daß der Vizerektor der Universität von Bangalore wegen einer Auseinandersetzung mit einem *sadhu* zurücktreten mußte oder daß die Objekte der Exposition, die indische Wissenschaftler für eine Wiener UNO-Konferenz vorbereitet hatten, auf undurchsichtige Weise beseitigt wurden, so äußerten sich zumindest in diesen Fällen die Auswirkungen eines fundamentalistischen Obskurantismus fast schon überdeutlich. (Quelle in Anm. 13.)

15 Krishnamurti, J.: Freedom from the known. B. I. Publications, Bombay 1975.

16 »*We have no tradition of genuine doubt in our philosophy. One can either accept, reject or remain passive, but one may not doubt or enquire*«, meint ein unabhängig denkender indischer Wissenschaftler. (Übersetzung: »In unserer Philosophie hat der echte Zweifel keine Tradition. Man kann akzeptieren, zurückweisen oder passiv bleiben, aber man darf nicht zweifeln oder hinterfragen.«)

17 Löbsack, Th.: Wunder, Wahn und Wirklichkeit. Naturwissenschaft und Glaube. Goldmann Sachbuch 11164, 2. Aufl., München 1978.

18 Diesen Ausspruch soll dem »Spiegel« zufolge Papst Johannes Paul II. veranlaßt haben: N. N.: Papst, Du bist stärker als Supermann. »Der Spiegel«, 34. Jg., 46, 58–69, 10. November 1980. In einer anderen Meldung wird er direkt dem argentinischen Kardinal Primatesta zugeschrieben: Meichsner, F.: Das Leben soll sich der Lehre anpassen. »Die Welt«, 27. Oktober 1980.

19 » . . . der christliche Naturwissenschaftler ist auch als solcher grundsätzlich methodisch auf seinem Gebiet in dem Sinn an die Lehre des kirchlichen Lehramtes als der höheren und umfassenderen Instanz gebunden, als er (auch als Naturwissenschaftler) nicht etwas als sicheres Ergebnis seiner Wissenschaft behaupten darf, was einen sicheren Widerspruch zu einer als sicher vorgetragenen Lehre des kirchlichen Lehramts beinhalten würde.« Zitiert nach: Th. Löbsack: Wunder, Wahn und Wirklichkeit, S. 119 (vgl. Anm. XIV/17), aus: Overhage SJ, P. und Rahner SJ, K.: Das Problem der Hominisation. 3. Aufl., Herder, Freiburg 1965.

20 Kippenhahn, R.: 100 Milliarden Sonnen. Geburt, Leben und Tod der Sterne. Piper, München 1980.

Bildquellennachweis: TAFELN: (1,2,3) Aufnahmen des Verfassers. (4) Machu Picchu: Aufnahme des Verfassers; Sacsayhuaman: Aufnahme von Prof. Dr. Oberem, Bonn. (5) Vorlage und Aufnahme des Verfassers. (6) Vorlage und Aufnahme des Verfassers, nach einer graphischen Idee von H. v. Ditfurth: Im Anfang war der Wasserstoff. Hoffmann und Campe, Hamburg 1973. (7) Aus: M. Delbrück: K. A. F.-Lectures 10 (1974), Steiner Verlag, Akad. Wissensch. Lit., Mainz; Aufnahme: Dennison. (8) Präparat und Aufnahme von Prof. Dr. Fleischhauer, Bonn. SCHWARZWEISSABBILDUNGEN: (1) Vorlage des Verfassers. (2) Aus: R. Breuer: Kontakt mit den Sternen. Umschau Verlag, 1978. (3) NASA. (4) NASA. (5,6) Vorlagen des Verfassers. (7) Kompiliert nach verschiedenen Autoren (R. Breuer, H. Kuhn, A. Unsöld), leicht abgewandelt durch den Verfasser. (8) Vorlage des Verfassers. (9) Aus: H. K. Erben: Die Entwicklung der Lebewesen. Piper Verlag 1975. (10,11,12,13,14,15) Vorlagen des Verfassers.

Register